Don't worry SPEAK happy

W0338686

Früher war es gefährlich,
als Frau eine Botschaft zu haben.
Heute ist es gefährlich, keine zu haben!

**Monica Deters** ist seit vielen Jahren erfolgreiche Motivationsrednerin, Unternehmerin und Autorin. Sie hat sehr nützliche Methoden im Bereich Persönlichkeitsentwicklung und Business entwickelt, verfügt über eine mehr als 20-jährige Berufserfahrung bei verschiedenen Global Playern (Vorstandsassistentin) und war viele Jahre Kolumnistin einer großen Frauenzeitschrift. www.monica-deters.de

Seit 2018 ist sie Chief Operation Officer (COO) bei Feminess®, eines der größten Weiterbildungs-Communities und -Plattformen der neuen Zeit für Frauen in Europa. Hier ist sie Mitgründerin der Feminess® Blended Learning Schools, unter anderem auch der Feminess® Speaker School.

Feminess® unterstützt Gründerinnen, Selbstständige und Unternehmerinnen auf ihrem Weg in die persönliche und berufliche Freiheit, damit diese entspannt erfolgreich sein können. www.feminess.de

Der persönliche Antrieb der Autorin liegt darin, Menschen nach heftigen Rückschlägen wieder zum blühenden Aufstehen zu bringen, damit diese wieder frei und unbeschwert leben können.

# Don't worry SPEAK happy

## Bewegende Vorträge für Saal und Sofa

ISBN-Nr.: 978-3-9823134-8-1



Umschlag-Fotorechte: iStock.com/PeopleImages, Ronny Barthel, LD-Fotografie
Verlag: Feminess® Publishing, Rommerskirchen
Umschlaggestaltung: Mandy Marschner, Berlin
Das Buch ist auch als Kindle-E-Book erhältlich
Innen-Layout, Gestaltung und Satz: Feminess
Druck und Bindung: Amazon KDP
Lektorat: Tanja Giese, Berlin
Diese Publikation ist in der Deutschen Nationalbibliothek einsehbar.

# Inhalt

# Vorwort

von Marina Friess-Henze

**Die Welt braucht gute Frauen auf den Bühnen!**

Es ist immer wieder erstaunlich, wie kompetent Frauen sind, diese Kompetenz jedoch nicht adäquat transportieren können. Das ist mehr als schade, denn so verpufft die enorme Chance, beruflich deutlich erfolgreicher und somit auch finanziell immer freier zu werden.

Fast 90 % der Redeplätze auf Veranstaltungen werden an Männer vergeben. Dabei ist es egal, ob es eine Live- oder eine Online-Bühne ist. Die Wahrheit ist jedoch, dass die Veranstalter sich nach guten RednerINNEN SEHNEN. Es gibt nur äußerst wenig wirklich gute davon! Und genau das ist deine CHANCE!

**Wem du die Schuld gibst, dem gibst du die Macht!**

Es liegt an dir, ob du erfolgreich wirst oder nicht. Du kannst dich ständig darauf fokussieren, warum du NICHT auf eine Bühne gehen kannst, oder du fokussierst dich darauf, warum du es kannst. Was hat deiner Meinung nach mehr Erfolg?

Wir von Feminess® wollen, dass viel mehr gute Frauen wie du die Bühne rocken! Die Welt, die Gesellschaft, die Unternehmen brauchen mehr weibliche Impulse. Dafür braucht es gute Frauen auf den Bühnen! Also bitte, bring auch du deine Botschaft jetzt endlich (gekonnt) in die Welt.

Deine
Marina Friess-Henze

Ich widme dieses Buch allen Frauen,
die ihren Traum leben möchten.

Weil meine Mutter es nicht konnte.

Monica Deters

# Prolog

von Monica Deters

Ich kann mich noch genau an den ganz besonderen Moment erinnern, als ich vor vielen Jahren auf der Hannover-Messe in einem Vortrag während eines Frauen-Kongresses im Publikum saß und eine plötzliche tiefe innere Wandlung in mir bemerkte. Nicht, weil der Vortrag, den ich hörte, so grandios war (das war er allerdings durchaus). Es hatte viel mehr etwas mit der Vortragsrednerin zu tun, die auf der Bühne stand. Ich war äußerst erschrocken über meine Reaktion, die ihr Vortrag in mir auslöste, denn ich wusste plötzlich – und es drang durch meinen ganzen Körper: „DAS WILL ICH AUCH! Ja, ich will auch auf eine Bühne. Ja, ich will auch über meine Themen sprechen. Ja, ich will die Menschen auch innerlich bewegen!". Puh ... ich hatte vorher noch NIE darüber nachgedacht. So etwas nennt man einen SPONTAN-WENDEPUNKT. Nur war mir das in diesem Moment nicht klar.

Während ich also mein bisher noch nicht wahrgenommenes und brachliegendes Talent „schock-entdeckte", passierte völlig unerwartet Folgendes: Genau diese Vortragsrednerin, die da vorn auf der Bühne stand, sprach mich tatsächlich vor versammelter Runde (mehrere Hundert Frauen) direkt mit meinem Namen an und bat mich sogar, aufzustehen. „Wie bitte? Äh, ... okay ..." Ich stand auf. Ja sicher, ich kannte die Vortragsrednerin persönlich gut und wir hatten bereits einige Projekte zusammen auf die Beine gestellt, die sie an dieser Stelle erwähnte. Aber damit hatte ich nicht gerechnet. Just in diesem Moment, in dem ich eine innere Wandlung vollzog, musste ich aufstehen und bekam einfach so Applaus. Das war doch ein Zeichen, oder?

Bisher hatte ich mich noch nie auf einer Bühne stehen gesehen. Dass ich selbst auf einer Bühne sprechen konnte ... unvorstellbar! Bisher hatte ich immer meine Vorstandschefs aus meinem früheren Angestelltenverhältnis ins Licht gestellt, aber niemals mich selbst!

Doch genau das war jetzt mein Wendepunkt. Ja, ich gehöre auf eine Bühne. Ich will und kann reden. Ich will und kann mit meinen Worten und meiner Performance die Welt ein bisschen besser machen. Ja! Das will ich. Ja! Das mache ich! Hui ... was für eine Entscheidung. Die Geburtsstunde meiner Speaker-Karriere.

Und jetzt bist DU dran. Warum hast du dieses Buch gekauft? Warum interessierst du dich für dieses Thema? Schlummert da vielleicht auch etwas in dir, das deine Botschaft in die Welt bringen will? Willst du die Welt mit deinen Erfahrungen, deinen Kenntnissen und Fähigkeiten ein bisschen besser machen? Mit deinem Vortrag?

Also dann: Ja, gehe auch DU jetzt auf die Bühne und zeig, was du kannst. Aber bitte: mache es gekonnt, denn reines Talent hat noch nie zum Erfolg geführt. Das Handwerk zu lernen, damit das Talent glänzen kann, das ist das Geheimnis. ;-)

Entdecke jetzt dein schlummerndes Talent und mach aus deinem rohen Vortrags-Diamanten einen schillernden Speaker-Brillanten.

Deine Monica

# 1. Die Bretter, die dein Business bedeuten

Herzlich willkommen auf der Bühne! Ja, jetzt geht es los! In dem Moment, in dem du dieses Buch gekauft hast, gehörst du definitiv auf die Bühne. Dazu kann ich dich nur beglückwünschen, denn es ist ein sehr mutiger Schritt. Es gibt Studien, die besagen, dass Menschen lieber sterben würden, als auf eine Bühne zu gehen. Aber DU nicht! Du hast eine Botschaft. Du möchtest dein Thema unter die Menschen bringen. Das ist einfach nur fantastisch. Ein kleiner Tipp schon zum Start: Je größer dein innerer Antrieb, desto weniger „Manschetten" wirst du haben. Deswegen konzentriere dich auf dein inneres „Warum".

Auf der Bühne wirst du einen wesentlichen Einfluss auf die Menschen haben. Besonders nach der Corona-Zeit und mit dem Eintritt in ein neues Zeitalter brauchen die Menschen Klarheit, Sicherheit und Orientierung. Und DU kannst ihnen all das über dein Thema geben. Dabei ist es egal, ob du eine Live- oder Online-Bühne hast. Du wirst sehen: Wer reden kann, überzeugt!

## IST SPEAKING NOCH ZUKUNFTSFÄHIG?

Ich sage glasklar: JA! Und ich lege sogar noch einen drauf: Speaking ist heutzutage wichtiger denn je! Die Menschen sehnen sich nach starken Vorbildern, die professionell reden können. Sie wünschen sich befreiende Lösungen, die ihr Leben deutlich leichter machen. Sie wollen überzeugende Führungspersönlichkeiten, die ihnen eine unerschütterliche Sicherheit geben. Die eigene Meinung bilden sie sich am Ende sowieso selbst, aber DU kannst ihnen als zukünftige Rednerin dabei helfen! Also bitte: Gehe unbedingt auf Bühnen. Wenn du keine findest, dann SCHAFFE dir selbst Bühnen und überzeuge mit deinem relevanten Thema und nützlichem Content.

Die Welt braucht Frauen wie dich!

**Auch Unternehmen und Event-Veranstalter suchen** nach starken, interessanten und charismatischen Bühnen-Rednerinnen, die ihr Publikum emotional persönlich und/oder auch kognitiv mitreißen und bewegen können, denn nur dann sind sie ebenfalls als Veranstalter begeistert. Mittlerweile haben auch sie sich auf die neue Zeit eingestellt und entsprechende Lösungen für ihre Events gefunden. Genau deshalb ist es so wichtig, dass du nicht nur LIVE äußerst gut performen kannst, sondern auch ONLINE.

**ABER: Die Welt braucht keine Selbstdarsteller/innen** auf der Bühne, die nur ihr eigenes Ego bedienen und das Publikum komplett vergessen. Die Welt braucht keine Narzisst/innen auf der Bühne, die den Menschen versprechen, dass nur ihre Lösung die einzig wahre ist. Die Welt braucht auch keine Gurus, die sich letztlich nur vom Publikum anhimmeln lassen wollen. Darum geht es beim echten Speaking und bei der professionellen Bühnenarbeit nicht. Die Bühne ist nur ein weiteres Medium, über das du die Menschen mit deiner Botschaft erreichen kannst.

Das Publikum braucht und will starke Redner/innen auf den Bühnen, die wirklich gute und umsetzbare Lösungen vorstellen. Das Publikum will starke Redner/innen auf den Bühnen, die mutig das aussprechen, was in den Herzen der Menschen ist. Das Publikum wünscht sich starke Redner/innen, die die Menschen tief im Herzen berühren und dann kognitiv einen echten Mehrwert bieten.

## DIE 10 GRÖSSTEN FEHLER VON SPEAKERINNEN

Leider sehe ich immer noch viel zu viele Kollegen und Kolleginnen, die wirklich kompetent sind, doch durch ihr reines Ego-Gehabe ihre Glaubwürdigkeit beim Publikum verspielen. Ich möchte dieses Verhalten jedoch nicht wirklich verurteilen, denn Egomanismus ist oftmals nur eine Unsicherheit, die damit überspielt wird. Glaube mir, auch ich kenne das sehr gut. Am Anfang habe ich fast alle Fehler gemacht, die man auf einer Bühne nur machen kann. Bis ich dann selbst vor vielen Jahren eine sehr gute Speaking-Ausbildung absolviert habe. Aber die eigentliche Ausbildung waren die jahrelangen Misserfolge auf der Bühne. Ja, du hast richtig gelesen. Ich war nicht immer so gut, wie ich heute bin. Ganz im Gegenteil. Okay, es flogen keine Tomaten oder Eier auf die Bühne, aber brillant sein sieht definitiv anders aus. Mit den Jahren lernte ich, immer mehr auf das Publikum zu schauen und weniger auf mich. Das, und nur das, hat mich irgendwann echt gut werden lassen.

Kaum einem von uns wurde es in die Wiege gelegt, auf einer Bühne und somit im absoluten Mittelpunkt und im Rampenlicht zu stehen. Deswegen ist es klar, dass sich viele so verhalten, als ob sie zum ersten Mal schreiben lernen. Krickelkrakel ... Erinnerst du dich? Oder weißt du noch, wie du das erste Mal Auto gefahren bist? Erst nach Monaten (!) meiner bestandenen Führerscheinprüfung fiel mir wieder ein: Ach, es gibt ja auch noch „rechts vor links". Das hatte ich komplett vergessen und ignoriert, ehrlich gesagt. Zum Glück ist nichts passiert, aber so ist das, wenn man etwas Neues lernt. So ist das auch mit der Bühnenarbeit. Erlaube und verzeihe dir Fehler. ABER: Halte dich nicht lange an ihnen auf.

Damit dir das nicht auch alles passiert, zeige ich dir hier die zehn größten Fehler auf, die eine angehende Speakerin in der Regel macht – in der Hoffnung, dass du sie von vornherein nicht machen wirst oder sie schneller überwindest.

## 1. Fehler: Speakerinnen reden überwiegend über sich

Der persönliche Anteil einer Speech sollte maximal nur 20 % betragen. Das bedeutet: Du kannst wirklich tolles und intensives Storytelling machen, aber bitte NICHT ÜBER DIE GANZE ZEIT. Die meisten Vorträge handeln nur von persönlichen Erlebnissen. Ja, das ist auch wichtig. Das wirst du noch später in der STAGE-Methode© lernen. Diese 20 % der persönlichen Erlebnisse kannst du auch bitte zu 100 % intensiv auf die Bühne bringen, aber die restlichen 80 % gehören ausschließlich dem Publikum. Dann dreht es sich nur um sie. Hier bist du in der DU-Sprache und nicht mehr in der ICH-Sprache. Es gibt nichts Schlimmeres, als wenn ich mir die ganze Zeit deine Story anhören muss. Ganz schlimm wird es, wenn sie auch noch die ganze Zeit biografisch wird. (Und dann habe ich diese Ausbildung gemacht. Und dann kam die Scheidung. Und dann wurde ich entlassen. Und und und...) Bitte nicht! Ich will deine Story hören, vor allen Dingen deinen beruflichen oder persönlichen WENDEPUNKT in einer ganz bestimmten Situation – aber bitte nur die Szene, in der es passiert und nicht die ganze Zeit. Auch die Storys deiner Kund/innen sind spannend. Lies bitte in der STAGE-Methode©, wie es dir so viel einfacher gelingt, dass die Menschen auch wirklich gebannt sind und nicht genervt.

## 2. Fehler: Speakerinnen bringen keinen Content

Laber, Laber, Laber... Ja, es gibt Rednerinnen, die reden die ganze Zeit darüber, dass es echt wichtig ist, sich zu verändern. Oder dass es echt wichtig ist, gut mit seinen Mitarbeitern umzugehen. Oder dass es echt wichtig ist, ein schönes Leben zu leben. Stimmt. Das ist wichtig. Es gibt tausend Argumente dafür, die auch brav alle aufgezählt werden. ABER: Sie vergessen komplett zu erwähnen, WIE ES GEHT. Genau das ist der Content, den es braucht, damit das Publikum weiß, was es jetzt im Detail TUN kann. In der Regel haben sie schon verstanden, wie wichtig dein Thema ist, bevor sie in deinen Vortrag kommen. Darum sind sie ja da. Jetzt wollen sie hören und lernen, WIE ES GEHT und was sie jetzt tun können. Wie schade, wenn die Speakerinnen es verpassen, es ihnen zu verraten. In meinen Augen war der Vortrag dann inhaltslos, sogar völlig nutzlos. Mach du es besser und liefere echten guten Content, also Inhalt, den sie bestenfalls noch nie gehört haben. Wow ... das macht es spannend und interessant. „Interessant ... Ein neuer Ansatz. Ah ... ein neuer AHA-Moment. Jetzt verstehe ich das. Ah ... okay, das probiere ich mal aus." Das sind die Gedanken, die dein Publikum haben sollte. Und nicht: „Habe ich schon gehört. Weiß ich. Laaaangweilig."

## 3. Fehler: Speakerinnen langweilen das Publikum

Gähn… Handy-zück… Einkaufsliste-schreib... über-das-eigene-Leben-nachdenk... Hand aufs Herz: Ging dir das auch schon mal so? Das Schlimmste, was du machen kannst, ist, laaangweilige Vorträge zu halten. Wie werden sie langweilig? Wenn sie rein sachlich sind. Wobei es durchaus rein sachliche Vorträge gibt, die megaspannend sind. Was macht diese Sach- und Fachvorträge so spannend? Die Art und Weise, WIE sie vorgetragen werden. Wenn du da vorne nur stehst und denkst, du müsstest jetzt sehr kompetent, seriös und professionell wirken, dann verlierst du dadurch nicht nur deine Natürlichkeit, dein Charisma und deine Persönlichkeit, sondern auch deine Authentizität. Wie schade. Sei doch bitte auf der Bühne genauso, wie du wirklich bist. Professionalität wird oftmals mit Perfektion verwechselt. Perfektion bedeutet, keine Ecken und Kanten zu haben. Perfektion bedeutet, sich keine Fehler zu erlauben. Perfektion bedeutet laaangweilig zu sein. Wie schade. Ich muss allerdings zugeben, dass es mit eines der schwersten Dinge ist, sich auf der

Bühne zu erlauben, genau so zu sein, wie man ist. Aber exakt das macht deinen Vortrag so spannend – und natürlich die Kombination der verschiedenen Vortragsanteile, wie zum Beispiel in der STAGE-Methode© beschrieben.

## 4. Fehler: Speakerinnen machen kein Business mit ihrem Vortrag

Oh, wie schade. Und ... selbst schuld. ;-) Ganz ehrlich, ich kenne einige angehende, aber auch sehr gut ausgebildete und Rednerinnen, die mir sagen, dass es ihnen nicht so wichtig ist, aus ihrem Vortrag irgendwelchen Gewinn zu machen. „Ich möchte denen nichts verkaufen." Wie bitte? „Ja, es ist mir wichtiger, meine Botschaft in die Welt zu bringen." Okay ... ja stimmt. Das ist wichtig. Absolut. Aber in meinen Augen hat es deutlich mehr und auch eine nachhaltigere Wirkung, wenn du nach deinem Vortrag mit deinen Wunschkunden auch in Kontakt bleibst und sie nicht deine Produkte zu kaufen, damit du Umsatz machen kannst, sondern damit sie deine Botschaft auch wirklich umsetzen können. Natürlich machen wir niemals einen Pitch auf der Bühne. Darum geht es nicht. Es geht darum, dass du Menschen die Möglichkeit gibst, sich entsprechend weiterzuentwickeln. Also: Halte bitte keinen Vortrag nur aus altruistischen oder Selbstverwirklichungsgründen. Das verpufft zu schnell. Bitte halte gute Impuls-Vorträge, weil du natürlich auch etwas verändern möchtest in der Welt, ABER AUCH um dein Business zu pushen. Nur so erreichst du auf Dauer viel mehr Menschen, als nur in dem Moment im Saal oder auf dem Sofa. Je erfolgreicher DU bist, desto mehr Menschen kommen zu dir. Somit kannst du deine Botschaft viel mehr Menschen zugänglich machen. Merkst du? Eine absolute Win-Win-Situation.

> Wer immer selbstlos ist, ist sich irgendwann selbst los!

## 5. Fehler: Speakerinnen sind nicht klar positioniert

Positionierung bedeutet: Eine klare Position zu beziehen. Wofür stehst du? Was ist deine Haltung? Wie ist deine Meinung? Wie gehst du Dinge an? Wenn ich das als Publikum nicht weiß, dann erinnere ich mich auch nicht an dich. Positionierung heißt: ein klares Profil zu haben, einen Standpunkt. Nur so wirst du als Speakerin, aber auch als Unternehmerin greifbar und auch buchbar. Es nützt nichts, wenn du es allen recht machen möchtest. Du kennst sicherlich den Spruch: „Willste alle, kriegste keinen". So ist das auch mit dem Speaking. Lass die Menschen selbst entscheiden, ob sie dich oder das, was du zu sagen hast, gut finden oder eben nicht. Und weißt du was? Es ist so einfach, sich zu positionieren, denn du brauchst dich nur selbst zu fragen: Wie denke ICH über das Thema? Genau das gibst du dann ungefiltert in die Welt. Das war es schon mit der Positionierung. Jetzt hast du ein Profil, einen Standpunkt, eine Überzeugung. Mache glasklare Statements und stelle entsprechende Behauptungen auf. Dann kann sich das Publikum daran reiben. Und plötzlich teilt sich die Menge und die, die das nachvollziehbar und gut finden, kommen zu dir, und die, die das nicht überzeugt, werden gehen. Genauso funktioniert Markenbildung. Herzlichen Glückwunsch. Jetzt hast du es.

## 6. Fehler: Speakerinnen sind schlecht vorbereitet

Immer wieder höre ich von Frauen, dass sie schon oft vorne vor Publikum gestanden haben und es gewohnt sind, dort auf der Bühne zu reden. „Ich habe schon sooo viele Seminare gehalten. Das kann ich!" BÄM FEHLERALARM!!!!! Erst einmal: Speaking ist kein Training. Beim Training geht es um das Thema. Beim Speaking geht es um das Publikum. Ein RIESEN-Unterschied, den ich im Verlauf des Buches noch näher beschreiben werden. Speaking ist Bühnenarbeit. Live oder online ... egal. Auch echte Profis bereiten ihren Vortrag immer sehr genau vor. Sänger singen sich auch immer ein und gehen den Text immer wieder neu durch, damit er sitzt, wenn sie auftreten. Nun bist du keine Sängerin. Jedenfalls nicht in diesem Kontext. Aber vom Prinzip ist es dasselbe. Selbstverständlich lernst du deinen Text nicht auswendig, aber du hast eine klare Struktur für deinen Vortrag entwickelt. Du stellst dich jedes Mal auf dein aktuelles Publikum ein. Das bedeutet: Du recherchierst, wer da vor dir sitzt. In welcher Lage sind sie gerade? Was bewegt sie? Wo stehen sie? Dann passt du deinen Vortrag auf sie an. Halte niemals einen Pauschal-Vortrag. Wenn du das machst, wird er niemals so gut sein, wie er sein könnte. Hole dir hier die umfangreiche Checkliste, wie du dich professionell auf deinen Vortrag vorbereitest.

## 7. Fehler: Speakerinnen lesen ihre Texte ab

Oh ja ... das ist natürlich das Einfachste. Da hast du jetzt einen Mega-Vortrag entwickelt und aus lauter Angst, nicht alles genau so zu sagen, wie du es mühselig und genial ausgearbeitet hast, möchtest du am allerliebsten alles ablesen? Nachvollziehbar. Aber bitte tu das NIEMALS. Das ist „Schriftsprache". Wenn du das machst, hast du das Publikum von vornherein verloren, weil du nicht bei ihnen bist, sondern bei dir und deinem Text. Eines der Geheimnisse guter Impuls-Vorträge ist, dass du immer ganz nah beim Publikum bist, so dass sie das Gefühl haben, du hältst den Vortrag nur für sie. Vertraue auf deine Haltung, die du hast. Vertraue auf deine Kompetenz. Nur wenn du nicht abliest, wirst du IMMER einen sehr guten Vortrag halten. Wichtig ist, dass du eine Struktur für deinen Vortrag hast. Du brauchst dir nur 5 Schritte zu merken. Mehr nicht. Dann gelingt dein Vortrag immer. Diese 5 Schritte lernst du in der (du ahnst es schon) STAGE-Methode©. Mit der Zeit wird sich deine „Sprechsprache" immer mehr eingrooven und deine Aussagen werden immer pointierter. Dein Publikum zeigt dir, worauf es steht und reagiert. Aber wenn du nicht beim Publikum bist, sondern nur bei deinem Text, dann bekommst du das nicht mit und wirst niemals grandios. Vertrau mir. Das funktioniert.

## 8. Fehler: Speakerinnen haben volle PowerPoint-Präsentationen

Das ist der Klassiker. So hast du es vielleicht mal gelernt. Entweder in der Schule oder in deinem Unternehmen. Bei einem Impuls-Vortrag ist das jedoch absolut kontraproduktiv, denn hier arbeiten wir mit vielen Emotionen, um die Herzen der Menschen für etwas Neues zu öffnen. Das erreichen wir in der Regel nicht über kognitive Überzeugungen – auch, aber eben nicht nur. Alle Entscheidungen von Menschen werden am Ende emotional getroffen! Auch wenn entsprechende Sachargumente abgewogen werden. Aber es ist immer das Gefühl, welches einem die Richtung zeigt. Deshalb ist es so wichtig, dein Gesagtes mit einer PowerPoint-Präsentation EMOTIONAL ZU VERSTÄRKEN, statt kognitiv zu untermauern. Eine PowerPoint ist nur das Hilfsmittel zur Untermalung. Dein Verstärker. Niemals, bitte niemals liest du Text von der Präsentation ab. Du wirst in diesem Buch noch erfahren, wie du die PowerPoint-Präsentation, oder auch Prezi-Präsentation oder auch Keynote-Präsentation, oder wie auch immer dein bevorzugtes Präsentationstool heißt, geschickt einsetzen kannst.

## 9. Fehler: Speakerinnen haben keine Botschaft

Es wird geredet und geredet … puh ... Aber worum geht es dir am Ende? Viele Speakerinnen haben einen tollen Vortrag, aber wenn man am Ende das Publikum fragt: „Worum ging es jetzt?", gibt es oftmals nur ein Achselzucken. „War irgendwie interessant, aber ..." Wie schade. Das Ende deiner Rede ist mit das Wichtigste deines ganzen Vortrags. Es unterscheidet sich auch energetisch von deinem gesamten Vortrag. In der Botschaft steckt die Zusammenfassung deines soeben Gesagtem und die Aufforderung, was jetzt zu tun ist. Die Abschluss-Botschaft kann sogar dein Vortragstitel sein. Wichtig ist nur, dass sie tief in das Herz der Menschen geht und unvergesslich wird. Danach folgt kein anderes Wort mehr. Kein

„Danke", kein „Vielen Dank für Ihre Aufmerksamkeit". Nein! Einfach nur deine Aufforderung an die Menschen. Deine Botschaft an die Menschen, als ob es um das Leben der Zuschauer geht! In diesem Buch lernst du, sehr eindrucksvolle Abschlussbotschaften zu pointieren.

## 10. Fehler: Speakerinnen haben keine Präsente

Die meisten Speakerinnen versuchen, wenn auch indirekt, dem Publikum etwas zu verkaufen. Klaro ... sie wollen Business machen. Das finde ich auch mega, wie ich schon in Punkt 4 beschrieben habe. ABER: Je mehr du versuchst, etwas zu verkaufen, desto mehr wird sich das Publikum energetisch von dir abwenden. Keiner mag es, wenn Kaufdruck aufgebaut wird, auch nicht vorsichtig oder indirekt. Der Trick ist: Mach Geschenke! Das lieben die Menschen. Wer mag keine Geschenke bekommen? Aber: Verknüpfe das natürlich so, dass sich gleichzeitig ein Funnel zu deinem Business öffnet. Das bedeutet: Wenn sich das Publikum bei dir etwas von der Website laden kann, dann natürlich nur gegen seine E-Mail-Adresse. Dann kann ein sanfter (!) Verkaufsfunnel starten. Aber auch hier gilt: Es geht nicht darum, dass du Umsatz um jeden Preis machst. Nein, du hilfst dem Publikum, in ihrem Thema einen Schritt weiterzukommen. Ja, sie brauchen Geleitschutz und Leitplanken. Für sie ist alles neu. Diese Begleitung hat natürlich einen Wert, den es über dein Produkt auch gerne bezahlen wird. Bei jedem Bäcker hängt pro Produkt, also Brötchen oder Brot, ein Preisschild und es ist selbstverständlich, dass ich die Brötchen gegen Geld kaufe. Aber ich probiere auch gerne mal den kostenfreien Kuchen, der auf dem Tresen liegt. Wenn er mir schmeckt, kaufe ich ihn gern. Nichts anderes ist dein Präsent. Es sollte aber immer zu etwas führen, nämlich zu dem eigentlichen Produkt. „Verführe" die Menschen, in ein besseres Leben zu kommen. Aber immer nur SCHRITT FÜR SCHRITT. Dafür ist der „sanfte Verkaufsfunnel" da. Du nimmst deine Kund/innen behutsam, aber bestimmt an die Hand.

## 5 GRÜNDE, WARUM SO WENIG FRAUEN GUTE SPEAKERINNEN SIND

### 1. Die meisten Frauen trauen sich das nicht zu!

Seit vielen Jahren arbeite ich intensiv mit Frauen zusammen, damit sie viel mutiger für sich und ihr Thema einstehen und auch beruflich voll durchstarten können. Immer wieder stelle ich dabei fest, dass sie sich leider selbst im Weg steht. Das möchte ich gar nicht werten, denn es ist definitiv nicht einfach, aus seiner Komfortzone herauszukommen. Genau das zeigt sich auch im Speaking. Alles ist vorhanden. Das Know-how, die Fähigkeiten, das Talent, die Erfahrung, die Kenntnisse. Dennoch trauen sie es sich nicht zu. Oftmals fehlt es an Mut. „Das Thema gibt es doch schon im Markt." – „Damit sind doch schon ganz andere unterwegs." – „Was kann ich schon Neues erzählen?" Solche selbst kleinmachenden Aussagen höre ich dann immer wieder. Genau da liegt die Wurzel des Problems. Die Frauen trauen sich selbst nicht zu, dass ihre Meinung wirklich gefragt ist. Dass sie vielleicht einen anderen Ansatz haben als alle anderen. Dass sie die Berechtigung und die Erlaubnis haben, ihre Erfahrungen weiterzugeben. Ich gehe sogar so weit, dass ich sage: Sie haben nicht nur die Kenntnisse über das Thema, sondern sogar die gesellschaftliche Verantwortung, damit hinauszugehen. Du musst keine Doktorarbeit geschrieben haben, um als Expertin anerkannt zu sein. Es reicht schon, wenn du das Thema selbst erfolgreich für dich gelöst und dich im Nachhinein damit inhaltlich auseinandergesetzt hast, um eine echte Expertin zu sein. Denn so hast du nicht nur theoretisches, sondern sogar wertvolles praktisches Wissen. Das ist GOLD. Also, immer raus damit!

### 2. Die meisten Frauen stellen sich nicht gerne ins Licht!

Wie oft hast du als Kind gehört: „Tu dich nicht so hervor." – „Das macht man nicht." – „Tanz nicht aus der Reihe." usw. Und jetzt willst du dich sogar auf eine Bühne oder Online-Bühne stellen, auf der dich Hunderte, ja Tausende Menschen sehen? Du willst ihnen auch noch etwas erzählen, WIE das Leben oder der Beruf funktioniert? Hui ... das ist echt mutig. Aber genau der richtige Weg. Weißt du, wie es viel leichter gehen kann, die Angst vor dem „Hervortun" zu verlieren? Indem du dich nach und nach an dich selbst als Speakerin gewöhnst und immer wieder und immer mehr ins Bühnenlicht gehst. Fang mit kleinen Bühnen an und steigere dich nach und nach. Dann wird es leichter.

### 3. Die meisten Frauen haben zu viele negative Glaubenssätze!

Glaubenssätze sind Selbst-Überzeugungen. Das bedeutet, du bekommst genau das, was du selbst glaubst. In der Regel sind Frauen überwiegend negativ geprägt, was das Selbstbild anbelangt. Wie schade. Aber die gute Nachricht ist: Du kannst dich jederzeit neu entscheiden, das zu glauben, was du glauben möchtest. Wie funktioniert das? Indem du deinen alten Glaubenssatz erst einmal herausfindest. Was denkst du wirklich über dich und eine Bühne? Frage dich das selbst und die Antwort, die dann spontan kommt, ist das, was du über dich selbst denkst. Anschließend drehst du diesen Glaubenssatz ins Positive um und sprichst ihn mehrfach bewusst aus. Das ist zumindest der erste Schritt für deine neue Glaubenswelt und deine positive Grundlage für deinen Erfolg. Schluss mit Vergleichen. Schluss mit Konkurrenzdenken. Her mit einer positiven Selbst-Überzeugung. Wenn du an dich glaubst, tun es andere auch.

### 4. Die meisten Frauen machen kein gutes Marketing!

Marketing hat viel mit Sichtbarkeit zu tun. Wenn du als Speakerin nicht sichtbar bist, kann dich auch keiner entdecken – kein Veranstalter, kein Publikum, kein Unternehmen. Es ist also unabdingbar, gutes und zeitgemäßes Marketing für dich und dein Business zu machen. Schon kommt ein neuer Glaubenssatz? „Mich selbst anpreisen? Oje ..." Darum geht es nicht. Ich habe hier einen kleinen psychologischen Trick für dich: Du brauchst nicht DICH anzupreisen, sondern dein THEMA. Das macht es deutlich leichter, denn so kommst du davon weg, dich selbst hervorzuheben. Viel leichter und auch effektiver ist es, dein Thema hervorzuheben. Aber selbstverständlich wirst du immer mehr mit dem Thema verbunden. Mach also ab sofort aus vollem Herzen gutes und spannendes Marketing für dein Thema, denn das gehört in die Welt.

## 5. Die meisten Frauen verkaufen ihre Leistung unter Wert!

Wo kommt das eigentlich her, dass Frauen so viele Probleme damit haben, einen adäquaten Wert für ihre Leistung aufzurufen? Jeder Friseur hat eine Preisliste. Hast du auch eine? Wenn du 3.500 Euro für eine Speech nehmen könntest, warum nimmst du nur 700 Euro? Welche Emotion löst es in dir aus, vielleicht sogar 5.000 Euro für eine Speech zu verlangen? Oder vielleicht sogar 7.000 Euro? Natürlich im B-to-B-Bereich netto. Hui ... wird das jetzt immer unglaubwürdiger für dich? Braucht es nicht. Es gibt Kolleginnen, die diese Preise und sogar noch viel mehr aufrufen und sie auch bekommen. Was ist hier der Unterschied? Diese Frauen wissen, dass ihre Inhalte und ihre Marke diese Preise wert sind. Ja, es hat sehr viel mit dem inneren Selbstwert zu tun. In dem Moment, in dem du deine Leistungen (und nicht dich) unter Wert verkaufst, verlierst du jede Glaubwürdigkeit bei den Veranstaltern, denn wenn du schon nicht an deine Leistungen glaubst, dann tun sie es auch nicht. Also auch hier: Verkaufe dich nicht selbst (wer will sich schon selbst verkaufen?), sondern deine Leistungen zu einem Thema!

> Die Welt ist voller Wunder. Eins davon bist DU.

# 2. Dein Traum vom Rampenlicht

## SCHLECHTE VORTRÄGE GIBT ES SCHON

Seit vielen Jahren bin ich bereits in der Speaker- und Vortragsbranche und ich kann dir sagen, ich habe eine ganze Menge echt schlechter Vorträge hören müssen. Daher habe ich mir geschworen: „Niemals möchte ich, dass sich mein Publikum die Fingernägel schneidet, während ich auf der Bühne stehe und rede. Oder schlimmstenfalls sogar einschläft! Das ist mir tatsächlich einmal passiert: Der Zuschauer war allerdings auch „blau", als ich auf einem Kreuzfahrtschiff einen Vortrag irgendwo in der Karibik gehalten habe. Nein, er war nicht wegen meines Vortrags blau, sondern schon vorher. Dennoch habe ich es gehasst und ihn während meiner Rede zur allgemeinen Belustigung geweckt. Der Arme – aber da kenne ich ja nichts!

Nein, ich möchte, dass sich mein Publikum mit meinem THEMA beschäftigt und Lust bekommt, etwas für sich zu verändern. Es soll sich gut unterhalten fühlen, mit Freude Neues für sich lernen und mitnehmen, lachen, aber auch im Herzen berührt sein. Möchtest du auch, dass dein Publikum gutes Infotainment von dir bekommt? Wie oft hast du schon schlechte Vorträge gehört?

**Aber jetzt lass uns lieber auf die richtig guten Vorträge schauen.**

Zum Glück habe ich auch schon sehr gute Redner und Rednerinnen hören dürfen, die mich enorm in den Bann gezogen haben. Ich war fasziniert, ich war geflasht, ich war wie paralysiert. Genau so wollte ich auch sprechen können. Genau so wollte ich auch die Menschen begeistern können. Genau so wollte ich auch eine Wirkung erzielen, die die Menschen wirklich tief im Herzen trifft und bewegt. Ich wollte immer Vorträge halten können, die die Welt ein bisschen besser machen. Vorträge, die wirklich etwas verändern können. Vorträge, die etwas in Menschen auslösen. Ich glaube, heute gelingt mir das ganz gut. Wie ist es bei dir? Möchtest du das auch? Dann freue ich mich, wenn wir gemeinsam in diesem Buch auf die Reise zu der großartigen Speakerin in dir gehen.

## WARUM SOLLTEST AUSGERECHNET DU EINEN VORTRAG HALTEN?

Born to Speak

In dem Moment, in dem du eine Lösung für ein Thema gefunden hast, hast du eine gesellschaftliche Verantwortung anderen gegenüber, diese mit der Welt zu teilen. Das ist meine Meinung. Heutzutage teilen wir unser Wissen und horten es nicht mehr nur für uns, wie es früher oft gemacht wurde. Wissen ist Macht – diese Zeiten sind vorbei. Die ganze Welt ist auf das Teilen von Wissen eingestellt. Warum sonst gibt es wohl das Internet? Wir sind soziale Wesen und teilen unser Wissen. Das Wissen kannst du heutzutage auch überall abrufen. Das bedeutet auch, dass sich die Menschen aussuchen können, VON WEM sie das Wissen erfahren möchten. Darum ist deine Speaker-PERSÖNLICHKEIT auch so wichtig – auch wenn du polarisierst. Das ist sogar noch besser, weil du dann umso stärker wahrgenommen wirst. Bitte teile deine Lösung mit uns Menschen. Bitte bringe diese, deine Lösung in die Welt. Sie wird sich immer von anderen unterscheiden.

**Menschen suchen Lösungen.** Menschen brauchen Lösungen. Denn nur darum geht es in Vorträgen: Lösungen zu bekommen, damit sich Menschen von Themen, Problemen, Umständen oder Menschen, die ihnen nicht guttun, lösen, um am Ende ihre Herzensziele erreichen können. Du sagst ihnen in deinem Vortrag, WIE es gehen könnte. Die Menschen suchen dich aus, weil du ihnen gezeigt hast, wie DU an die ganze Sache herangehst. Also: Menschen buchen Menschen! Menschen buchen dich!

An dieser Stelle möchte ich das Thema „Angst vor zu viel kostenfreien Inhalten herausgeben" aufgreifen. Das Spannende ist heutzutage: Je mehr du kostenfrei herausgibst, desto mehr wächst das Vertrauen in dich. Das Publikum hört sich aufmerksam deine Lösungen an und realisiert: „Oh, die hat es drauf. Das hört sich gut an. Mir gefällt, was sie da sagt." Und jetzt kommt's: Plötzlich bilden sich bei dem Publikum ganz eigene Fragen, die sie zu dem Thema haben, und suchen für sich selbst ganz persönliche Lösungen. Jetzt geht es also vom Allgemeinen zum Konkreten. Dann kommen sie nach deinem Vortrag zu dir und fragen dich, wie es in ihrem ganz speziellen Fall aussähe. So kommen Aufträge zustande. Aber nur, wenn dein Vortrag auch wirklich gut ist. Insofern ist es sehr wichtig, so viel wie möglich vorher kostenfrei herauszugeben. Die individuellen Fragen folgen dann recht schnell. Also keine Angst vor zu viel geschenktem Inhalt. Im Gegenteil: Teile dein Wissen mit der Welt und die Kunden kommen zu dir!

**Ein wichtiger Grund, warum ausgerechnet DU gute Vorträge halten solltest**, besteht darin, dass du für dein Spezialgebiet komplizierte Zusammenhänge aufklärst. Hilf deinem Publikum, komplexe Themen sehr einfach zu verstehen. Sprich dem Publikum aus dem Herzen. Sprich das aus, was sich keiner traut zu sagen. Sprich auch das aus, was andere Menschen fühlen. So gibst du ihnen Halt, Selbstvertrauen und Orientierung. Viele Menschen sind heutzutage sehr

„lost", also verloren. Die Kirchen sind leer, die Politiker zu weit weg und starke Führungspersönlichkeiten nicht greifbar. Im Außen ändert sich gerade die ganze Welt. Umso wichtiger ist es, dass jeder die Welt neu einzuordnen lernt und sein Leben entsprechend anpasst. Genau dabei hilfst du mit deinem Vortrag. Menschen lieben starke Führungspersönlichkeiten. Sie möchten sich aber auch eine eigene Meinung bilden, was vor unserer deutschen Historie einen extrem hohen Wert darstellt. Also tu alles dafür, dass sich Menschen ihre eigene Meinung bilden können. Alles andere ist Guru-Gehabe. Wir sagen niemals: DAS ist die richtige Lösung. Nein, es gibt auch viele andere gute Lösungen. Aber deine Lösung ist auch eine gute Lösung. Und diese darfst und sollst du verkünden.

Über die ganzen idealistischen Gründe hinaus gibt es natürlich auch die ganz eigenen egoistischen Gründe, die durchaus sein dürfen. Wenn du auf eine Bühne gehst und dich nicht überheblich über andere stellst, kannst du unglaublich leicht gutes Sog-Marketing erzeugen – und natürlich deine berufliche Vision und Passion komplett ausleben. In deinem ganz eigenen Stil. Auch so baust du tiefes Vertrauen auf. **Aus Vertrauen entsteht Überzeugung und aus Überzeugung entsteht Buchung!** So einfach ist das.

Sicherlich entstehen auch nützliche Synergien, wenn du auf einer Bühne stehst. Es ist manchmal unfassbar, was einem nach dem Vortrag alles an Positivem widerfahren kann und welche Anfragen du plötzlich erhältst. Mit deinem Vortrag kannst du dich einfach und klar im Markt positionieren und für das eigene Thema sehr bekannt werden. Mit guten Vorträgen kannst du Menschen stark machen. Du kannst ihnen Mut machen und ihr Leben verändern. Also tu es. Aber wenn du es tust, dann mache es richtig! Mit Verantwortung und mit deiner Leidenschaft. Von Herzen mein Rat an dich: TRAU DICH UND GEHE AUF DIE BÜHNE!

Du möchtest deine Leidenschaft auf die Bühne bringen?
Du möchtest ein kleines oder großes Publikum begeistern?
Du möchtest souverän deine Botschaft in die Welt bringen?
**Dann tu es. Aber bitte professionell.**

Es hat grundsätzlich viele Vorteile, wenn du auf eine Live- oder Online-Bühne gehst und zu deinem Ziel-Publikum sprichst. Natürlich veränderst du die Welt, aber es gibt auch noch einen weiteren wichtigen Aspekt: nämlich den der Akzeptanz deines Expertinnen-Status. Wenn du auf der Bühne stehst, gewinnst du nicht nur die Herzen deiner Zuschauer/innen, sondern überzeugst auch als Expertin, so dass die Menschen deine Dienstleistung im Anschluss auch wirklich buchen WOLLEN. Für mich persönlich ist das der einfachste Weg der Akquise. Ich brauche nur das zu tun, was ich eh am liebsten mache: über meine Inhalte sprechen. So erzeugst du zusätzlich eine Sogwirkung, die dein Business deutlich stärkt. Also sprich bitte auch über deine Lieblings- oder Herzensthemen.

**Du denkst, du hast nichts zu sagen?** Ich zeige dir in diesem Buch genau, wie du deine Botschaft messerscharf pointierst und deine Rede mit hohem Mehrwert auflädst – deine Zuschauer/innen werden es lieben. Das Beste daran ist: Du musst nicht perfekt sein, denn Perfektion killt jeden Vortrag. Du brauchst nur professionell zu sein, dann klappt es auch mit dem Publikum.

## WELCHE THEMEN WERDEN NOCH GEBUCHT?

Ja, die Welt hat sich verändert. Und das ist gut so! So ist der Themenbedarf beim Publikum sowie bei Veranstaltern besonders in der Corona-Zeit deutlich gestiegen. Alles ist heutzutage durcheinandergeraten. In vielen Bereichen herrscht absolutes Chaos. Die alte Ordnung funktioniert nicht mehr. Kaum ein Stein steht noch auf dem anderen. Du weißt ja, wie es heißt: Vor der Ordnung steht das Chaos. Noch befinden wir uns in der Chaos-Phase. Es braucht also jetzt eine neue Ordnung. DU kannst mit dabei sein, diese zu erschaffen. Somit funktionieren derzeit wirklich ALLE Themen dieser Welt für deine Speech. Wichtig ist nur, dass du definitiv in deinem Expertinnen-Status bleibst, weil du dir ja eine Marke aufbaust. Nimm das Thema, welches dich auch privat am allermeisten interessiert und auch selbst begeistert. Jedes Thema, welches Mensch oder Tier bewegt, hat heute also einen Platz auf der Bühne verdient. Sei da sehr kreativ. Schau dir auch viele Veranstaltungen an. Orientiere dich. Bau die Menschen emotional und mental auf. Schau dich in dem Markt um, was DU dafür tun kannst. Und dann: MACH DEIN DING!

> Aus Mädchen mit Träumen werden Frauen mit Visionen!

Besonders wichtig ist hier deine Positionierung. Und deine Positionierung hat bestenfalls immer etwas mit deinem tieferliegenden WARUM zu tun – gerade wenn es um dein Herzensbusiness geht. Versenke dich tief in dich selbst und „erfühle" dein Thema. Warum hast du den Drang, auf eine Bühne zu gehen? Was wird insgesamt dein Lebenswerk sein? Was ist der Sinn deines Lebens? Was ist dein Auftrag? Und warum? Als kleiner Hinweis: Ein Herzensbusiness hat immer etwas mit deinem größten Schmerz im Leben zu tun. Oder mit deiner größten Sehnsucht. Aber meistens ergibt sich deine größte Sehnsucht aus deinem allertiefsten Ur-Schmerz. Und jetzt kommt's: Wonach du innerlich eigentlich strebst, ist immer das GEGENTEIL deiner größten inneren Wunde. Du wirst sehen: Alles, was dir im Leben bisher begegnet ist, hat etwas damit zu tun. Das ist der rote Faden in deinem Leben.

Aber bitte gehe erst auf eine Bühne, wenn du das Thema für dich gut verarbeitet hast. Ansonsten mache bitte erst deine „Hausaufgaben" und löse dein Thema für dich – emotional, aber auch akademisch bzw. kognitiv. Dann schaust du, ob es überhaupt einen Markt dafür gibt. Es nützt nichts, wenn du über ein Thema leidenschaftlich sprichst, es aber keiner haben will, weil es einfach nicht „gebraucht" oder „gewollt" ist. Du kannst es aber schmackhaft machen und dein tiefes Warum mit einer Begehrlichkeit unterlegen, die die Menschen tatsächlich brauchen oder wollen. Aber das ist jetzt schon ein Thema für die Positionierung und das Marketing, welches wir später noch näher aufgreifen werden.

Du siehst schon: Bevor es in die große, weite Welt geht, braucht es erstmal die tiefe Versenkung in sich selbst. Die Seele bestimmt ohnehin alles. Der Kopf kommt dann hinterher und arbeitet den Vortrag professionell aus.

Wenn du jetzt den Hauch einer Ahnung hast, warum du wirklich auf eine Bühne gehen möchtest und mit welchem Thema, dann fange an, dich mit diesem Thema intensiv auseinanderzusetzen. Recherchiere, suche, finde alles zu deinem Thema. Jetzt fängst du an, echten Expertinnen-Status aufzubauen. Wenn du wirklich Expertin für dein Thema geworden bist, dann gehe bitte auf die Bühne und rede darüber. Aber erst dann!

In dem Moment, als ich den Satz geschrieben habe: „Wenn du wirklich Expertin für dein Thema geworden bist, ..." kam bei mir sofort der Impuls, dass besonders du als Frau meistens eine große Hemmschwelle zum Thema Expertin hast. Die meisten Frauen streben nach Perfektion. „Ich bin doch keine Expertin!" Sei da viel liebevoller mit dir. Du bist in dem Moment eine Expertin, wenn du dein Herzensthema gefunden hast. Kombiniert mit deinem über die Jahre oder gar Jahrzehnte erworbenem Fachwissen bist du sogar eine Spezialistin auf deinem Gebiet. Was ist der Unterschied zwischen einer Expertin und einer Spezialistin? Du musst Expertin sein, um dich auf ein Thema oder eine Zielgruppe spezialisieren zu können. Vertraue dir bitte selbst mehr. Teile dein Wissen mit uns allen. Das ist eine soziale Verantwortung. So machst du die Welt ein bisschen besser. Mit deinem Vortrag. Also bitte: Ab auf die Bühne! Mit deinem Thema! Denn alle Themen funktionieren auf der Bühne. Heute mehr denn je!

# 3. Sie kam, sprach und siegte

## WER GUT REDET, ÜBERZEUGT!

Damit ist nicht unbedingt die Aussprache oder die Rhetorik gemeint, sondern die Kunst, das Publikum wirklich zu fesseln und zu faszinieren – und bestenfalls sogar zu verblüffen. Und das funktioniert für dich als Angestellte in Konzernen oder in mittelständischen Unternehmen genauso wie als Unternehmerin auf Veranstaltungen. Aber Achtung: Die besten Argumente helfen nicht über einen schlechten Vortragsstil hinweg. Viel wichtiger sind Charisma, Ausstrahlung und absolute Überzeugungskraft. Inszenierung, Dramatisierung und die Einbettung in eine Erlebniswelt machen deinen Vortrag mehr als spannend. Aber keine Sorge ... du musst natürlich keinen Tschakka-Vortrag halten. Kannst du ... musst du aber nicht. Auch leise Vorträge können eine enorme Wirkung hinterlassen! Manchmal sogar noch mehr als ein lauter Vortrag.

An dieser Stelle möchte ich ein paar Worte zum Thema Überzeugungskraft sagen: Überzeugung ist KEINE Überredung. So funktioniert das nicht. Am besten ist es, wenn der Boden so aufbereitet wird, dass die Menschen im Publikum ganz von alleine auf die Lösung kommen. Das überzeugt am allermeisten.

**Was bedeutet Überzeugung?** Eine feste und unerschütterliche Meinung, die man sich über ein Thema gebildet hat. Du bist somit als Rednerin eine echte Meinungsbildnerin. Wenn du eine Meinungsbildnerin bist, dann hast du eine gewisse Macht. Macht ist immer mit Vorsicht zu genießen. Nutze sie ausschließlich positiv, denn du hast natürlich auch die Möglichkeit, mit deinen Worten stark zu manipulieren und Manipulation ist die negative Beeinflussung von Meinung zu deinem Vorteil. Dies ist ein sehr schmaler Grat, der deiner vollen Aufrichtigkeit bedarf. Bitte gehe sehr verantwortungsvoll mit dieser Macht um, die du bekommst, wenn du zu Menschen sprichst.

**Aber wenn du zu Menschen sprichst,** dann überzeuge sie und dein Ziel ist erreicht, etwas Gutes in die Welt zu bringen und am Ende natürlich auch deine Produkte zu verkaufen. Wenn du deine Produkte verkaufst, können Menschen davon lernen. Dafür sind deine Produkte da und nicht, um nur Umsatz damit zu machen, um dich zu bereichern. Das spüren die Menschen. Nicht falsch verstehen: Du kannst Millionärin werden. Gerne sogar. Aber es macht mehr Spaß, Millionärin zu sein und zu wissen, dass du mit deinen Produkten nicht nur unfassbar reich geworden bist, sondern die Welt auch noch ein bisschen besser gemacht hast. Nur wenn Menschen überzeugt sind, gehen sie mit dir einen Schritt weiter. Dein Wort hat mehr Wirkung als jede Werbe-Kampagne. Das ist der Schlüssel.

Du redest ja so komisch...
Ja genau, das liegt an der korrekten Grammatik.

**Doch: Frauen trauen sich zu wenig zu!**

Wenn du jetzt tatsächlich deine positive Macht erkannt hast, die du als Rednerin gewonnen hast, dann nimm sie bitte auch an. Das ist jedoch einfacher gesagt als getan. Viele haben ein Problem mit dem Wort MACHT. Für sie hat dieses Wort eine absolut negative Bedeutung und Wirkung. Wie schade eigentlich, denn Macht ist doch etwas Wunderbares. Das Gegenteil von Macht ist Ohnmacht. Das ist ein Zustand, den viele noch aus ihrer Kindheit kennen. Doch das einzig Negative an der Macht ist der „Macht-Missbrauch", den viele leider erleben mussten. Egal, in welcher Form oder Institution dir das begegnet sein mag, jetzt bist du kein Kind mehr. Du bist eine gestandene erwachsene Frau, die ihre Macht jetzt annehmen kann oder eben nicht. Das liegt ganz an dir. Trau dir ein machtvolles Handeln zu. Trau dir zu, dass du so mächtig bist, dass du großen Einfluss auf Menschen haben kannst. Trau dir zu, dass du mit deinem Wort die Welt verbessern kannst. Puh ... atme jetzt mal tief durch und lass die positive Macht durch deinen Körper fließen. Wie fühlt sich das an? Ich glaube, gut, oder? Frauen dürfen mehr fordern und behaupten.

Vermutlich bin ich deshalb immer so müde, weil so viele Talente in mir schlummern...

**Merkst du, dass du immer mutiger wirst?** Dass es für dich immer selbstverständlicher wird, sogar die große Bühne einzunehmen? Du wirst sehen, es wird dir immer leichter fallen. Der Trick an der ganzen Sache ist, deine Selbstsicherheit immer weiter auszubauen. Nur dann wird es dir mit Leichtigkeit gelingen, dich als Rednerin zu behaupten und fest zu etablieren. Dies ist eine neue Rolle in deinem Leben, die du jetzt einnehmen darfst. Wir alle bedienen viele Rollen. Du bist vielleicht Mutter, Schwester, Dozentin, Expertin, Coach, Nachbarin, Angestellte, Selbstständige und vieles mehr. Und bald auch eine gefragte Rednerin. Gewöhne dich dran. Nur wenn du es dir selber zutraust, trauen es dir auch andere zu.

## RUNTER VOM JAMMER-SOFA

Kennst du das **„Jammer-Sofa"**? Es ist einfach zu einladend, es sich dort so richtig schön gemütlich zu machen. Dann fallen so Sätze wie: „In der heutigen Zeit bucht ja eh keiner Speaker.", „Was soll ich den Menschen schon sagen, das gibt es doch alles schon.", „Andere sind eh viel besser als ich!". Jammer, jammer, jammer!

Zu dem Jammer-Sofa gesellt sich auch gern das **„Beleidigtsein-Sofa"**. Kennst du das? „Phh ... ich habe mich dort beworben und nie wieder etwas von denen gehört. Die können mich mal." Oder auch: „Perlen vor die Säue! Mein Publikum versteht mich nicht. Selber schuld!" Wie wär's mit: „Wer nicht will, der hat schon." Und schon zieht man sich aus dem Markt zurück, nur weil nicht sofort jemand auf dich angesprungen ist. Schmoll, schmoll, schmoll!

Dann findet sich da plötzlich noch das **„Zurückzieh-Sofa"**. „Macht doch was ihr wollt, aber ohne mich!"

Dann wird aus den drei besonderen Sofas nur noch EINES, auf dem alles stattfindet und auf dem man sich so richtig schön eingewöhnt. Jammer jammer jammer- schmoll schmoll schmoll – zurückzieh zurückzieh zurückzieh. Jammervolles, schmollendes Zurückziehen.

Glaub mir, diese Sofas habe ich alle bei mir zu Hause herumstehen! Und ja ... ich sitze immer wieder mal auf einem dieser Sofas. Manchmal auch auf allen. Ganz ehrlich: Ich genieße es in dem Moment, dort zu sitzen und es mir so richtig urgemütlich zu machen. Manchmal lade ich mir noch einige Kolleginnen oder Freundinnen dazu ein und dann bestätigen wir uns gegenseitig. Was für ein herrliches Gefühl. Endlich bekomme ich dann die Bestätigung, die ich mir doch so lange schon so sehr wünsche. Glaube mir, ich wandere dann von einem Sofa zum anderen!

Ja, ich spüre das Tier in mir... Es ist ein Faultier...

**Doch zum Glück** bleibe ich heutzutage nicht mehr lange auf diesen Sofas sitzen. Diese Sofas sind absolut kontraproduktiv. Es sind Mangel-Sofas. Mangel führt bekanntlich zu Mangel. Natürlich tut es manchmal gut, sich darauf auszustrecken.

Aber versuche doch mal bitte folgendes neues Muster-Konzept: Geh auf das Jammer-, Beleidigtsein- oder/und auf das Zurückzieh-Sofa und heule dich dort kräftig aus. Jammer herum. Schmolle ohne

Ende. Verstecke dich und ziehe dich zurück. Aber dann, ab irgendeinem (nicht fernen) Moment: STEH WIEDER AUF!!! Raus mit dir. Mache weiter. Du wirst gebraucht! Hast du das schon vergessen? Es geht um eine viel größere und höhere Sache als dein Ego! Es geht um die Weltverbesserung!

## DIE 7 PHASEN ZUM BREAKTHROUGH

**Jetzt ist deine innere Wandlung im vollen Gange!** Der Mensch braucht grundsätzlich immer bis zu 50 Impulse, bevor er überhaupt in eine Veränderung gehen kann. **Das bedeutet, Veränderung ist immer ein Reifeprozess.** Wenn du erst beim 23. Impuls bist, dann braucht es halt noch ein bisschen. Das stimmt. Aber gehe bitte immer weiter und sammle noch mehr positive Impulse, damit der Reifeprozess nicht ins Stocken gerät. Wie machst du das?

**Schaffe dir neue Sofas an!** Wie wäre es denn mit einem neuen **„Lob-Sofa"**? „Wow super, was du heute alles angeschoben hast. Toll machst du das!" Oder mit einem **„Trost-Sofa"**: „Ich sehe, dass es manchmal ganz schön anstrengend ist, aber du machst das wirklich super. Bitte mach weiter so!" Oder auch mit einem **„Unterstützer-Sofa"**: „Wenn das für dich alleine zu schwierig ist, suche dir Unterstützer. Dann geht es leichter."

Kleiner Tipp: Behalte auch die anderen Sofas. Sie sind weiterhin sehr wichtig und es tut wirklich gut, sich ab und zu daraufzusetzen. Hier kannst du eine schöne Psycho-Hygiene zelebrieren oder emotionale Verletzungen betrauern. Hauptsache, du bleibst nicht nur darauf sitzen!

Vielleicht hilft dir an dieser Stelle auch meine TROST-Methode©, die genau aus diesem Mangelgefühl bei mir entstanden ist. Du darfst auch nicht unterschätzen, dass du gerade dabei bist, ständig über deine Komfortzone hinauszugehen. Keine Mami ist weit und breit, die dich tröstet und auf die Wunde pustet. Wahrscheinlich eher noch im Gegenteil: „Kind, du hast doch einen sicheren Job. Willst du das wirklich tun?" Du kämpfst mit deiner Veränderung und mit deinem Outing gegen viele Stimmen an. Gegen die eigene, gegen die deiner Familie, gegen die deiner Freunde, gegen die deiner Kollegen, gegen die deiner Ahnen, gegen die der Gesellschaft. Puh ... Da ist es wirklich wichtig, sich zwischendurch mal Kraft zu holen, indem du auf das TROST-Sofa gehst. Die TROST-Methode© geht folgendermaßen:

**T steht für TIEFSCHLAG:**
Du hast dich beworben und keiner hat reagiert? Du hältst einen Vortrag und keiner war begeistert? Du erzählst in deinem Umfeld von deinen Plänen und bekommst nur Gegenwind? Welchen Tiefschlag du auch zu verkraften hast, nimm ihn wahr und ernst.

**R steht für RÜCKZUG:**
Jetzt ist es erstmal wichtig, auf eines der Mangelsofas zu gehen, um sich auszuheulen und den Schmerz und die Wunde zu betrauern. Rufe deine liebe Freundin an. Jammer herum. Sei beleidigt. Kotz dich aus. Lästere drauf los. Beschwere dich. Das ist ein wirklich wichtiger Prozess. Wichtig ist nur, dass du es ganz bewusst und ausgiebig machst und dann auch zeitnah wieder aus diesem Prozess herauskommst. Professionell nennt man das „Psycho-Hygiene".

**O steht für ORIENTIERUNG:**
Nachdem du deinen verletzten Gefühlen freien Lauf gelassen hast, ist es jetzt wichtig, dass du anfängst, die ganze Situation zu analysieren. Was ist da wirklich passiert? Wer oder was hat Recht? Was könntest du besser machen? Realisiere die Situation, jetzt nicht mehr emotional, sondern an dieser Stelle rational. Sprich auch mit anderen Menschen darüber, um ein neues Meinungsbild kennenzulernen. Dann kommst du zu Ergebnissen, was oder wie du es in Zukunft anders machen kannst.

**S steht für STÄRKUNG:**
Nun ist der Moment gekommen, in dem du frische Kraft tankst. Jetzt

geht es darum, dich für den nächsten Schritt wieder so zu stärken, dass du ihn auch gehen kannst und willst. Wie bei einem Stadtbummel? Du bist seit 2 Stunden unterwegs und erstmal kaputt. Rein ins Restaurant, Latte Macchiato trinken und ausruhen. Dann, nach einer gewissen Zeit, bist du wieder frisch und es kann wieder losgehen. Darum geht es. Kraft tanken. Hole dir auch Unterstützung. Wie kann es leichter gehen, dass du deine Karriereschritte durchziehst? Wer öffnet dir Türen? Wer sind deine Verstärker und wer sind störende Bedenkenträger? Jetzt kannst du neue Maßnahmen treffen.

**T steht für TUN:**
Jetzt bitte wieder raus aus dem Quark. Frisch gestärkt kannst du wieder loslaufen. Zieh es durch. Probiere dich neu aus. Bleibe deiner Vision und deiner Mission treu. Du gehst einen Weg, den vor dir noch kein Mensch gegangen ist. Du bist eine Pionierin. Mach weiter so. Immer wieder. Und immer wieder. Und immer wieder. So kommst du deinem Speaker-Ziel Schritt für Schritt näher.

> Ich bin jemand, die viel unternehmen möchte. Gefangen in einem Körper, der viel schlafen möchte.

**Wie kannst du durch reines Speaking neue Kund/innen gewinnen?**

Wer, wenn nicht DU, kann dein Herzensthema deiner Lieblingszielgruppe so näherbringen, dass sie WOLLEN, was du zu bieten hast? Wer, wenn nicht DU, kann so über das Thema sprechen, dass sie es BRAUCHEN, was du zu bieten hat? Wer, wenn nicht DU, ist die Expertin für dein Thema?

Die Menschen sehnen sich nach Menschen wie dir, die aufrichtig, authentisch und wahrhaftig ihre Themen und natürlich auch im Anschluss ihre Produkte in den Markt geben, weil sie genau spüren, dass du es ernst mit ihnen meinst und sie nicht einfach nur finanziell abziehen willst. Die Menschen spüren, dass du sie mit ihrem Problem genau verstehst und es auch lösen kannst. Also bitte: Zeige dich im Markt, damit sie dich entdecken können.

Der Trick ist somit: Bewirb nicht deine Produkte, sondern rede über dein Thema!

**Dein „Coming-out" als Rednerin wird dein Breakthrough**

„Wie...? Ich soll auf eine virtuelle Bühne gehen? Oder sogar auf eine Live-Bühne? ICH?" Ja genau DU! Weil du es kannst. Ehrlich gesagt auch, weil das der allereinfachste Weg ist, eine starke Sogwirkung bei deinen Lieblingskunden zu erzeugen. Jetzt sind wir an einem sehr wichtigen Punkt angekommen: deine Sichtbarkeit. Merke: Aus Vertrauen wird Überzeugung und aus Überzeugung wird Buchung.

**Die 7 Phasen deines Coming-outs als führende Expertin für dein Thema**

Wie kannst du dich so stärken, dass es dir überhaupt nichts mehr ausmacht, sich „ganz nach vorne zu stellen", die Führung zu übernehmen und souverän und sicher deine Inhalte an die Menschheit weiterzugeben? Indem du dich outest. Ja, starte dein persönliches und berufliches Coming-out als Expertin für dein Thema! Ein Outing ist nichts anderes als ein REIFE-Prozess. Entwickle dich dorthin. Wie ein Apfel, der am Baum so lange wächst, bis er von alleine abfällt und reif ist. So ist es auch bei dir als Rednerin.

> Ich spüre die Macht in mir. Es könnte aber auch Hunger sein.

Der Outing-Prozess und somit dein Breakthrough besteht aus 7 Phasen, in denen du zu der Persönlichkeit wirst, die du eigentlich schon immer warst.

## Der Reifeprozess einer professionellen Rednerin

### Phase 1 deines Speaker-Coming-outs: Die Wahrnehmung

Schon länger hast du es gespürt, dass du gerne einen überzeugenden Vortrag auf einer Live- oder einer virtuellen Bühne halten kannst oder willst. Wie oft hast du schon im Publikum gesessen und gedacht und gefühlt: „Das will ich auch. Das kann ich auch!" Super. Das ist die erste Phase deines Coming-outs.

### Phase 2 deines Speaker-Coming-outs: Die Annahme

Bevor du es in die große weite Welt gibst, macht es erst einmal Sinn, dich selbst an deine eigene Größe und an deine Entwicklung zu gewöhnen, indem du es dir im Inneren selbst erlaubst. Sieh dir in Gedanken selbst zu, wie du auf die Bühne gehst und dort hingehörst.

### Phase 3 deines Speaker-Coming-outs: Die Entscheidung

Ab dem Moment der tiefen inneren Erlaubnis braucht es einen glasklaren Entschluss, diesen Weg auch wirklich zu gehen und nicht nur zu träumen!

### Phase 4 deines Speaker-Coming-outs: Die Ausbildung

Der einfachste und professionellste Weg auf die Bühne ist eine bodenständige Ausbildung, wie du einen Vortrag halten kannst, der immer funktioniert. Wir empfehlen dafür unsere Feminess®-Ausbildung mit der STAGE-Methode©, die deine Träume in 3 Monaten realisiert.

### Phase 5 deines Speaker-Coming-outs: Die Stärkung

Während und nach deiner Ausbildung wirst du natürlicherweise immer wieder gegen viele „Stimmen der Veränderung" ankämpfen müssen. Gegen deine eigene innere Zweifel-Stimme, aber vor allen

Dingen auch gegen die deiner Familie, deiner Freunde, deiner Kollegen, durchaus auch deiner „Ahnen", der Gesellschaft und und und. Puh ... Da ist es wirklich wichtig, sich zwischendurch mal Kraft zu holen, indem du dich mit Menschen verbindest, die es entweder schon geschafft haben oder auf dem gleichen Weg sind wie du. Suche dir Verstärker und meide in dieser Phase Bedenkenträger.

**Phase 6 deines Speaker-Coming-outs: Die Umsetzung**

Wichtig ist jetzt, einen großen Schritt weiterzugehen und in die ganz konkrete Planung zu kommen. Wann und wo wirst du das erste Mal öffentlich sprechen? Suche dir Speaker-Aufträge, die es heutzutage besonders in der virtuellen Welt sehr viel und oft zu holen gibt. Sprich zum Beispiel Veranstalter von Online-Kongressen an.

**Phase 7 deines Speaker-Coming-outs: Dein Outing**

Jetzt hast du dir Kraft geholt. Jetzt hast du dich gestärkt. Das ist gut. Du bist bereit, hinauszugehen. Jetzt kannst du dich mit stolzer Brust und ohne dich schlecht oder falsch zu fühlen der Öffentlichkeit präsentieren. Jetzt akzeptierst du dich selbst. Jetzt ist es ganz natürlich und kein „Angeberei-Gefühl". Jetzt bist du gereift und die Menschen und dein Umfeld werden das spüren und dich so auch leichter in dieser neuen Rolle akzeptieren können. Das war es schon mit dem Outing. Ein ganz natürlicher Reifeprozess. Jetzt hat sich dein Traum erfüllt. Jetzt sieht es jeder. Besonders am Anfang sind die Zweifel und die Aufregung besonders groß, aber der erste große Schritt ist jetzt getan. Jetzt gehst du gestärkt in die Welt hinaus und aus deinem Outing wird eine Erfolgsstory.

**Je stärker du in deiner Kraft bist, desto anziehender bist du**

Beim Coming-out-Prozess ist nichts anderes passiert, als das du zu einer echten Redner-Persönlichkeit herangereift bist. Erst, wenn du innerlich reif bist, kannst du dich auch äußerlich selbstbewusst als Speakerin oder Expertin mit stolzer Brust zeigen. Wenn du innerlich noch Zweifel hast, werden auch die Menschen an dir zweifeln. Die Welt ist ein Spiegel. Nutze also die Zeit des Reifens. Wenn ein Apfel reif ist, fällt er ganz von alleine vom Baum.

**Vertraue dem Prozess**

Je mehr du aus dem Überfluss handelst und nicht aus dem Mangel oder der Not heraus, desto erfolgreicher wirst du. Ja, das ist klassisches Mindset. Laufe nicht den Kunden hinterher, sondern nutze ihnen mit deinen Inhalten. Gib ihnen das, was sie sich wünschen, aus der Stärke heraus und nicht aus der Schwäche. Vertraue dem Leben. Vertraue der Natur. Vertraue dem Prozess.

**Und jetzt: HOLE DIR DEINE TRAUMKUND/INNEN UND NUTZE DIE BÜHNE!**

Was die Menschen jetzt brauchen, ist ein gutes Wort. Ein gutes Wort, welches DU sprichst. Und das am Besten auf einer Bühne. Also GO!

# 4. Nich' lang schnacken

## WELCHE VORTRAGSFORMEN GIBT ES?

Seit vielen Jahren kursieren die unterschiedlichsten Begriffe im Markt. Ich möchte an dieser Stelle etwas Licht in das Dunkle bringen. Sicherlich ist vieles auch individuelle Definitionssache, dennoch sollten wir es an dieser Stelle klar differenzieren. Was ist der Unterschied zwischen einem Training, Coaching, Fachvortag und Impuls-Vortrag? Hier gibt es in der Tat eklatante Abstufungen.

Starten wir mit dem Wort Training. Leider erleben wir es immer wieder, dass auf den Speaker-Bühnen reines Training durchgeführt wird. Laaangweilig. Ein Training gehört in einen Seminarraum. Im Training trainiert man ein Thema. Man lernt etwas. Wie zum Beispiel Kommunikation. Oder eine Software. Man bekommt etwas gesagt und soll es anschließend selbst üben. Das kann in einem guten Vortrag durchaus vorkommen, aber eben nicht nur.

### Impulsvorträge sind keine Präsentationen

In einem Fachvortrag geht es, wie der Name schon sagt, um das rein Fachliche. Das kann superspannend sein, wenn man tief in einer Materie drinsteckt, wie zum Beispiel bei Medizinern.

**Wenn du Menschen jedoch inspirieren möchtest**, kann ein Fachvortrag aber absolut ermüdend sein und keiner fühlt sich motiviert. Wie funktioniert Inspiration? Das Publikum möchte von einem guten Speaker bzw. einer guten Speakerin mit Hingabe alles von ihm oder ihr lernen, wenn er oder sie es im Herzen packt, also deren tiefe intrinsische Motivation entfacht. Das funktioniert aber leider äußerst selten bei einem reinen Fachvortrag, obwohl dieser durchaus hochinteressant sein kann. Dennoch: Finger weg von trockener Wissensvermittlung, wenn du Menschen positiv entzünden willst.

**Wenn du Menschen wirklich zu etwas bewegen möchtest**, eignet sich ein richtig guter und starker Impuls-Vortrag. Natürlich hat alles andere auch seine Berechtigung. Ich bin jedoch der Meinung, dass ein Impuls-Vortrag am meisten und am leichtesten eine Veränderung bei Menschen hervorbringen kann. Das schließt natürlich gute und sehr nützliche Content-Vermittlung nicht aus, aber es sollte eben kein reines Training sein. Die Mischung macht's! Ich fasse es zusammen:

Im **Training** geht es um das **Thema**. (verstehen und üben)
Im **Coaching** geht es um den **Klienten**. (stärken und lösen)
Im **Fachvortrag** geht es um die **Sache**. (wissen und lernen)
Im **Speaking** geht es um das **Publikum**! (bewegen und impulsieren)

Das Publikum darf und sollte auch gern tief im Herzen berührt sein. Aber eben nicht nur. Natürlich auch im Geist und im Gehirn. Aber niemals NUR im Gehirn. Das wäre grottenlangweilig. Es ist respektlos und beleidigend, wenn sich der Speaker oder die Speakerin nicht wirklich um mich als Publikum bemüht. Die Mischung macht's. Alle Sinne sollten angesprochen werden. Der Intellekt und die Emotionen. Das sind die besten Impuls-Vorträge.

**Beim Speaking stehen** darüber hinaus auch sehr stark die Haltung und die Lösungen der Rednerin, die sie für das Publikum hat, im Vordergrund. Hier geht es um klare Identifikation, Anschauungen,

Überzeugungen und durchaus auch verschiedene Meinungen. Gern höre ich mir als Zuschauerin verschiedene Haltungen an, um mir selbst eine eigene Meinung bilden zu können. Das ist übrigens auch der große Unterschied zu dem ganzen GURU-Gehabe. Ein richtiger Guru ist ein spiritueller Führer. Ich sage es mal so: Es gibt solche und solche in der Welt. Es gibt aber auch die selbsternannten Gurus, die dem Titel leider einen negativen Touch gegeben haben. So ein selbsternannter Guru sagt dir aus rein narzisstischen Beweggründen, was gut für dich ist. Du bekommst es aufgedrängt. Ein schlechter Guru sagt dir: So geht das und nur diese, nämlich seine Meinung zählt. Ein Guru sagt dir auch, welche Konsequenzen es hat, wenn du nicht so agierst, wie von ihm (oder ihr) „empfohlen". Das ist schon reine Propaganda und nicht wahrhaftig. Auch hier kenne ich leider ein paar Kollegen, die damit in unserem Markt unterwegs sind. Diese Spezies finde ich ausgesprochen gefährlich, finden sie doch tatsächlich immer noch eine ganze Menge Anhänger/innen. Also Finger weg von Narzisst/innen und selbsternannten schlechten Gurus.

**Wie funktioniert ein Impuls-Vortrag?** Es ist eine MISCHUNG aus allem. Infotainment ist hier ein gutes Stichwort. Meinetwegen auch Edutainment, wie Impuls-Vorträge an Bord der „Mein Schiff-Flotte" auch genannt werden, auf denen ich jahrelang Vorträge halten durfte. Eine Abkürzung aus „Education" (Ausbildung) und „Entertainment" (Unterhaltung). Das funktioniert absolut super. Wobei es natürlich unabhängig davon ist, ob du eine „laute" Speech oder eine „leise" Speech hältst. Mit der STAGE-Methode© funktionieren beide Varianten. Es hat ausschließlich etwas mit deiner Persönlichkeit zu tun, zu welcher Variante du dich mehr hingezogen fühlst.

**Merke:** Sehr gute Impuls-Vorträge funktionieren auf unterschiedlichste Art und Weise. Laut oder leise. Mit dramatischer Bühnenshow oder komplett ohne Show. Mit Power oder ohne Power. In jedem Fall aber mit deiner authentischen und natürlichen Persönlichkeit.

Es gibt so viele Vortragsarten, wie es Menschen auf der Welt gibt. Das einzige Bewertungskriterium für eine gute Speech ist jedoch IMMER das Publikum. Wenn das Publikum BEGEISTERT ist, war es ein guter Vortrag! PUNKT! Egal, wie er gehalten wurde.

## WAS IST EINE ECHTE KEYNOTE?

Auch hier gibt es sehr unterschiedliche Definitionen. Wir halten uns jedoch an die klassische Variante: Eine Keynote ist natürlich auch ein Vortrag. Sie ist auch ein Impuls-Vortrag. Allerdings ein ganz besonderer, denn sie wird in der Regel ganz am Schluss von Veranstaltungen eingesetzt, um noch mal den absoluten Kick zu setzen. Sie ist sozusagen das HIGHLIGHT des ganzen Tages. Sie rundet alles ab. Sie ist der „Schlüssel-Vortrag" (also Key), die den Wendepunkt bringen soll. Es kann in der Regel nur EINE Keynote am Tag geben. Fälschlicherweise preisen viele Kollegen ihren Vortrag als Keynote an, obwohl sie nur einen ganz normalen Vortrag halten.

**Aber auch hier** gehen die Meinungen grundsätzlich auseinander. In der gesamten Speaking-Welt gibt es keine wirklich festgezurrten Statuten. An dieser Stelle möchte ich allerdings einen der größten Rednerverbände der Welt erwähnen, an den du dich sehr gut halten kannst, wenn es z. B. auch um Ethik, Orientierung, Branchenvertretung oder um Wissensvermittlung geht: die NSA, die National Speaker Association. Die deutsche Vertretung ist die GSA, die German Speaker Association. Dies ist ein ausgesprochen seriöser Rednerverband mit entsprechendem Know-how. Ich selbst durfte enorm viel dort lernen.

## WER IST WIRKLICH EINE TOP-SPEAKERIN?

Ich habe einmal den großen Fehler gemacht und mich bei einem gebuchten Vortrag von einem Sparkassen-Vorstand in meiner selbst geschriebenen Anmoderationskarte als „Top-Speakerin" anmoderieren zu lassen. Dieser nun wirkliche Top-Manager hat meine Karte dermaßen ironisch vorgetragen, dass ich fast im Boden versunken wäre. Natürlich war es eine Unverschämtheit von ihm (das macht man nicht!), aber dennoch hat er mir einen Spiegel vorgehalten, denn ich war zu diesem Zeitpunkt noch keine Top-Speakerin. Ehrlich gesagt war ich Lichtjahre davon entfernt. Natürlich war dann auch mein Vortrag entsprechend, weil ich mich innerlich schlecht fühlte.

**Eine Top-Speakerin ist wirklich eine Top-Speakerin**. Da sitzt ALLES. Alles hat eine Wirkung. Ich will nicht sagen, dass alles auswendig gelernt wurde ... auf keinen Fall! Eine Top-Speakerin ist jemand, die jahrelange Erfahrung hat, die enorm viel auf der Bühne gestanden hat, die Menschen so tief bewegen kann, dass sich wirklich etwas verändert, die es beherrscht, dem ganzen Saal eine Gänsehaut zu zaubern. Selbst bei den Kellner/innen.

In Deutschland gibt es nicht sehr viele davon. Bitte bezeichne dich selbst niemals als Top-Speakerin, wenn du es noch nicht wirklich bist. Die Schmach ist größer, wenn du dieses Versprechen nicht einhalten kannst. Die Fallhöhe möchte ich jeder ersparen. Springe aber bitte auch nicht unterm Teppich Fallschirm. Ordne dich einfach richtig ein. Mache dich nicht größer oder kleiner. Sei einfach realistisch.

# 5. Sternchen oder Star?

## BAU DIR DEIN SICHERES SPEAKER-FUNDAMENT

Von deiner inneren Wandlung zu einer souveränen Rednerinnen-Persönlichkeit kommen wir jetzt zu deiner Reifung zu einer echten Rednerinnen-Unternehmerin. Unterschätze diesen Aspekt bitte nicht, denn ansonsten bleibst du im besten Fall ein „One-Hit-Wonder“. Wenn du kein nachhaltiges Business hinter dein Talent setzt, welches wirklich einen hohen Nutzen für dein Publikum bringt, verpufft dein ganzer Einsatz, was wirklich äußerst schade wäre.

### Aus Zuschauern werden Kunden

Du hast jetzt mehrere Möglichkeiten: Entweder positionierst du dich ausschließlich als Speakerin für dein Thema im Markt, oder du positionierst dich allgemein über dein Thema und hältst neben Vorträgen auch Trainings, Coachings oder hast weitere Dienstleistungslösungen für deine Kund/innen. Wenn du dich ausschließlich als Speakerin für dein Thema im Markt positionierst, verdienst du dein Geld nur mit deinen Vorträgen. Das bedeutet, du machst dir einen Namen damit, auf großen Bühnen zu sprechen. Ich sage dir aber ganz ehrlich: Die wenigsten schaffen diese exklusive Positionierung im Markt, denn die meisten können vom reinen Speaking nicht leben.

Besonders in der Zeit nach Corona mischt sich der ganze Markt komplett neu. Da ist es deutlich schlauer und sicherer, sich so aufzustellen, dass du mit mehreren Produkten zu deinem THEMA deinen Umsatz machst.

An dieser Stelle wiederhole ich noch mal: Du hilfst Menschen am Ende mehr, wenn du eine erfolgreiche Unternehmerin bist, als wenn dich keiner kennt oder du keinen Umsatz machst. Eine erfolgreiche Unternehmerin hat durch mehr Geld auch viel mehr Möglichkeiten, Menschen zu erreichen, weil sie viel mehr in ihr Marketing stecken und investieren kann und sich obendrein noch ein super Team aufbauen kann. Das ist die Erfolgsspirale nach oben.

Deswegen hat zum Beispiel auch Feminess® extra für diesen Bereich eine ganz eigene Blended Learning School für dich als Solopreneurin aufgestellt, damit du als Unternehmerin sehr erfolgreich sein kannst. Es ist unfassbar, wie wenig Frauen im Business wirklich professionell aufgestellt sind, obwohl sie so kompetent sind. Zeige dich geschickt über dein Thema und immer wiedererkennbar im Markt und biete deinen Wunschkund/innen mehrere wirklich gute Produkte an und du wirst gebucht. So einfach ist das. Denn nur dann wird aus deiner Business-Idee und deinem Herzensthema ein großer Erfolg.

An dieser Stelle hilft dir sicherlich auch die Feminess® SUCCESS-Methode©, die ich dir jetzt gerne in Kurzform einmal vorstelle und die Grundlagen erfolgreichen Business in Kurzform beschreibt. Aber vorher noch ein paar erklärende Worte:

**Das Geheimnis liegt nicht darin**, im Business in den Aktionismus zu verfallen und „wie wild" sein Unternehmen aufzubauen oder zu präsentieren, sondern das Ganze viel strategischer und vorausschauender anzugehen. Verbunden mit den neuesten, innovativsten und zeitgemäßesten Lösungen für deine Kund/innen wird sich dein Business recht schnell in ein florierendes Unternehmen wandeln. Was meinst du, warum ich so ein Fan von qualifizierten Methoden bin? Sie bringen STRUKTUR und STRATEGIE und am Ende RUHE in das ganze System. Das alles lässt sich dann nicht nur leichter durchhalten, sondern lässt dich auch als Mensch und als Unternehmerin innerlich WACHSEN. So wird dir dein Herzensbusiness am Ende des Tages mehr Kraft geben als dir nehmen.

**Wie funktioniert Erfolg im Detail?** Vertraue erst einmal dem ganzen Thema Leichtigkeit. Öffne dich dafür und vor allen Dingen erlaube es dir, dass alles viel leichter gehen kann. Damit fängt wirklich alles an. Dann öffne dich für wirklich gute und NACHHALTIGE Methoden, die nicht nur leicht sind, sondern auch supereasy funktionieren. Zwar braucht es für den Aufbau selbstverständlich auch noch dein starkes Engagement, aber das ist dann zum Glück zeitlich begrenzt. Einmal aufgebaut, wird es immer leichter funktionieren. So als ob du eine Yacht auf Kurs bringst und dann fährt sie wie von selbst, weil sie ihre gute Fahrrinne und den richtigen Wind gefunden hat. Kursanpassungen und klare Zielvorgaben sind dabei natürlich vorausgesetzt. Das ist das Spiel: Einsatz im Aufbau, aber nicht bis zur Erschöpfung. Vergiss nicht, dass wir in eine neue Zeitepoche eingetreten sind, was bedeutet, dass auch dein Leben und Arbeitsleben so viel leichter gehen darf. Allein schon technisch. Dafür ist die Technik da. Hast du jetzt Lust eine weitere unserer Methode kennenzulernen? Ich erkläre sie dir gern:

## NACHHALTIGER ERFOLG MIT DER SUCCESS-METHODE©

### Das S steht für SELBSTBEWUSSTSEIN

Das Wichtigste ist deine innere Haltung, oder wie es neudeutsch heißt: dein MINDSET. Du kannst so viel mehr, wenn du endlich aus dem Klein-Denken herauskommst und zu der Unternehmerin wirst, die du innerlich schon bist. Doch wie kannst du selbstbewusster werden?

Alles beginnt mit dem BEWUSSTSEIN. Mache dir BEWUSST, was du alles kannst, wer du bist und welches Potenzial du hast. Aber auch, welche Erfahrungen, welche Fähigkeiten du hast und was du bisher alles gelernt hast. Das kannst du unterschiedlich angehen: Sprich mit Menschen, lege dir ein Büchlein an. ABER: Bitte verschiebe deinen Fokus, der in der Regel mehr auf deine Schwächen ausgerichtet ist, jetzt AUSSCHLIESSLICH auf deine Stärken und dein Talent. Das ist das ganze Geheiminis. Hänge an die Übung immer ein „weil ..." an. Als Beispiel: „Ich kann sehr gut über das Thema sprechen, WEIL ..." Die Begründung ist viel wichtiger als das einfache Aufzählen von Stärken.

Du kannst hier auch mit verschiedenen psychologischen Tricks arbeiten. Ein gutes Beispiel ist die Arbeit mit dem inneren Kind. Lobe es, nimm es wahr, entdecke seine Stärken und bau sie auf. Jetzt vollzieht sich langsam die innere Transformation. Schau mal, wie gerne und natürlich ein Kind auf einer Bühne herumspringt. Das hast du auch in dir.

Durch diese FOKUSVERSCHIEBUNG entsteht innerlich ein viel stärkeres SELBSTVERTRAUEN, welches du dir jetzt selbst aufbaust. Dafür brauchst du keine Bestätigung von außen. Wenn du dir selbst tief im Inneren viel mehr vertrauen kannst, wirst du es nicht nur ausstrahlen, sondern dein SELBSTWERT fängt auch an zu wachsen. Aus deinem SELBSTWERT entsteht wiederum eine viel höhere SELBSTACHTUNG und so weiter. So erklären sich auch die ganzen unterschiedlichen Begriffe mit dem „SELBST-". Sie zahlen alle aufeinander ein und bauen sich entsprechend auf, wenn man sie in die richtige Reihenfolge bringt. Alles beginnt immer und jeden Tag und immer wieder mit deinem BEWUSSTSEIN für dich selbst.

Also entdecke und erlaube dir deine Macht. Glaubst du wirklich ganz tief in dir drinnen, dass du eine Gewinnerin bist? Eine Speakerin? Entwickle und reife innerlich dahin, dann bist du es auch im Außen.

## Das U steht für einen UNTERSCHIED machen

Das Zweitwichtigste ist definitiv, dass du dein Business und dein Speaking NICHT so aufziehst, wie es alle anderen machen. Auch hier kannst du so viel mutiger sein und deine Marke, die fest mit deinem inneren „Warum" verknüpft ist, mutig und professionell in die Welt bringen. Schau dir andere Marken an. Erkenne, was sie anders machen. Alle großen Marken machen einen Unterschied. Positionierung bedeutet, eine klare Position zu beziehen. Stehe dazu und bring es in die Welt! Welchen Unterschied machst DU? So machst du es nicht nur anders, sondern auch mit deinem Business einen echten Unterschied in der Welt.

## Das C steht für CORPORATE IDENTITY

Immer wieder unterschätzt ist der professionelle Auftritt deiner gesamten Marke, die so viel tiefer geht, als nur ein Logo oder Farben zu entwickeln. Sie zieht sich durch deinen gesamten Auftritt, denn Corporate Identity ist nur der Überbegriff für deine Corporate Culture, Corporate Design, Corporate Behavior und noch einige mehr. Dein Fundament wird dadurch nicht nur deutlich stabiler, sondern besonders nachhaltig und sogar unvergesslich. Das schafft enormes Vertrauen, welches die Menschen in der heutigen Vielfalt besonders brauchen. Bist du bereit für echte Professionalität?

## Das C steht für COMMUNITY

Vorbei sind die Zeiten der Einzelkämpfer. Durch das neue Wassermann-Zeitalter, welches die neue Luft-Epoche einläutet, sind wir automatisch auch in ein neues WIR-Zeitalter eingetreten. Gemeinsam geht es leichter. Ganz ehrlich? Den meisten Erfolg hatte ich immer mit anderen Menschen, die auf der gleichen Reise waren wie ich oder schon dort angekommen waren, wo ich hinwollte. Je mehr du in die Gemeinschaft kommst, desto leichter

Bist du
Teamfähig?
Alleine ja.

wirst du es haben. Wo findest du DEINE Community, die gut zu dir passt? Suche sie und du wirst sie nicht nur finden, sondern dich dort auch wohl und zu Hause fühlen. Oder bleibst du lieber alleine?

**Das E steht für EINZIGARTIGKEIT**

Je einzigartiger und nützlicher deine Vorträge oder deine Dienstleistungen sind, desto mehr werden sie dir aus der Hand gerissen – einfach aus dem Grund, weil die Menschen deine Angebote haben WOLLEN. Das ist ein großer Unterschied, denn du erzeugst damit eine richtige Sogwirkung. Wie einzigartig sind deine Angebote? Oder bekomme ich sie leicht auch bei anderen? Was macht dich so besonders? Warum soll ich ausgerechnet DEINE Produkte oder Dienstleistungen kaufen oder buchen?

**Das S steht für SICHTBARKEIT**

Warum nur haben so viele Unternehmerinnen und Speakerinnen ein Problem mit der Sichtbarkeit? Weil sie aus dem Schatten treten und von sehr vielen Menschen gesehen werden – besonders auf der Bühne? Dort stellst du dich regelrecht ins Rampenlicht. SPOT AN! Ja, das sind die meisten Menschen, besonders Frauen, nicht gewohnt. Es gibt so viele Möglichkeiten, wie du mit deinem Business auf verschiedensten Ebenen sichtbar werden kannst. In der Regel werden nur 3 bis 5 Möglichkeiten ausgeschöpft. Ich sage dir aber, es gibt mindestens (!) 20 Möglichkeiten der geschickten Sichtbarkeit, mit der du als Speakerin entdeckt werden kannst. Nutze sie. Es braucht nur die innere Erlaubnis, den Schritt in das Bühnen- und Unternehmerinnen-Licht zu gehen und bestenfalls Hunderte, Tausende oder Millionen Menschen zu erreichen. Bist du bereit, aus deinem Schatten zu treten und sogar zur Anführerin für deine Kund/innen und deinem Thema zu werden? Oder traust du dich lieber noch nicht? Schau dir an dieser Stelle auch gern mal die STERN-Methode© an, mit der du im Markt erstrahlen kannst. Hier kannst du dir das Video dazu ansehen.

FEMINESS

### Das S steht für SOCIAL MEDIA

Besonders möchte ich mit der SUCCESS-Methode© die möglichen Social-Media-Strategien herausstellen, die in der heutigen Zeit enorm wichtig geworden sind. Unzählige unerwartete Möglichkeiten tun sich hier auf und ergeben sich daraus – wenn du die Regeln kennst und dich für das neue Online-Marketing öffnest. Ja, wir haben eine neue Zeit. Entweder gehst du mit oder eben nicht. Gehst du mit oder bleibst du auf der Strecke?

Wenn du mehr über die SUCCESS-Methode© erfahren möchtest, kannst du auch hier ein äußerst nützliches Online-Training dazu machen. Nutze die Chance.

Hast du mich noch lieb, wenn ich so offen und ehrlich mit dir schreibe? Ich übernehme gern die unangenehme Rolle, wenn ich dich nur dazu motivieren kann, das Allerbeste aus dir herauszuholen.

Hier findest du weitere Punkte, die in meinen Augen äußerst wichtig sind, wenn du gut im Speaker-Markt unterwegs sein möchtest.

## ENTDECKE DEIN WARUM UND DEINE LEIDENSCHAFT

Je authentischer du auf der Bühne bist, desto höher ist deine Glaubwürdigkeit. Wie kann es dir leichter fallen, auf einer Bühne „real" zu sein und dich nicht zu verstellen? Indem du dich mit deinem tiefsten WARUM verbindest. Je klarer du weißt, warum du welche Botschaft für die Welt hast, desto leichter wird es dir fallen, auf einer Bühne zu stehen und über dein Thema zu reden. Der Trick ist allerdings, dass es hier nicht um dich geht, sondern um das Publikum. Aber selbstverständlich bist du die QUELLE von allem. Das, was dich bewegt, bewegt auch andere Menschen. Genau diese werden jetzt deine Kund/innen. Diese Menschen verstehen dich, weil sie das kennen, was DU aussprichst. Deswegen ist es auch so leicht, auf einer Bühne zu stehen und einen echt guten Vortrag zu halten. Nur der Weg dorthin ist nicht einfach. Verbinde dich mit deinem tiefsten Warum und du WILLST auf die Bühne springen. Verbinde dich mit deinem tiefsten Warum und das Publikum schüchtert dich nicht mehr ein. Verbinde dich mit deinem tiefsten Warum und du wirst energetisch eine magische Sogwirkung haben.

Du gehst nicht auf die Bühne, um Business zu machen, sondern um Lösungen zu liefern, die anderen Menschen oder Unternehmen wirklich helfen. Aber letztendlich fußt alles auf einem deinem ganz eigenen Ursprungs-Schmerz-Thema, denn ansonsten würdest du dich nicht für dieses Thema interessieren. Nur muss das keiner wissen. Du kannst es erzählen, musst es aber nicht. Wie findest du dein tiefstes Warum heraus? Hier habe ich eine kleine Übung für dich.

Beantworte folgende Fragen:

- Was hat dir als Kind oder deiner Familie im Leben am allermeisten wehgetan?
- Was war als Kind deine allergrößte Sehnsucht?
- Welches Thema begegnet dir immer wieder im Leben?
- Finde viele Themen und schreibe sie auf. Bringe sie in eine logische Reihenfolge und filtere den gemeinsamen Nenner heraus. Formuliere das Ursprungs-Schmerz-Thema jetzt in nur einem Wort.
- Achtung jetzt: **Was ist das Gegenteil davon?** Das positiv formulierte Wort ist dein Thema für die Welt! Dafür bist du hier. Darum interessierst du dich so brennend für dein Thema.
- Welchen Menschen möchtest du dieses Thema näherbringen?
- Verbinde jetzt dein Thema mit deiner Zielgruppe und bringe es in einen professionellen Business-Kontext.
- Aber noch mal Achtung: Keiner muss den Ursprung deines Themas wissen.

## FINDE DEINE KLARE SPEAKER-POSITIONIERUNG

Positionierung heißt: Du stehst für ein Thema! Oder für eine bestimmte Zielgruppe. Oder für eine bestimmte Methode. Oder, oder, oder ... Hauptsache, du stehst für irgendetwas! Darüber wirst du immer wieder erkannt und sofort eingeordnet. Man weiß einfach, wo du hingehörst, was du machst, wofür du stehst. „Das ist doch die mit...", „Das ist doch die, die immer..." **Das, was Menschen hinter deinem Rücken sagen, ist deine Positionierung.** Du kannst das über deine Arbeit weitestgehend selbst bestimmen. Meistens merken sich die Menschen Namen eher schlecht. Aber dafür, wofür die Menschen stehen – das merken sie sich! DU bist es, die den Menschen immer wieder durch dein Marketing und deine Vorträge „sagen" muss, wo sie dich als Expertin einordnen sollen. Du bist die Bestimmerin. Du lancierst dein Image.

Ich mache oft die Erfahrung, dass viele Expert/innen sich selbst nicht klar einordnen können. Hier möchte ich gern den „Positionierungs-Liebes-Pfeil" vorstellen, den wir auch in unserer Solopreneur School intensiv für dich und mit dir entwickeln. Du schießt bestenfalls einen spitzen Liebespfeil in den Markt, damit er Menschen auch tatsächlich im Herzen erreichen kann und bei ihnen im positiven Sinne einsticht. Je runder deine Pfeilspitze jedoch ist, desto weniger wirst du wahrgenommen. Der Pfeil bleibt bei den Menschen nicht stecken, also bist du nicht erinnerbar. Wie schade. Die meisten Kolleginnen, die ich kenne, wollen aber möglichst ALLE Menschen gewinnen und kriegen am Ende keinen. Kennst du den Spruch: „Willste alle, kriegste keinen!" Sie können sich nicht für EINE Spitze entscheiden, weil sie so viele Themen haben und bedienen können.

**Ich mache es dir ein bisschen leichter, damit du dennoch alle erreichst.** Es ist ganz einfach. Du kannst an deine Pfeilspitze <u>entweder</u> ein Thema <u>oder</u> eine Zielgruppe setzen. **Wenn du an die Spitze ein**

**THEMA gesetzt hast,** dann hast du bestenfalls viele Zielgruppen dafür, die du dafür ansprechen kannst. Diese stehen dann nicht an der Spitze des Pfeils, sondern im Korpus der Pfeilspitze. Du brauchst den Liebespfeil nur noch in den Markt zu schießen und dein THEMA zu positionieren. Es wird viele Menschen ansprechen, die automatisch zu dir kommen werden. Als Beispiel: Dein Kernthema ist Zeitmanagement. Das betrifft und interessiert viele Menschen aus vielen Branchen. Hiermit machst du dir jetzt einen Namen. Aber du bedienst immer nur das THEMA.

Andersherum funktioniert es auch. **Wenn du an die Pfeilspitze eine Zielgruppe setzt**, dann hast du bestenfalls viele Themen für diese Zielgruppe. Hier konzentrierst du dich nur über die ZIELGRUPPE. Beispiel: Du hältst einen Vortrag nur vor Sekretärinnen und Assistentinnen. Die interessiere sich dann aber für mehrere Themen, die ihr Business betreffen. Diese Zielgruppe wird dich dann immer wieder einsetzen wollen, weil sie dich kennt.

**Merke:** Egal, was du an deine Pfeilspitze stellst: Hauptsache, du hast eine Spitze!

Du kannst das übrigens sehr gut üben, wenn du dir vorstellst, dass du auf einer Party mit vielen verschiedenen und fremden Menschen stehst. Plötzlich wirst du gefragt: „Was machen Sie denn so beruflich?" Das, was du jetzt antwortest, ist deine Positionierung.

Doch in der Regel folgt nach der Frage ein ewig langer Text von dir, um zu erklären, was du alles machst. Puh ... laaangweilig. Versuche es doch mal mit nur einem Satz. Nein, kein „Elevator Pitch". Noch kürzer. Das ist deine Pfeilspitze. Das ist das Besondere an dir.

Als Beispiel: „Was machen Sie denn so beruflich?"
„Ich bin Zeitmanagement-Expertin." (Thema)
Oder:
„Was machen Sie denn so beruflich?"
„Ich bin Assistentinnen-Trainerin." (Zielgruppe)

Jetzt hat dein Gegenüber auch eine Chance zu antworten und weiter zu fragen. Du kommst immer tiefer in deinen Pfeil hinein und kannst am Ende doch alles loswerden, was du möchtest. Nur mit dem Unterschied: Dein Gegenüber FRAGT DANACH und WILL es hören.

Mit einer spitzen Spitze ist es viel einfacher, sich klar zu positionieren, für etwas zu stehen und erinnerbar zu werden. Wenn du das jetzt noch zum Beispiel in deinem Vortrag in eine Erlebniswelt verpackst, wird es noch stärker bemerkbar. Aber dazu erfährst du mehr in der STAGE-Methode© im Kapitel 7.

## VERDIENE GUTES GELD MIT DEINEN VORTRÄGEN

Wie du mit deinen Vorträgen gutes Geld verdienst, ist mittlerweile eines meiner Lieblingsthemen. Denn war ich es nicht immer, die gesagt hat: „Ach komm ... Geld ist nicht so wichtig! Es kommt doch auf etwas ganz anderes im Leben an!"? Ja, Pustekuchen! Da durfte ich sehr viel in den letzten Jahren lernen.

**Geld ist wichtig.** Geld hat einen Wert. Geld ist ein Tauschmittel. Du hältst einen Vortrag und erhältst einen adäquaten Gegenwert. Jetzt liegt es an dir, wie viel du dir selbst wert bist bzw. wie viel Wert dein Vortrag hat oder wie wertvoll du deine Arbeit selbst einschätzt. Aber auch, wie du den Markt einschätzt. Geld hat viel mit dem ureigenen Selbstwert zu tun. Wenn du ein Problem mit dem ganzen Honorar-Thema hast, dann fang an, an deinem Selbstwert zu arbeiten. Ich kann dir nur sagen: Es lohnt sich. Auf mehreren Ebenen.

**Es gibt verschiedene Wege**, wie du mit Vorträgen Umsatz machen kannst. Entweder lässt du dich ganz klassisch dafür mit einem Honorar bezahlen, oder du hältst sogar kostenfrei einen Vortrag und weißt aber, dass im Plenum sehr viele potenzielle Kund/innen sitzen. Halte bitte niemals Vorträge, bei denen du am Ende komplett leer ausgehst. Das ist natürlich absolut kontraproduktiv.

**Es gibt allerdings auch die Variante**, dass du selbst für deine Vorträge bezahlst, dass du dir also Vortragsbühnen kaufst. Auch hier würde ich immer entscheiden, wie hoch am Ende der eigene Nutzen ist. Wenn du bei einem renommierten Veranstalter einen Vortrag halten kannst, der zum Beispiel Millionen Menschen erreicht, wäre auch das durchaus eine Möglichkeit, um deine Bekanntheit deutlich zu steigern. Dann ist es eine Marketing-Investition.

**Wäge klug ab.** Entscheide immer wieder neu. Du kannst auch für dich selbst vereinbaren, dass du zum Beispiel zwei Vorträge im Jahr kostenfrei für Organisationen hältst, die nicht so viel Budget haben. Das ist Ermessenssache. Wichtig ist nur, dass du immer adäquat bezahlt wirst, in welcher Form auch immer. Entweder mit Geld, mit Aufträgen oder mit echter Bekanntheit.

Für den Start empfehle ich dir aber auch, bei vielen Berufsnetzwerken erst einmal viele kostenfreie Vorträge zu halten. Ich habe sie damals immer kostenfrei oder für einen kleinen Kostenausgleich gehalten. Dies waren meine **Übungsbühnen**. Ehrlich gesagt habe ich dort letztlich sprechen gelernt. Für mich war es immer gut zu wissen, dass ich mich hier komplett ausprobieren kann. Das hat mir am meisten gebracht. Am Anfang war ich grottenschlecht. Ehrlich. Aber dann wurde ich immer besser, weil ich gemerkt habe, dass mein Publikum überhaupt nicht begeistert war. So habe ich nach und nach meine Vortragsart optimiert, indem ich ausschließlich und immer wieder das Publikum studiert hatte. Worauf springen sie an? Worauf reagieren sie positiv? Wann haben sie gelacht? Wann waren sie berührt? Wann wurden sie nachdenklich? Das habe ich immer weiter verstärkt. Dann war ich irgendwann so gut, dass ich auch entsprechendes Honorar verlangen konnte.

**An dieser Stelle** werde ich auch immer gefragt, was eine Rednerin denn so verlangen kann. Auch das ist Ermessenssache. Verschiedene Branchen bezahlen unterschiedlich. Verschiedene Unternehmen bezahlen unterschiedlich. Alle haben ein entsprechendes Budget zur Verfügung, in dem sie sich bewegen können. Eine regionale Bank zahlt ein anderes Honorar als ein Großkonzern. Meine erste Frage ist somit immer nach dem Budget des Veranstalters. Selbstverständlich solltest du grundsätzlich auch einen festen Tagessatz für dich veranschlagen. Ein mittelständisches Unternehmen zahlt ein anderes Honorar als ein Bundesverband. Vergiss nie, was du für ein Know-how mitbringst und was sich danach bei den Menschen verändert. Vergiss nie, wie viel Arbeit ein Vortrag von einer Stunde wirklich macht. Du musst deinen Vortrag gut vorbereiten, du musst dorthin reisen, und du musst ihn gut nachbereiten. Das alles hat einen Wert. Wenn du dann in die Verhandlung gehst und dir ein Auftraggeber zum Beispiel nur 1.000 Euro plus Mehrwertsteuer bietet, kannst du ihm sagen, dass dein normaler Tagessatz bei 3.500 Euro liegt und wie ihr euch jetzt einigen könnt. Grundsätzlich frage ich sowieso viel bei Verhandlungen. Das macht es leichter.

**In der Speaker-Branche** gehen Honorare von 0 bis 50.000 Euro. Ich weiß, dass sich viele unter Wert verkaufen. Sie geben sich pro Vortrag mit 500 Euro zufrieden. Obwohl es viel mehr geben könnte. Hier sind viele im Dumpingpreis-Bereich unterwegs. Das ist äußerst schade und macht die Preise kaputt. Aber okay. Das kann ich gerade nicht ändern.

Wer aber gute Leistung haben und eine ausgebildete Rednerin buchen möchte, wird auch ein entsprechendes Honorar bezahlen. Bitte verkaufe dich nicht unter Wert, wenn du wirklich einen guten Vortrag hast. Veranstalter/innen mussten da leider schon sehr viel über sich ergehen lassen. Darum sind sie auch so vorsichtig geworden. Das ist absolut nachvollziehbar.

Wie kannst du beweisen, dass du wirklich gut bist? Ganz einfach: Zeig ihnen deine vorherigen Vorträge. Da helfen auch wieder deine

Netzwerk-Vorträge, wenn du noch keine großen Bühnen auf Video hast. Aber lass sie professionell aufzeichnen. Dem Veranstalter oder der Veranstalterin ist nur wichtig, ob du wirklich gut bist, wenn er oder sie dich auf seine Teilnehmer/innen loslässt. Auch er oder sie hat einen Ruf zu verlieren.

Diese aufgezeichneten Vorträge solltest du auf deine Website hochladen und in deinem YouTube-Kanal hochladen. Das Erste, was Veranstalter/innen immer machen, ist, sich deinen Vortrag anzuschauen. Je mehr du ihnen das Vertrauen gibst, desto sicherer fühlen sie sich und desto mehr Honorar kannst du auch verlangen. Erarbeite dir einen guten Ruf in der Branche. Das wird sich nach und nach herumsprechen und du wirst ab einem bestimmten Zeitpunkt immer mehr direkt angefragt werden. Ab da steigt dann auch dein Wert. Es gibt Kollegen und Kolleginnen, die durchaus ein Honorar von 20.000 Euro pro Tag verlangen können. Das sind zwar absolute Ausnahmen, aber es gibt es. Wie haben sich das selbst sehr hart gearbeitet. Keiner hat ihnen das auf dem Silbertablett serviert. Alles ist möglich. Es liegt an dir. Bau dir dein Speaker-Business nach und nach, aber gezielt und strategisch gut auf und du kannst mit der Zeit ein immer besseres und gutes Honorar verlangen. Aber nur wenn du wirklich gut bist.

**Wenn du die Treppe nicht „von unten kehren willst"**, sondern sofort im High-Level-Bereich einsteigen möchtest, ist das auch möglich. Dann kann ich dir nur empfehlen, am Anfang nicht an deine Wunschveranstalter/innen heranzugehen. Bau dir dein Speaker-Business im Vorfeld so professionell auf, dass Veranstalter/innen dich genau dann entdecken können, wenn du ihnen das sagst. Dann bist du aber auch megavorbereitet: Dafür hast du bestenfalls eine eigene Speaker-Website, ein professionelles Speaker-Profil, eine Speaker-Agentur, mehrere äußerst erfolgreiche Vorträge auf deinem YouTube-Kanal und auf deiner Website, mehrere Themen zur Auswahl, professionelles Equipment und seeehr viel Erfahrung. Nur wenn du wirklich gut bist, wirst du wieder gebucht. Ansonsten kannst du dir sehr schnell deinen Namen in der Branche verspielen.

**Wie auch immer** du dein Speaker-Business angehst, es ist dein Weg und jeder Weg ist gut. Hauptsache, du gehst überhaupt einen Weg. Verkaufe deine Leistung nicht unter Wert, aber verkaufe sie auch nicht über Wert. Es sei denn, sie ist es wirklich wert. Dann kann dein Income ins Unermessliche steigen.

## GESCHICKTE VERKAUFSVERHANDLUNGEN

*„Ein Unternehmen lebt nicht von dem, was es produziert, sondern von dem, was es verkauft." Lee Iacocca (geb. 1924), US-amerikanischer Manager*

Ein wichtiger Satz, der mehr als nur wahr ist. Ich weiß allerdings, dass viele Rednerinnen immer wieder Probleme haben, professionell über ihr adäquates Honorar zu verhandeln. Warum eigentlich? Für andere zu verhandeln ist leichter, oder?

**Hier hilft dir** vielleicht der kleine psychologische Trick, sich vorzustellen, dass du für jemand anderen das Allerbeste herausholen möchtest. So kommst du selbst auf Abstand und kannst objektiver an die ganze Sache herangehen. Somit bist du emotional und subjektiv nicht mehr eingebunden und es wird dir leichter fallen.

Erfahre jetzt dennoch einige Grundlagen, wie du dein Honorar noch schlauer verhandeln kannst.

### Grundsätze im Verkauf

Es gibt eine Grundregel, die du kennen solltest: Überzeuge dein Gegenüber immer **über Fragen** davon, dass er dich buchen soll. Hier findest du ein gutes Beispiel für ein typisches Verkaufsgespräch:

### a. Schritt 1: Baue eine gute Beziehung auf.

Zum Start deines Gespräches, suche Gemeinsamkeiten mit deinem Gesprächspartner und gehe darauf ein. Sprich diese Gemeinsamkeit oder das Interesse deines Gegenübers an und stelle ihm eine Frage dazu. „Oh, ich sehe gerade auf dem Foto, Sie fahren gerne Ski? Wo ist Ihre Lieblings-Ski-Piste?"

### b. Schritt 2: Analysiere die Wünsche deines Gesprächspartners.

Nach dem Plaudern: Stelle eine ganz konkrete Frage, welche Wünsche dein Gesprächspartner hat. Welche Erwartungen hat er ganz konkret an einen sehr guten Vortrag. Was ist ihm zusätzlich wichtig? Warum ist ihm das so wichtig? Frage aber auch, wie viele Vorträge er im Jahr veranstaltet. Interessiere dich für den Veranstalter. Für wen sind seine Veranstaltungen ausgelegt? Wer sitzt im Saal? Welche Herausforderungen hat das Publikum? Was wünscht sich das Publikum? Wo stehen sie? Haben sie inhaltliche Wünsche an deinen Vortrag? Hier beachte auch die Checkliste für die Veranstaltungsvorbereitung.

Halte jedoch die Wünsche deines Gesprächspartners ständig im Fluss. Frage, warum ihm seine Wünsche so wichtig sind. Fasse am Ende das Gesagte deines Gesprächspartners zusammen. „Wenn ich Sie richtig verstanden habe, ist Ihnen XYZ wichtig. Habe ich das richtig verstanden?" Jetzt mache einen ersten Test-Abschluss: „Wenn ich all ihre genannten Punkte erfüllen kann, planen Sie mich dann als Referentin auf Ihrer Veranstaltung ein?" Ja – Dann geht es weiter zum Angebot. Nein – Dann geht es zurück zu den Wünschen. „Ich merke, wir haben noch etwas übersehen. Gibt es einen Wunsch, den wir noch nicht berücksichtigt haben?" Frage alle Wünsche ganz gezielt ab. Wenn ein weiterer Wunsch kommt, erfolgt erneut ein Test-Abschluss. „Wenn wir diesen Punkt ebenfalls berücksichtigen, begrüßen Sie mich dann als Ihre Referentin?" Ja – Dann geht es weiter zum Angebot! Nein – Dann geht es zur direkten Frage: „Unter welchen Umständen bin ich die richtige Referentin für Ihre Veranstaltung?" Wenn jetzt ein weiteres Nein kommt, dann kann das Gespräch wertschätzend beendet werden und es kommt kein Auftrag zustande. Wenn noch ein Wunsch kommt, dann noch mal fragen: „Wenn ich das also auch noch erfülle, dann bin ich Ihre Referentin?" Ja – Jetzt geht es zum Angebot.

### c. Schritt 3: Mache jetzt ein an die Wünsche angepasstes Angebot

Wenn du jetzt dein Angebot unterbreitest, dann gehe nur auf seine oben genannten Wünsche ein. Was ist dein Alleinstellungsmerkmal? Bitte bringe hier nur ZDF – Zahlen, Daten, Fakten. Zum Beispiel: „Meine Expertise beruht auf ein 5-jähriges intensives Management-Studium, das Ihnen die Sicherheit bringt, dass eine echte Expertin auf Ihrer Bühne ihr Wissen weitergibt. Außerdem arbeite ich seit 7 Jahren praktisch in diesem Bereich. Und das ist doch das, was sie möchten, stimmt's?" Jetzt erläutere weitere Inhalte deines Vortrags: Worum geht es in deinem Vortrag konkret? Was erreichst du beim Publikum? Was ist beim Publikum nach deinem Vortrag anders? Welchen Nutzen hat dein Vortrag für das Publikum? „Haben Sie hierzu noch Fragen?"

### d. Schritt 4: Entkräfte entstehende Einwände

Vielleicht kommen jetzt entsprechende Einwände, Ablehnungen und Zweifel. Deshalb erfährst du hier etwas über die Einwandbehandlungstechniken am Bespiel des Einwands „Zu teuer". Hinterfrage den Einwand mit einer offenen Frage: „Mit wem oder was vergleichen Sie meinen Preis?" Du kannst auch die Bumerang-Methode anwenden, indem du den Einwand in einen Kaufgrund verwandelst. Zum Beispiel: „Genau aus diesem Grund sollten Sie meinen Vortrag buchen, denn durch meine hohe Expertise investiert man einfach mehr für einen Vortrag." Oder du machst eine bedingte Zustimmung, indem du dem Kunden teilweise zustimmst, aber nicht Recht gibst. Danach setze bestenfalls wieder neue Nutzen-Argumente ein. Diese solltest du vorher sehr gut vorbereitet haben. Wie du merkst: Bereite gleich mehrere Nutzen-Argumente vor, damit du immer weitere neue bringen kannst. Ein Beispiel: „Wenn Sie den Preis isoliert betrachten, stimme ich Ihnen darin zu, dass der Vortragspreis sehr hoch ist. Wenn Sie allerdings davon ausgehen, dass sie mit mir einen absoluten Profi an der Seite haben und sichergehen können, dass der Vortrag ihre Mitarbeiter wirklich motivieren wird, ist der Preis mehr als gerechtfertigt." Wenn es jetzt wieder einen „Zu teuer"-Einwand gibt, dann kannst du Folgendes fragen: „Mal Hand aufs Herz, ich habe das Gefühl, dass Ihnen immer noch etwas fehlt. Wenn wir für die Investition eine für beide passende Lösung finden, entscheiden Sie sich dann für mich als Referentin?" Ja. Okay. Super. „Welche Lösung schlagen Sie vor? Wie würde es Ihnen gefallen, wenn Sie für jeden Ihrer Mitarbeiter zum Beispiel ein Buch von mir zu diesem Thema bestellen? Dann kann ich Ihr Angebot annehmen." (So entsteht eine Win-Win-Situation). Oder: „Was können Sie mir noch bieten, damit ich auf meine Kosten komme?" (Jetzt hast du den Spieß umgedreht). WICHTIG: Lass dich niemals mit dem Preis drücken. Lieber gibst du noch etwas dazu. Wenn es denn gar nicht geht, dann erhöhe deine Leistung, aber gehe niemals mit deinem vorgegebenen Preis herunter. „Wenn Ihre Mitarbeiter von mir nach dem Vortrag auch noch ein Trainings-Webinar" erhalten, würde das für Sie passen?"

### e. Schritt 5: Bringe jetzt deinen Gesprächspartner zum Abschluss

Zum Abschluss kommt jetzt noch mein absoluter Lieblingssatz von Marina Friess-Henze, der den Sack immer ganz zu macht, falls doch noch ein letztes Zögern zu spüren ist. Schau dem Auftraggeber fest in die Augen und sage: „Glauben Sie mir, vertrauen Sie mir, MACHEN SIE ES!" Dann hältst du die Hand hin. Okay, nach Corona hältst du die Hand in die Kamera, falls ihr per Zoom verhandelt. Oder den Ellbogen, wenn ihr live sprecht. Wie auch immer. Jetzt kann er einschlagen!

Dann stelle gleich die nächste Detailfrage zum Thema Abwicklung. „An wen sende ich jetzt das Angebot?"

Bitte lasse keinen dieser Schritte aus, damit du souverän und selbstsicher zum Ziel, zum Abschluss kommst.

Merke aber: Wer zuerst argumentiert – verliert!

## DURCH MARKETING GEWINNST DU KUND/INNEN

Viele Kolleginnen zucken bei dem Thema Marketing etwas zusammen, weil sie sich nicht gerne selber anpreisen mögen. Und schon ist hier das erste Missverständnis zu erkennen. Du „preist" nichts an und schon gar nicht dich selbst. Marketing bedeutet laut Wikipedia nichts anderes als: „Alle Aktivitäten eines Unternehmens, den Absatz durch Betreuung der Kunden, Werbung, Beobachtung und Lenkung des Marktes sowie durch entsprechende Steuerung der eigenen Produktion zu fördern."

Es sind also „Aktivitäten", die den Markt betreffen. Sozusagen alle Maßnahmen, die es braucht, um sichtbar zu sein, die aber auch zu entsprechendem Umsatz führen. Hier macht es absolut Sinn, einen strategischen und professionellen Marketingplan über das ganze Jahr aufzustellen. Alles, was du zukünftig machst oder sprichst, sollte ausschließlich auf deine Marke einzahlen.

Das setzt jedoch voraus, dass du alle wichtigen Business-Basis-Pfeiler erstellt hast. Dein öffentlicher Auftritt im Internet zum Beispiel ist wie das frühere Schaufenster. Alles, was ich dort über dich finde, wird dein Image ausmachen. Alles, was du insgesamt im Markt machst, tust oder sagst, beeinflusst dein Image. Du kannst es aktiv selbst gestalten. Selbstbestimmung ist ja sowieso das Schöne an der ganzen Selbstständigkeit. Aber wie kann das funktionieren?

Über Positionierung hast du jetzt schon einiges gelesen. Auch dein WARUM ist dir jetzt klar und du hast das Gegenteil davon als Thema für die Welt gefunden. Du hast dir bestenfalls Gedanken über deine Werte gemacht, die du nach Außen vertrittst. Dein Liebes-Business-Pfeil ist gespannt und weiß, wohin er zielen darf? Super. Fehlt nur noch, dass du in deinem gewünschten Wirkungskreis so bekannt wirst, dass du mit der Zeit immer mehr ANGEFRAGT wirst. Das kannst du am besten, indem du so in den Markt strahlst, dass du gar nicht mehr zu übersehen bist. Deswegen gibt es auch die STERN-Methode®, die genau dieses Sinnbild widerspiegelt. Schau dir gern noch mal den STERN im Video an, in dem du erfährst, wie du eine gute Sogwirkung aufbaust. Das macht es noch anschaulicher.

Wichtig ist, dass du dich sehr professionell aufstellst. Der Markt wird momentan extrem geflutet mit vielen Kollegen und Kolleginnen, die ebenfalls auf die Bühne streben, so dass es immer schwerer wird, sich entsprechend abzuheben. Das gelingt in meinen Augen nur über ein souveränes Profil mit entsprechender Expertise.

**Wie und wo kannst du sichtbar werden?**

Wenn du dich jetzt gut aufgestellt hast, dann nichts wie raus in die Welt. Es gibt unzählige Möglichkeiten, sichtbar zu werden. Es bedarf allerdings alles Fleiß, Fleiß, Fleiß! Du weißt wie da ist mit dem Erfolg. Er folgt, wenn du etwas dafür tust. Es ist leicht, später die Aufträge einfach so entgegenzunehmen, aber ich kenne KEINE/N innerhalb und außerhalb der Branche, der oder die ohne den Erfolg einfach so einkassiert hat. Schau dir alle Großen an, lies Biografien. Da siehst du, was jeder dafür getan und investiert hat. Deshalb: „Hau die Hacken in den Teer" und ZEIG DICH IM MARKT.

### Verbinde dich mit Verbänden und Netzwerken

Den größten Erfolg hatte ich immer durch zu mir passende Verbände und Netzwerke. Hier habe ich nicht nur unglaublich wertvolle Kollegen und Kolleginnen kennenlernen dürfen. Nein, hier habe ich am allermeisten gelernt. Außerdem durfte ich mich in vielen internen Veranstaltungen ausprobieren und so manchen echt heftigen Fehler machen, ohne dass es Image-Konsequenzen für mich hatte. Je mehr ich mich dort eingebracht hatte und ihnen mit meiner Mitarbeit genutzt hatte, desto mehr Aufträge kamen wie durch Zauberhand zu mir. Aber bitte beachte: Auch hier kam erst der Fleiß meinerseits und dann passierte etwas. Viele haben eine Erwartungshaltung, dass die Aufträge an sie herangetragen werden, wenn sie in einem Netzwerk oder Verband sind. So läuft es nicht. Bring dich ein (da, wo du dich wohlfühlst) und es geschehen Wunder.

### Der neue TURBO heißt Online-Marketing

Eine der nützlichsten und erfolgreichsten Art, mit Menschen in Verbindung zu bleiben und auch Umsatz machen, bietet heutzutage das geschickte Online-Marketing. Das ist so viel mehr als einfach nur Social Media. Das meine ich nicht. Ich möchte das durchaus als Mega-Innovation und Zeitenwandel mit der früheren Industrialisierung oder der Entwicklung der Eisenbahn vergleichen. Es hat einfach ALLES in unserer Welt verändert. Und auch die Digitalisierung bietet einen kompletten Wandel allen Arbeitens der heutigen Zeit. Ich kann dir nur empfehlen, dich dafür zu öffnen und dich damit zu beschäftigen, ansonsten überholen dich alle innerhalb kürzester Zeit um Längen. Wir von Feminess finden das Thema so elementar wichtig, dass wir dir in unserer „Online-Solopreneur School" jeden einzelnen Schritt aufzei-

> Sichtbarkeit bringt Aufträge

gen und ganz praktisch im Detail lehren, wie du dir als Unternehmerin der neuen Zeit in einfachen Schritten ein lukratives und skalierbares Online-Business aufbaust. Natürlich gibt es auch viele andere sehr gute und seriöse Anbieter. Für wen du dich auch entscheidest: Glaub mir, vertrau mir, MACH ES!

### Kontakt-Explosion durch Live- oder Online-Messen und -Kongresse

Was für wunderbare Möglichkeiten es heutzutage gibt, seine Kontakte und seine Reichweite mit einem Schlag deutlich zu vergrößern. Verbünde dich mit Kollegen, stelle zum Beispiel selbst einen Online-Kongress auf die Beine. Heutzutage gibt es eine Fülle an neuen Formaten und spannender Online-Kongresse. Informiere dich über die nächsten Messen und Kongresse, egal ob live oder online. Dann bewirb dich ganz klassisch für einen Vortragsslot. Hol dir Sichtbarkeit. Hol dir die Aufträge. Noch bist du im Bewerbungsmodus, aber wenn du so weitermachst, wirst du die ersten Anfragen erhalten.

### Wertvoller Beziehungsaufbau mit Social Media

Keine Sorge, du musst nicht alle Social-Media-Kanäle bespielen, wenn du noch kein größeres Team aufgebaut hast. Aber es macht absolut Sinn, auf zumindest ein oder zwei Plattformen stark sichtbar zu sein und diese auch intensiv bespielst. Wo findest du deine Zielgruppe? Wo hält sie sich auf? Konzentriere dich auf ein oder zwei Plattformen. Der Trick bei allen Social-Media-Plattformen liegt darin, dass du tatsächlich in BEZIEHUNG mit den Menschen gehst. Reine „Social Work". Kümmere dich um die Menschen. Frage sie, was ihnen wichtig ist. Interessiere dich für die Menschen. Zeige gute Lösungen für die Menschen in den Gruppen oder in der Timeline. Hier kannst du sehr gut deinen Expertinnen-Status weiter ausbauen. Verzichte bei allen Social-Media-Plattformen auf die ständige Selbstbeweihräucherung. Das bringt keinem etwas und schadet nur deinem Image. Je mehr guten Nutzen du über deine zu dir passenden Netzwerke in die Welt gibst, umso mehr wirst du gewollt sein.

**LinkedIn** ist immer eine gute Wahl, wenn du im Business-Kontext unterwegs bist. Hier findest du auf gehobener Ebene wirklich gute Business-Kontakte. Hier kannst du dich ebenfalls inhaltlich sehr gut mit deinem THEMA zeigen. Bespiele es und du wirst als entsprechende Expertin immer mehr wahrgenommen.

**Clubhouse** ist eine in Deutschland recht neue Plattform, die hier erst seit Januar 2021 so richtig in Gang gekommen ist. Auch dort kannst du dich mit deinem Thema zeigen, indem du in von dir aufgemachten „Räumen" über deine Themen sprichst und diskutierst. Es ist immer live, wird nicht aufgezeichnet und ist ganz ohne Video. Neue Plattformen haben immer den großen Vorteil, dass du dort schnell dein Thema als Expertin besetzen kannst.

**Facebook** läuft zwar immer noch gut, auch wenn es sich immer wieder gegen starke Mitbewerber behaupten muss. Hier findest du demografisch eine breite Range an Usern, die aber eher für die „Generation X" (1966 bis 1980) und „Generation Y" (1981 bis 1995) genutzt wird. Facebook hat wie alle anderen sozialen Netzwerke viele gute Marketing-Möglichkeiten für dich als Userin geschaffen, die absolut Sinn machen und auch funktionieren. Natürlich kannst du auch hier wie bei allen anderen Netzwerken bezahlte Werbung schalten. Wenn du dich dort wohlfühlst, dann bau es dir gut auf.

**Auf Instagram, Pinterest, TikTok oder Snapchat** findest du dann eher die „Generation Z" (ab 1995). Dort kommen mehr Fotos und Videos zum Einsatz, die dein Thema optisch und emotional hervorheben. Hier tobt nach wie vor die Hütte und du solltest sehr gut überlegen, ob es zu dir passt. Aber wenn du dich dort präsentierst, dann gib fröhlich Vollgas. Du kannst natürlich auch Generation X und Y sein, um dort durchzustarten. Die Frage ist immer nur, wen du am Ende des Tages erreichen möchtest.

**Xing** ist wie LinkedIn ein beruflich orientiertes Netzwerk, welches durchaus auch noch funktioniert, wenn es intensiv genutzt wird. Es ist natürlich eine Geschmackssache, bei welchem Portal du dich wirklich wohl und zu Hause fühlt und dich intensiv einbringst. Nur dann macht es dir auch Freude, dieses zu bespielen. Wenn du eine entsprechende Größe als Unternehmerin erreicht hast, kannst du natürlich auch alle anderen mit bedienen, um deine Sichtbarkeit noch stark zu erhöhen.

**Wichtig jedoch bei allen sozialen Netzwerken** ist eine klare strategische Ausrichtung inklusive eines gut überlegten Redaktionsplans. Nur dann zahlen deine Marketing-Maßnahmen am Ende auch auf dein Konto ein.

### Dein YouTube-Account ist dein eigener TV-Sender

YouTube ist mittlerweile die zweitgrößte Suchmaschine nach Google. Hier kannst du dein ganz eigenes TV-Programm gestalten. Zeige dich hier zum Beispiel mit vielen kleinen Unterthemen deines Hauptthemas, damit Menschen einen Eindruck von dir gewinnen. Das schafft Vertrauen und einen großen Vorteilsvorsprung. Alles zahlt auf dein Vertrauenskonto ein und dein Video könnte der letzte Kick sein, um dich wirklich zu buchen. In der Online-Welt braucht es heutzutage bis zu 15 nützliche Kontakte mit dir, bevor die Menschen buchungsbereit sind. Live braucht es in der Regel nur 7 Kontakt-Punkte, bevor die Menschen dir so sehr vertrauen, dass sie dich gerne buchen.

### Durch gutes Bloggen wirst du im Netz gefunden

Das Bloggen ist ein äußerst hilfreiches Tool, deine Expertise im Markt zu zeigen. Verbinde es mit deiner Website und erschaffe hochkarätige Artikel, die plötzlich wie durch Zauberhand bei gegoogelten Themen mit vorgeschlagen werden. Auch das ist ein wichtiger Teil deines Online-Marketings, den du nicht vernachlässigen solltest.

## Zeig dich in Personalabteilungen

Wenn du bestenfalls ein Buch oder E-Book geschrieben hast, dann bringe es in die Welt. Stelle es auf alle möglichen Buchplattformen. So wirst du bei Recherchen für dein Thema zum Beispiel von Personalabteilungen viel leichter gefunden. Gehe auch den einfachen Weg und sende deine Profilmappe direkt in die Unternehmen, in denen du einen Vortrag halten willst. Besuche (Online-)Messen und Kongresse. Ich weiß noch, wie ich einfach mal zu dem Stand von Rolls Royce auf der Hannover-Messe gegangen bin und gefragt habe: Was muss ich dafür tun, um bei Ihnen einen Vortrag zu halten? Natürlich hatte ich mein Buch mit dabei und schwupp: 8 Wochen später habe ich in Berlin dort einen Vortrag gehalten. So einfach kann es sein.

## Nutze Journalist/innen und Medien

Mische dich bei öffentlichen Diskussionen mit deiner Meinung oder deiner Haltung mit ein. Beziehe dich zum Beispiel auf Artikel von einem bestimmten Journalisten oder einer bestimmten Journalistin und liefere ihm oder ihr noch weiteres nützliches Material. Du kannst sicher sein, dass er oder sie dich beim nächsten Artikel von vornherein kontaktieren wird, wenn es um dein Thema geht. Bitte frage NIEMALS, ob ein Journalist oder eine Journalistin über dich berichten wird. Das funktioniert so in der Regel nie. Aber wenn du ihm oder ihr die neueste Studie aus Amerika lieferst, die echt spannende Zahlen zeigt, dann seid ihr im guten Kontakt. Hier geht es um erfolgreiches Beziehungsmanagement.

## Stell dich auf deiner Website vor

Unterschätze nicht die Wirkung deiner Website. Aber bitte überlade sie nicht. Die Menschen lassen sich eher von Emotionen leiten als von Sachargumenten. Zeige dich dort bei der Arbeit, also auf der Bühne (per Video). Zeige dein Thema. Beschreibe den Nutzen und wofür du stehst du. Lade die Besucher/innen deiner Website ein, mit dir in Kontakt zu kommen. Mache ihnen auch gern ein Präsent, aber vermeide es, irgendeinen Kaufdruck aufzubauen. Das mag keiner. Stattdessen machst du einfach Lust auf deine Themen und deine Angebote.

### Bleibe mit deinen Kund/innen per Newsletter in Kontakt

Der Newsletter mag vielleicht ein bisschen antiquiert erscheinen und viele sind genervt davon. Aber wenn du deinem Newsletter einen zu deinem Thema passenden Namen gibst und ihn auch inhaltlich so gestaltest, dass er unbedingt gelesen werden WILL, wird er auch gern gelesen werden. Wie schaffst du das? Indem du das hineinschreibst, was wirklich einen hohen NUTZEN für die Menschen hat. Das, was sie noch nicht wussten, wirklich guten neuen Content. Dann kannst du damit auch durchaus deinen Verkaufsfunnel starten, der gerne mit ein oder zwei Geschenken starten kann. Diese Mühen werden sich lohnen. Vergiss aber auch nicht, Persönliches von dir verlauten zu lassen. Das mögen die Menschen auch. Hier noch mal die Unterscheidung: Poste Berufliches und Persönliches, aber bestenfalls nichts Privates. Ja, das ist ein großer Unterschied. Viele Menschen wissen, wie ich denke, aber kaum jemand weiß, wie ich lebe. Das ist auch gut und für mich wichtig so.

### Forciere klassische Mundpropaganda durch Freunde und Bekannte

Erzähle allen, was du machst und welches Thema du besetzt. Du wirst dich wundern, wie sich das weiterträgt. „Ich habe mich auf das und das Thema spezialisiert und halte darüber jetzt Vorträge." – „Ach, echt? Interessant." So, der Impuls ist gesetzt. Erzähle es so vielen Menschen wie möglich. Wie viele unfassbare Zufälle gab es schon. „Oh, meine Frau arbeitet in der Personalabteilung von Mercedes. Ich kann ihr das ja mal erzählen." – „Oh, echt? Das ist ja klasse. Danke!" So einfach kann es sein. Aber bitte erzähle es allen OHNE Erwartungshaltung, denn wie das Wort schon sagt: Ansonsten wartest und wartest du nur und das schafft schlechte Energie.

### Lass dich durch Redneragenturen unterstützen

Hach, wie schön wäre es, wenn du einen Manager hättest, der dir Aufträge organisiert? Wie bei einem Rock-Musiker? Ja, das wäre echt toll. Das ist auch toll. Es gibt viele gute Redneragenturen, die ich sehr empfehlen kann. Aber natürlich hat das auch seinen Preis. Selbstverständlich. Außerdem: Gute Redneragenturen nehmen lange nicht alle. Hier liegt das Niveau sehr weit oben. Aber es lohnt sich definitiv, sich um sie zu bemühen und sich bei ihnen vorzustellen. Habe aber bitte im Hinterkopf, dass es Plattformen gibt, die nur Geld mit dir verdienen wollen, dir aber am Ende keinen einzigen Auftrag verschaffen. Wenn du sehr gut positioniert aufgestellt bist, wirst du interessant sein für sie. Ansonsten wegen Mittelmaß und Beliebigkeit eher nicht.

### Reaktiviere deine Bestandskund/innen

Wenn du schon länger im Markt unterwegs bist, aber erst jetzt anfängst, auf Bühnen zu gehen und Vorträge zu halten, kannst du deine Bestandskund/innen oder auch Interessent/innen über deine neueste Entwicklung (dass du eine professionelle Rednerin für das und das Thema geworden bist) informieren. Auch das wird sie interessieren und du baust so deinen Expertinnen-Status immer weiter aus. Ein schöner Grund, mal wieder mit ihnen in Kontakt zu kommen.

### Mache gezielte Öffentlichkeitsarbeit

Public Relations ist etwas anderes als Marketing. Beim Marketing zeigst du dich im Markt und bei der Öffentlichkeitsarbeit zeigst du dich in der Öffentlichkeit. Public Relations heißt genau übersetzt: Öffentlichkeitsbeziehung. Das ist nicht zu unterschätzen, denn du kannst innerhalb kürzester Zeit die ganz große Öffentlichkeit für dich gewinnen, wenn sich zum Beispiel die Medien für dich und deine Angebote interessieren oder du als Expertin für das Fernsehen angefragt wirst. Auch hier kannst du dich über Pressemeldungen geschickt in die Öffentlichkeit lancieren. Es gibt einige wirklich gute

Online-Presseportale, die Journalist/innen durchaus als Recherche-Tool nutzen. Auch da kannst du entdeckt werden. Hinter jedem/r Journalist/in stehen Tausende bis Millionen Menschen, die durch ihr Medium erreicht werden können. Erstelle auch einen Pressebereich auf deiner Website, damit Journalist/innen das Recherchieren über dich vereinfacht wird. Wer bist du? Warum gibt es dich? Gibt es eine bewegende Story dazu? Welches Thema besetzt du? Was ist das Besondere an dir? Welche Haltung hast du? Und so weiter. Merkst du? Es sind immer die gleichen Themen, die alle interessieren. Vergiss auch nicht, professionelle Pressefotos mit Rechteangaben auf deine Website zu stellen.

### Klassische Werbung nur strategisch einsetzen

Bisher waren alle Marketing-Maßnahmen weitestgehend kostenfrei. Selbstverständlich kannst du auch klassische Werbeformen nutzen, wie zum Beispiel „gesponserte Werbung" bei Facebook, LinkedIn oder bei Instagram. Aber wenn du es machst, dann überlege dir eine strategisch geschickte Kampagne. Bestenfalls hast du dahinter wieder einen Funnel geschaltet, der dein Thema bedient. Zeige dich auf der Bühne, damit du als Rednerin wahrgenommen wirst. Jetzt wirst du langsam immer sichtbarer und interessanter für potenzielle Auftraggeber/innen.

### Fast geschafft:

Meine Empfehlung zu dem ganzen Marketing-Thema: Hole dir echte Profis an Land. Mach nicht alles alleine. Bau dir alles nach und nach auf. So wirst du immer größer und alles wird immer professioneller. Investiere so viel wie möglich in dein Marketing, um das Karussell immer schneller anzuschieben, bis es von alleine weiterläuft.

Extra-Tipp: Verwerte einmal produzierten Content immer weiter. Dann hast du nicht so viel Arbeit und musst nicht so viel Neues produzieren. Wenn du zum Beispiel ein Video aufzeichnest, kannst du aus der Tonspur einen Podcast machen oder es so transkribieren, dass du den Text für deinen Blog nutzen kannst. Oder du schneidest das Video in kleinere Teile und verwendest es auf deinen Social-Media-Kanälen. Erstelle dir in jedem Fall einen **Redaktionsplan** über das ganze Jahr, damit alles Sinn und Verstand hat.

**Ziel des ganzen Fleißes ist es,** dass du mit der Zeit immer sichtbarer wirst und damit eine echte Sogwirkung erzeugst. Das bedeutet, dass du immer weniger Werbung machen musst und die Menschen von alleine zu dir mit Anfragen kommen. Aber jetzt kommt's: Gute Vorträge zu halten, ist die einfachste Form des Sogwirkungsmarketings. Nach jedem guten Vortrag gibt es IMMER irgendwelche Reaktionen. Vielleicht nicht gleich Buchungen, aber immer einige Schritte weiter in Richtung Erfolg. Für mich persönlich ist das der leichteste Weg für gutes Marketing.

## ERARBEITE DIR EIN ANZIEHENDES REFERENTENPROFIL

Ich kenne nicht viele Speaker/innen, die eine professionelle Rednermappe haben, weder als PDF noch als Print-Ausgabe. Wie schade. Wenn ich nichts über dich lesen kann, kann das Vertrauen nicht aufgebaut werden. Ich habe eine Regel entwickelt, die du bereits von mir kennst:

„Baue Vertrauen auf.
Aus Vertrauen wird Überzeugung.
Und aus Überzeugung wird Buchung!"

Genau so läuft das Spiel. Die Vertrauensregel wird allerdings oft übersprungen. Ebenso das Thema mit der Überzeugung. Viele Kolleg/innen versuchen, sehr schnell und sofort zum Kauf der Speech oder ihrer Produkte anzuregen. Aber so funktioniert es nur in den seltensten Fällen. Bitte baue dir langfristig nachhaltiges Vertrauen auf. Da der Markt recht voll mit vielen Kolleg/innen ist, die wirklich leider überhaupt nicht gut sind, sind die Veranstalter/innen sehr vorsichtig geworden. Also ist es umso wichtiger, sich von der Masse abzuheben. Mit einem sehr guten Speaker-Profil kannst du das schaffen. Hier findest du ein schönes Beispiel zum Herunterladen.

Stelle dein Profil auch als Download auf deine Website. Nach wie vor ist es aber auch schön, eine haptische echte Mappe zu haben.

Lass sie dir in jedem Fall professionell von einem Grafiker oder von einer Grafikerin gestalten. Im Notfall, falls du die Investition am Anfang scheust, kannst du dich der Software Canva.com bedienen, die eine echt gute Alternative ist, um deine Mappe optisch ansprechend zusammenzustellen.

**Diese Inhalte sollten in deinem Speaker-Profil stehen:**

- Emotionale grafische Darstellung deines Themas
- Emotionale grafische Darstellung deiner Auftritte
- Hard Facts und Informationen über dich als Referentin/Rednerin (berufliche Meilensteine und Erfolge, nicht deine ganze Vita. Bestenfalls auf dein Thema abgestimmt.)
- Deine Positionierung, dein Thema, deine Besonderheit (USP – Unique Selling Proposition), deine Werte, dein Warum, deine Zielgruppe)
- Deine Publikationen
- Deine Auszeichnungen
- Deine Vortragstitel inklusive Ziel- und Nutzen-Beschreibungen.
- KEINE Honorarangaben
- Deine Kontaktdaten

Alle deine entwickelten Positionierungsthemen sollten hier kurz und knapp enthalten sein. Vergiss nicht, aussagekräftige Testimonials, bestenfalls mit Bild, abzubilden. Frage Referenzstimmen immer direkt nach deinen Vorträgen an und lass es dir schriftlich bestätigen.

Wenn zum Beispiel ein Veranstalter nach deinem Vortrag etwas Positives zu dir sagt, frage ihn aktiv: „Darf ich diesen Satz als Referenz nehmen? Darf ich Ihren Namen dazu schreiben?" Oder auch: „Würden Sie mir Ihre Referenzstimme auch auf Video geben? Hier in dieses Handy bitte. Darf das auf meine Website stellen?" So schnell und unkompliziert geht das. Immer schön aus der aktuellen Emotion heraus und bloß keine langatmigen schriftlichen Anfragen machen. Das bedeutet nur Mehrarbeit für den Kunden oder Veranstalter und ist niemals so stark, wie direkt von der Veranstaltung. Die überzeugendste Art der Werbung ist immer noch die Empfehlung durch andere (Empfehlungsmarketing).

## DURCHSCHAUE DAS GEHEIMNIS BEWEGENDER VORTRÄGE

In unserer Branche gibt es nicht so viele Möglichkeiten, von anderen zu lernen. Besonders in der Frauenwelt gibt es nicht sehr viele Vorbilder, von denen wir inspiriert werden. Ich habe sehr oft das Problem, dass ich von vielen nicht mehr lernen kann. Das finde ich sehr schade, denn die meisten Vorträge sind ehrlich gesagt keine, die mich nachhaltig flashen. Dennoch höre ich mir viele andere Vorträge an und freue mich immer wieder über erfrischende Kleinigkeiten, die auch für mich neu sind. Also schaue ich mittlerweile auch ins Ausland und freue mich dort über die tollsten Impulse, denn sie bringen auch mich im Speaking weiter. Wie heißt es immer so schön: Man lernt nie aus. Natürlich kopiere wir nicht. Ganz klar. Aber wir dürfen uns durchaus inspirieren lassen. So entwickelst du dich immer weiter und wirst auch immer mutiger.

Benchmark bedeutet für mich „Orientierung". Außerdem kannst du auf diesem Weg sehr gut gesellschaftliche, soziale oder wirtschaftliche Strömungen erkennen und fällst irgendwann nicht hinten herunter, nur weil du den Markt verpennt hast.

Schau dir viele Kolleg/innen an. Schau, was dich anspricht und was nicht. Warum funktioniert dieser Vorträge oder warum funktioniert er nicht? Hochspannend ist es, den Markt mit einer professionellen und natürlich kollegialen und wertschätzenden Brille zu beobachten. Du wirst so immer mehr deinen ganz eigenen persönlichen Stil finden.

## KLAUE NIE NIE NIE

Wenn du „Benchmarking" betreibst, könntest du leicht in Versuchung kommen, etwas so klasse zu finden, dass du es auch unbedingt bringen oder nutzen möchtest. STOPP. Das ist Diebstahl.

Was könntest du klauen?

- Ganze Methoden von Kolleg/innen
- Musik aus dem Internet
- Fotos aus dem Internet
- Videos aus dem Internet
- Storys von Kolleg/innen
- Einen gewissen Stil von Kolleg/innen
- Ganzes Layout von Marken
- Funktionierende Gags aus dem TV
- Gute Ideen von Kolleg/innen

Kupfere niemals etwas ab. KLAUEN IST VERBOTEN! Punkt. Aber wenn es jemanden gibt, von dem oder von der du denkst: „Hui, das finde ich ja klasse!", dann schau, wie du es für dich verwerten kannst. Lerne von anderen, aber mache dann immer dein ganz eigenes Ding daraus. Oder du sagst ganz einfach, von wem du es hast.

### Nenne immer die Quelle

Wenn es jedoch etwas gibt, was du UNBEDINGT für deine Speech verwenden möchtest, dann nenne immer den Urheber dazu: „Von Marina Friess-Henze habe gelernt, dass ..." Oder: „Monica Deters hat die STAGE-Methode© aufgestellt und entwickelt, die ich dir unbedingt vorstellen möchte, weil sie supergut funktioniert."

Jeder Urheber freut sich, wenn sein Name in Verbindung mit seinen Werken oder seinem Gedankengut genannt wird. Ich liebe es immer wieder tolle Kollegen oder Kolleginnen, bei denen ich entweder meine Ausbildungen gemacht habe oder von denen ich etwas Bestimmtes gelernt habe, auf der Bühne zu erwähnen und ein bisschen „anzugeben": „Von dem und dem habe ich das gelernt." Oder auch: „Die und die hat mir mal beim Abendessen erzählt, dass ..." Toll.

Wenn du aber zum Beispiel die STAGE-Methode© einfach so oder schlimmer noch unter deinem eigenen Namen verwenden würdest, wäre ich als Erfinderin der Methode nicht nur traurig und enttäuscht, sondern auch echt sauer. Jeder Urheber wäre das mit Recht. Man muss sich die Situation nur einmal andersherum vorstellen. Es ist reiner Diebstahl und das macht man nicht und ist sogar verboten! Aber wenn du ein bisschen mit mir angeben möchtest, dann von Herzen gern. Stell dir vor: Ich unterstütze dich zum Beispiel sogar darin und stelle dir einiges zur Verfügung, wenn du mich ansprichst, und plötzlich entsteht sogar eine Kooperation, die in der Regel immer eine Win-Win-Situation für beide Seiten ist. Das ist die neue Welt. Wir teilen. Wir geben. Aber wir sind immer fair und ehrlich im Leben!

**Andere groß zu machen ist wahre Größe!**

Ich betone das deshalb so, weil in der Branche leider sehr viel geklaut wird. Wenn du aber eine wirkliche Expertin bist, dann brauchst du das zum einen nicht und zum anderen vergibst du dir auch nichts, wenn du andere geniale Werke vorstellst. Du hast bestenfalls etwas Eigenes geschaffen und entwickelt, so dass du dich gar nicht schlecht fühlen müsstest. Je stärker du deine eigenen Inhalte in die Welt bringst, desto stärker wirst du auch als Expertin wahrgenommen.

Natürlich erfinden nicht alle das Rad neu. Aber professionelle Unternehmer-/innen erfinden das dazu passende Auto in Form von eigener Marke mit eigenen Ansätzen, mit eigenen Farben, mit eigenen Erkenntnissen neu, welches dann deren Marke darstellt. Es ist deren Wiedererkennung. Es ist deren Marke. Es ist deren Baby. Machst du das auch, brauchst du dir nichts mehr von anderen zu „leihen". Ich bin gespannt auf deine Werke und wer weiß... vielleicht werde ich auch deine Methode in einer meiner Speeches mit deinem Namen aufgreifen und vorstellen, weil ich sie megagut finde und einen Sachverhalt, für den ich selbst keine Lösung habe, gut aufzeigen und erklären kann. Auch das ist eine Win-Win-Situation.

**Wer gesund wächst, lebt länger!**

Du siehst, Ehrlichkeit bringt dich weiter. Eines unserer größten Werte bei Feminess® ist „Wahrhaftigkeit". Wir glauben daran, dass uns Ehrlichkeit, Fairness und Aufrichtigkeit am Ende immer deutlich weiterbringt als der vielleicht schnellere von anderen adaptierte Erfolg.

## SEI IMMER RECHTSSICHER IM MARKT

Im Rausch der ganzen Entwicklungseuphorie und der Begeisterung, einen spannenden und charismatischen Vortrag in die Welt zu bringen, erscheint die rechtliche Absicherung wie eine „Strafarbeit", die es auch noch zu erledigen gibt. Aber wenn du schon ein lukratives Speaker-Business aufbauen möchtest, dann mache es bitte richtig.

Es gibt heutzutage ganze Anwaltskanzleien, die sich nur darauf spezialisiert haben, Copyright- und Markenrecht-Verletzungen aufzuspüren, und damit sehr viel Geld verdienen. Das bedeutet, du könntest eine fiese „Abmahnung" bekommen, die in der Regel immer mindestens 4-stellig ist. Riskiere das bitte nicht, denn das könnte dich finanziell enorm zurückwerfen oder sogar dein ganzes Business gefährden. Erfahre in diesen Tipps der Rechtsanwältin Katharina

Schäfer, wie du dein Business deutlich sicherer aufstellen kannst. Beachte aber, dass diese Tipps keine Rechtsberatung darstellen.

### Die richtige Rechtsform deines Speaker-Unternehmens

Wenn du ein Unternehmen gründest, dann richte dein Augenmerk noch vor der Frage der Rechtsformwahl deines Unternehmens auf die Haftung und das Risiko, welches du tragen musst. Überlege dir, wie das Risiko aussieht, bei dem, was du künftig tun möchtest. Ist ein Einzelunternehmen oder eine Gesellschaft bürgerlichen Rechts (GbR) ausreichend (mehrere Personen), so dass du wenig Zeit und Kosten benötigst? Möchtest du mit deinem Privatvermögen haften? Bist du bereit, Zeit und Kosten zu investieren, falls du die Haftung und das Risiko anders gestalten möchtest? Möchtest du deine Geschäftsidee nur ausprobieren? Bitte vergiss auch nicht, dass es für das Image deines Unternehmens sehr wichtig sein kann, wie Risiko und Haftung verteilt sind. Geschäftspartner/innen lassen sich eher mit dir ein, wenn sie wissen, dass ein möglicher Schadenfall gedeckt ist. Welche Form du auch immer wählst, lass dich hierzu eingehend auch über deine/n Steuerberater/in oder deinen Rechtsanwalt oder deiner Rechtsanwältin beraten. Sie werden gemeinsam mit dir die richtige Rechtsform entwickeln. Unterschätze dieses Thema nicht, denn es könnte deine ganze Existenz kosten, wenn du hier nachlässig bist. Vergiss bitte nicht: Manchmal ist es so, dass die Rechtsform im Laufe der Zeit geändert werden muss, weil dein Unternehmen größer geworden ist. Es ist auf jeden Fall sinnvoll zu prüfen, ob die gewählte Rechtsform auch zu der aktuellen Entwicklung deines Unternehmens passt.

### AGBs und Speaker-Verträge

Die AGBs (Allgemeine Geschäftsbedingungen) sind grundsätzlich keine Pflicht, sie stellen aber eine freiwillige Möglichkeit dar, bestimmte Teile eines Vertrages zu standardisieren. Man muss daher bei der Verwendung von AGBs nicht jedes Mal neu mit dem jeweiligen Vertragspartner oder der jeweiligen Vertragspartnerin die Vertragsbedingungen aushandeln. Brauchst du wirklich AGBs? Das hängt von einigen Fragen ab: Welche Dienstleistung oder welche Produkte bietest du an? Wie hast du vor, deine Verträge mit Kund/innen und Veranstalter/innen zu gestalten? Merke: Je grösser die Anzahl deiner Kund/innen und je stärker die Standardisierung, desto sinnvoller ist es, einzelne Vertragsbedingungen, die sich wiederholen, in AGBs zu packen. Warum? Dadurch vereinfachen sich die einzelnen Verträge wesentlich. Was musst du dabei beachten? Wenn du Kund/innen hast, die Privatpersonen sind, musst du vor Vertragsabschluss deine Geschäftspartner/innen ausdrücklich auf die von dir verwendeten AGBs hinweisen.

Das Gesetz schreibt vor, dass die AGBs dem/r Verbraucher/in bekannt gegeben werden müssen und sie müssen so formuliert sein, dass sie allgemein auch ein Laie versteht. Merke: Eine individuelle Vereinbarung hat immer Vorrang vor den AGBs. Sollten einzelne AGB-Klauseln unwirksam sein, gilt immer das Gesetz. Sollest du einen Onlinehandel betreiben, beachte zusätzlich das sogenannte Fernabgabengesetz. Das bedeutet, dass private Kund/innen immer ausdrücklich bestätigen müssen, dass sie die AGBs gelesen und verstanden haben. Solltest du die Widerspruchsbelehrung in deine AGB mit aufnehmen, dann musst du das optisch hervorheben. Mit der Ausarbeitung der AGBs sollest du meiner Meinung nach immer einen Anwalt oder eine Anwältin beauftragen, denn wenn du sie selbst zusammenstellst, trägst du das Risiko, dass sie ungültig sein könnten und damit könnte sich deine Rechtsposition im Streitfall erheblich verschlechtern. Nur ein Anwalt oder eine Anwältin kann die AGBs rechtssicher formulieren. Die Ausarbeitung durch einen Anwalt oder eine Anwältin kannst du dir allerdings dann einsparen, wenn du einem Berufsverband angehörst, der seinen Mitglieder/innen AGBs als Formular bereitstellt, sogenannte „Muster-AGBs".

Muster-Redner-Verträge erhältst du zum Beispiel auch in einem renommierten und seriösen Rednerverband, wie zum Beispiel die GSA – German Speaker Association.

## Homepage, Impressum, Urheberrechte, DSGVO, Fotos & Co.

Hier lauern sehr viele juristische Fallstricke, insbesondere Abmahnungen können in diesem Bereich sehr teuer werden, daher beachte bitte Folgendes: Bei deiner Homepage fängt alles mit der Wahl der richtigen Domain an. Du darfst selbstverständlich keinesfalls eine Domain wählen, welche einen bereits vergebenen Markennamen enthält. Im Bereich des Markenrechts kann das unglaublich teuer werden, die Gerichte setzen sehr hohe Streitwerte fest, wenn es um Abmahnungen geht.

Der § 12 des BGBs regelt das Namensrecht und auch Pseudonyme. Gestalte deine ganze Website so, dass du mit deinen Inhalten keine Urheberrechte verletzt. Hier solltest du sicherstellen, dass du für alle Inhalte die Nutzungsrechte hast. Lies die Nutzungsbedingungen der Stockfoto- Anbieter genau durch, denn oft ist es Voraussetzung, dass der Fotograf oder die Fotografin zu nennen ist. Falls du eine Agentur beauftragst, achte darauf, dass du von Schadenersatzansprüchen Dritter freigestellt wirst. Was muss in einem Impressum der Website stehen? In jedem Fall der Name und Vorname des Betreibers oder der Betreiberin, die Adresse, die Kontaktdaten, bei Unternehmen die Rechtsform und Vertreter/in, falls vorhanden die Registernummer und Registergericht, wenn vorhanden die Aufsichtsbehörde, deine Umsatzsteuer-ID und ggf. berufliche Vorschriften. Nimm das ganze Thema sehr ernst. Darüber hinaus ist es für alle Betreiber/innen von Websites sehr wichtig, dass der Datenschutz beachtet wird. Du benötigst fast in jedem Fall eine Datenschutzerklärung für deine Nutzer/innen. In einer Datenschutzerklärung sollte alles stehen, was mit personenbezogenen Daten zu tun hat, so z. B. die IP-Adressen der Nutzer/innen, Nutzerdaten aus Newsletter-Eintragungen, Hinweis auf das Widerspruchsrecht usw. Auch an dieser

Stelle empfehle ich dir, einen Anwalt oder eine Anwältin deine Homepage und Co. checken zu lassen, denn es kann schnell passieren, dass deine Website zur extremen Kostenfalle wird. Abmahnungen können auch hier sehr teuer werden. Verwende nur Fotos und Videos, die du nachweislich (!) rechtefrei verwenden darfst oder von denen du die Rechte erworben hast oder sogar selbst besitzt.

## Arbeitsrecht „to go"

Wenn du als Unternehmerin dein Business langsam vergrößerst, steht auch irgendwann die Frage der Team-Vergrößerung im Raum. Du musst nicht alles alleine machen. Dafür gibt es jedoch auch einige Dinge zu beachten: Überlege bitte genau, ob du soweit bist, deine/n erste/n Arbeitnehmer/in einstellen zu können. Prüfe, ob du ihn/sie dir leisten kannst, denn es geht schnell, dass man sich dabei übernimmt. Plötzlich landet man unter Berücksichtigung der Nebenkosten und Sozialabgaben auf Gesamtkosten von 40.000 Euro pro Jahr für eine Vollzeitkraft. Frage dich daher: Reicht mein Gewinn (nicht Umsatz) aus, um eine/n Arbeitnehmer/in zu beschäftigen? Habe ich überhaupt einen Überblick, was ich bezahlen muss? Es gibt jedoch auch gute Alternativen zu einer Vollzeitkraft. Bei einer Teilzeitkraft hast du lediglich anteilig die jährlichen Kosten, es gelten aber die gleichen Rechte und Pflichten, als wenn du jemanden in Vollzeit anstellst. Wenn du jemanden im Minijob einstellst, darf der/die Arbeitnehmer/in nicht mehr als 450 Euro pro Monat verdienen. Es gelten dann vergünstigte Abgaben bei der Steuer und der Sozialversicherung. Du kannst auch freie Mitarbeiter/innen beschäftigen. Aber Achtung an dieser Stelle: Der/die Mitarbeiter/in muss dann aber unbedingt mehrere Auftraggeber/innen haben, sonst hast du sehr schnell das Problem der Scheinselbständigkeit auf dem Tisch und das bedeutet im schlimmsten Fall die Nachzahlung von Steuer und Sozialabgaben usw. Das kann ein Kleinunternehmen durchaus ruinieren.

Personalleasing eignet sich nur für kurze Zeiträume oder zur Überbrückung. Die Gesamtkosten sind normalerweise höher als bei der Einstellung eines eigenen Mitarbeiters oder einer eigenen Mitarbeiterin, da du auch das Leasingunternehmen bezahlen musst. Wenn du eine Stellenanzeige aufgibst, sollte sich diese auf die fachlichen Anforderungen beschränken, denn falls du das Diskriminierungsverbot missachtest, kann dir ebenfalls schnell eine kostspielige Klage ins Haus flattern. Beim Vorstellungsgespräch vergiss bitte nicht, dass ein/e Arbeitnehmer/in auf verbotene Fragen, z. B. nach einer Schwangerschaft, den Vermögensverhältnissen usw. lügen darf und du hiernach keine Kündigung wegen einer arglistigen Täuschung aussprechen kannst! Wenn du eine/n Mitarbeiter/in einstellst, muss in dem Angestelltenvertrag Folgendes mit aufgeführt sein: Gehalt, wöchentliche Arbeitszeit, Überstunden und deren Abgeltung, Urlaub, Probezeit und Kündigungsfristen.

Natürlich hast du auch entsprechende weitere Pflichten als Arbeitgeberin: Kümmere dich um die Steueridentifikationsnummer, Sozialversicherungsnummer, Krankenkasse, Urlaubsbescheinigung des vorherigen Arbeitgebers, eine Betriebsnummer für deinen Betrieb bei der Agentur für Arbeit, Steuern und Sozialabgaben, Anmeldung beim Finanzamt sowie die Anmeldung bei der Sozialversicherung (Krankenkasse als zentrale Meldestelle). Puh ... ganz schön viel, oder? Aber wenn du wirklich gesund als Unternehmen wachsen willst, dann lohnt sich der ganze mühsame Weg. Ich rate dir, entweder ein gutes Lohnabrechnungsprogramm anzuschaffen oder einen Steuerberater/eine Steuerberaterin zu beauftragen.

### Garantie und Gewährleistung

Natürlich bist du bestrebt, deinen Kund/innen immer nur das Beste zu liefern. Ganz klar. Es kann dennoch vorkommen, dass dein Produkt einen Fehler hat, deine Speech nicht gut angekommen ist oder der/die Kund/in unzufrieden ist. Grundsätzlich ist Gewährleistung im Gesetz geregelt und beträgt 2 Jahre. Garantie ist im Gegensatz dazu eine freiwillige Zusage, ein Versprechen, das über das Gesetz hinaus länger andauert. Es ist in jedem Fall nicht möglich, eine kürzere Garantie zum Beispiel über 6 Monate zu versprechen. Dies würde eine Umgehung des gesetzlichen Tatbestandes bedeuten und wäre ein „No-Go". Pass bitte auf, dies nicht zu verwechseln, denn das kommt nicht gut bei Kund/innen an. Meist sind Kund/innen recht gut informiert, wenn es um Reklamationen geht. Du sollest weiterhin wissen, dass Kund/innen, die auch Unternehmer/innen sind, die Ware sofort nach Erhalt auf Mängel hin zu prüfen haben. Dies gilt auch für dich und deine Speech. Besonders wenn du von Konzernen oder dem Mittelstand gebucht wirst, haben diese sehr klare Regeln und Verträge. Wenn die Mängel erst später auftauchen, beträgt die Gewährleistungspflicht 1 Jahr nach Erwerb der Ware. Deine Speech ist in dem Fall die Ware. Bei Privatpersonen gilt eine Frist von 6 Monaten. In dieser Frist trägt der Verkäufer oder die Verkäuferin die Beweislast, dass die Ware einwandfrei war.

Was bedeutet das? Das heißt, wenn ein/e Kund/in die Ware innerhalb von 6 Monaten nach Erhalt der Ware reklamiert, muss der/die Verkäufer/in nachweisen, dass die Ware frei von Mängeln war, als sie ausgeliefert wurde. Hier hilft es, wenn du deinen Vortrag auch aufzeichnest, um einen Beweis zu haben. Nach den vorgenannten 6 Monaten ist es umgekehrt. Bei Reklamationen zu einem Zeitpunkt, der jenseits der 6 Monate liegt, muss der/die Käufer/in nachweisen, dass der Mangel von Anfang an da war. Klingt einfach, aber hier gibt es sehr viel Streit bei den Gerichten. Ein paar Worte zum Thema „Produkthaftung" für dein Allgemeinwissen: Sie tritt immer dann ein, wenn ein Produkt die Ursache dafür war, dass andere Sachen beschädigt wurden. Ich empfehle dir, hier zu prüfen, ob du eine betriebliche Haftpflichtversicherung benötigst, und in diesem Zusammenhang die Deckungssummen checken.

Sicherlich findet man auch immer Kulanz-Lösungen mit allen Beteiligten. Diese Lösung würde ich immer anstreben. Rechtsstreitigkeiten kosten einfach nur viel Geld, Zeit und Nerven. Ich bin sicher, man findet immer eine andere Lösung.

### Vergiss nicht die Vorsorge und entsprechende Vollmachten

Ein sehr unterschätztes, vielleicht auch verdrängtes Thema ist der Notfall, der jederzeit eintreten kann. Der Gedanke daran ist mehr als unangenehm. Verständlich. Dennoch solltest du dir darüber nachdenken, wer für dich Entscheidungen treffen soll, wenn du selbst nicht in der Lage dazu sein solltest. Die nachfolgenden Erwägungen sind als „Denkanstoß" zu sehen. Ich möchte dir ausdrücklich empfehlen, in Bezug auf dein Unternehmen, aber auch in privater Hinsicht ausreichende Vorsorge zu treffen. Hier empfiehlt es sich, anwaltlichen Rat einzuholen, denn nur ein Anwalt oder eine Anwältin kann dich hier umfassend und speziell auf deine Situation bezogen rechtssicher beraten. Es ist für den Notfall, z. B. bei einem schlimmen Unfall, Schlaganfall oder Ähnlichem, sinnvoll, an die Erstellung einer Generalvollmacht zu denken, vorausgesetzt du hast jemanden in deinem Umfeld, dem du vertraust. Bitte denke dabei auch an eine Betreuungs- und Patientenverfügung. Falls du selbst keine anfertigst, bestimmt nämlich das Vormundschaftsgericht eine/n Betreuer/in, der/die deine Angelegenheiten regelt, wenn du es selbst nicht mehr kannst. Eine fremde Person. Es ist daher ratsam, rechtzeitig darüber nachzudenken, welche Inhalte für dich in einer Betreuungs- oder Patientenverfügung zusammengefasst werden sollen. Gehe es einmal aktiv an und dann ist es für immer geklärt! Ich habe das auch für mich geklärt. Sogar über einen Notar. Ich kann es dir nur empfehlen.

### Erbrecht wird meistens verdrängt

Auch dieses Thema möchte ich kurz anschneiden, denn es ist ebenfalls elementar wichtig. Falls dein Unternehmen wächst und du nicht möchtest, dass es nach deinem Tod in tausend Teile „zerspringt", ist es empfehlenswert, an ein sogenanntes Unternehmertestament zu denken. Hast du das schon mal gehört? Ein solches Testament solltest du ebenfalls nur mit Hilfe eines Anwalts/einer Anwältin bzw. eines Notars/einer Notarin anfertigen, damit unliebsame Ergebnisse vermieden werden. Unterschätze das Thema nicht, denn du hinterlässt ja auch Vermögenswerte wie zum Beispiel deine urheberrechtlichen Veröffentlichungen, die du bestenfalls bei VG Wort angemeldet hast. Erbengemeinschaften, die in ungeregelten Situationen in diesem Zusammenhang oft die Folge eines fehlenden Testaments sind, streiten jahrelang und Erbrechtsprozesse gehören zu den teuersten Prozessen, mit denen Gerichte befasst sind. Ich gehe aber nicht davon aus, dass es so sein muss. Verdrängen sollte man das allerdings auch nicht.

## Familienrecht nicht vergessen

Einen weiteren, ebenfalls zum „Tabuthema" gehörenden Gedankengang möchte ich dir abschließend mit auf dem Weg geben: Sollest du ein Unternehmen im Aufbau haben und dann heiraten oder solltest du Sorge wegen einer möglichen Ehescheidung haben, möchte ich dir dringend ans Herz legen, einen Ehevertrag abzuschließen. Denn sollest du in eine Scheidungssituation kommen, fällt dein möglicherweise zwischenzeitlich gewachsenes Unternehmen in den sogenannten „Zugewinn" und du wirst hohe finanzielle Verluste erleiden, wenn dein sodann geschiedener Partner am Wertzuwachs partizipieren möchte. Diese Situation ist durch einen Ehevertrag lösbar und schafft Klarheit für die Zukunft. Leider ist bereits so manche Unternehmerin bankrott gegangen, weil sie nach einer Ehescheidung an ihren geschiedenen Ehemann horrende Summen zu zahlen hatte. Und last but not least: Das alles hat so rein gar nichts mit Liebe zu tun, sondern mit deiner Existenz!

# 6. Licht aus

# Spot an!

Auf die Bühne fertig los! Freu dich. Jetzt kommt das, wovon du schon länger träumst. Jetzt kommst du auf die Bühne. Zumindest theoretisch. Praktisch wird es erst, wenn du einen echt guten Vortrag entwickelt hast.

DOCH: Bevor du auf eine Bühne gehst, gibt es einiges vorzubereiten. Wenn du deine Karriere professionell angehen möchtest, dann kann ich dir nur empfehlen, alles in sich stimmig aufzubereiten.

## ALS ERSTES: BEDIENE NICHT DEIN EGO

Bevor wir überhaupt loslegen, mache ich mich gleich bei dir unbeliebt, denn ich möchte eine Sache vorab klären: **Bitte gehe NIEMALS auf eine Bühne, um dein eigenes Ego zu bedienen!** Du schmunzelst jetzt? Die meisten, die ich kenne, tun das. Das ist nicht nur äußerst gefährlich für einen selbst, weil man schnell davon abhängig werden kann, das ist auch höchst fahrlässig dem Publikum gegenüber. Das ist schon fast ein „Publikumsmissbrauch", da es für etwas „gebraucht" wird. Also los geht's:

Wenn eine Rednerin auf eine Bühne geht, hat sie eine hohe Verantwortung dem Publikum gegenüber, denn immerhin schenkt das Publikum der Rednerin ihre Zeit und ihre Aufmerksamkeit. Das ist ein hohes Vertrauen, welches uns da entgegengebracht wird und bitte nicht missbraucht werden sollte. Wenn du also auf eine Bühne gehst, dann ist es deine Pflicht, echt gut zu sein und einen hohen Mehrwert zu schaffen.

Okay… 20 % Ego erlaube ich dir. Und mir auch. Natürlich macht es auch mir Spaß, meine Bücher zu signieren und in dem Moment im Mittelpunkt zu stehen. Aber 20 % sind eben nur 20 %. Die restlichen 80 % solltest du bitte ausschließlich an den Nutzen des Publikums denken.

> Alle denken nur an sich. Nur ich, ich denk an mich.

**Wir dienen dem Publikum. Nicht andersherum.**

Als ich damals meine eigene Ausbildung zur professionellen Rednerin bei der GSA, der German Speaker Association, absolviert und tatsächlich auch bestanden hatte, durfte ich mich ab sofort „Professional Speaker (SHB)" nennen. Meine Familie hat mir natürlich gleich herzlich mit einem eigenen „Titel" gratuliert: „Ach sooo, jetzt bist du also ein „Professional Schnacker". Haha … na, das passt ja gut zu meinen ostfriesischen Wurzeln. Schnacken kann jede/r, aber es professionell zu tun, ist ein ganz anderer Schnack.

Hand aufs Herz: In wie vielen Vorträgen hast du bereits gesessen und dich entweder gelangweilt oder deinen Einkaufszettel geschrieben? In dem du überhaupt nichts für dich mitgenommen hast? In dem du überhaupt keinen Schritt für dich weitergekommen bist? In dem du NICHTS Neues erfahren hast? Genau das soll dein Publikum nicht erleben! Dreh mal bitte alles um: Wie wäre es, wenn dein Publikum sagt: „Oh Mist, ich bin gar nicht dazu gekommen, meinen Einkaufszettel zu schreiben." Das wäre doch mal ein schönes Feedback.

## BEEINDRUCKE DURCH PROFESSIONELLE VORBEREITUNG

Wenn der große Tag gekommen ist und du deinen Vortrag halten darfst, dann sei bitte möglichst immer vom Beginn der Veranstaltung an mit dabei. Es gibt nichts Schlimmeres, als wenn deine Vorrednerin schon die Hälfte von dem gesagt hat, was du eigentlich sagen wolltest. Wenn dir das entgangen ist, langweilst du das Publikum zu Tode und wunderst dich, warum dein Vortrag nicht zieht. Außerdem ist es nicht professionell, erst kurz vor knapp anzureisen. Immerhin gibt es vorher noch viel zu tun. Die Techniker möchten einen Soundcheck mit dir machen. Ihr müsst proben, ob die Präsentation, die du zwei Wochen vorher an den/ Veranstalter/in gesendet hast, gut läuft. Nur als kleiner Nebensatz: Bitte ändere am Veranstaltungstag NICHTS mehr an deiner Präsentation. Die Techniker kriegen zu Recht eine Krise.

Aber vor allen Dingen: Erkunde den Raum. Mach den Saal zu deinem Saal, weit bevor die Zuschauer eingelassen werden. Stelle dich auf die Bühne. Gehe von rechts nach links. Schau in den Saal hinein. Stelle dir die Menschen vor. Lass den Saal zu deinem Wohnzimmer werden, zu deinem Wohlfühlort. Freue dich auf die Gäste und bereite dich psychisch und physisch auf deinen Auftritt vor. Dann ist der Schock nicht allzu groß, wenn da plötzlich 500 Menschen vor dir sitzen.

Denke auch immer daran, dass sehr starke Scheinwerfer auf dich gerichtet sein werden. Gewöhne dich daran. Manchmal sind sie so hell, dass du die Menschen im Saal kaum sehen kannst. Gewöhne dich an das gleißende Licht. Ja ... da gehörst du hin. Dein Thema gehört auf die hell erstrahlte Bühne. Wenn du an der Reihe bist: GENIESSE die Menschen. GENIESSE die Bühne. GENIESSE deine 20 % erlaubtes Ego.

Dazu gehört auch, dass du hochprofessionell mit Veranstaltern umgehst und dich entsprechend vorbereitest. Ich habe dir hier eine Checkliste zusammengestellt, die dir helfen wird, dich von A bis Z gut vorzubereiten, damit alle, inklusive dir selbst, ein sicheres Gefühl haben. Hier kannst du die formvollendete Checkliste auch herunterladen.

Je genauer du dich vorbereitest, desto weniger Missverständnisse gibt es. Außerdem zeigt das deine enorme Professionalität. Mache es aber bitte so kurz wie möglich. Du willst den Veranstalter/innen nicht auf den Wecker fallen, so dass sie schlimmstenfalls sogar genervt sind von deiner ganzen Fragerei.

Oftmals kannst du es auch schriftlich machen, indem du noch mal die Rahmendaten bestätigst, wie ihr sie besprochen habt. Hier bitte unbedingt auf die Wünsche des Veranstalters/der Veranstalterin eingehen und sie bestenfalls noch mal beschreiben. Hier ist ein Beispielschreiben dafür:

*Sehr geehrte Frau xxxx,*

*vielen Dank für Ihre Vortragsanfrage und das nette und aufschlussreiche Gespräch mit Ihnen. Hiermit übersende ich Ihnen wie versprochen das Angebot für Ihre Anfrage, welches gleichzeitig als Auftragsbestätigung zu verstehen ist.*

*<u>So verstehe ich den Auftrag:</u>*
*Veranstaltungstitel:*
*Veranstaltungsort:*
*Endkunde:*
*Ansprechpartner:*
*Ausganssituation:*
*Thema der Veranstaltung:*
*Ziel der Veranstaltung:*
*Projektleitung Name:*

*<u>Angaben zu den Teilnehmer/innen:</u>*
*Teilnehmer/innen:*
*Gruppengröße:*
*Alter:*
*Männlich/weiblich:*

*<u>Angaben zum Vortrag:</u>*
*Art der Veranstaltung:*
*Titel des Vortrags:*
*Vorschlagstext für die Teilnehmereinladung:*

*Dauer des Vortrags:*
*Form: (Fachvortrag/Impuls-Vortrag)*
*Weitere Redner/innen: (ja/nein)*
*Rahmenprogramm: (Vielleicht ein Coaching-Gespräch im Anschluss?)*
*Anzahl der Veranstaltungen: (Vortragsreihe ja/nein)*
*Termin:*
*Sprache:*
*Zeitplan:*

*Konkretes Angebot:*
*Übernachtung: (ja/nein) / wer bucht*
*Honorarvereinbarung:*

- *x.xxx,xx Euro exkl. MwSt. für die Vortragsleistung*
- *Abnahme XY Anzahl Bücher (der Autorin)*
- *Spesenverrechnung bis maximal xxx,xx Euro)*

*Im Preis enthalten sind:*

- *Vorbereitung der Vortragsinhalte*
- *Durchführung des Vortrags*
- *Coaching-Gespräch im Anschluss mit den Teilnehmer/innen*
- *Telefonische Rückmeldung nach dem Vortrag*

*Alle weiteren organisatorischen bzw. inhaltlichen Details werden in einem kurzfristigen weiteren Telefonat vereinbart und besprochen. Bitte senden Sie ein unterschriebenes Exemplar dieser Bestätigung an mich zurück. Vielen Dank.*

*Ich freue mich schon jetzt auf die Veranstaltung und verbleibe*

*mit freundlichen Grüßen*

So vermeidest du von vornherein unnötige Missverständnisse und zeigst, dass du ein echter Profi bist.

## LASS DICH ERSTKLASSIG ANMODERIERN

Mache es deinen Auftraggeber/innen leicht und bereite eine Anmoderationskarte für die jeweiligen Veranstalter/innen vor, die du ihnen ebenfalls mindestens 2 Wochen vorher zukommen lässt – auch bei Online-Events. So braucht der oder die Moderator/in nicht mühsam über dich zu recherchieren und irgendetwas zusammenzustellen. Darüber hinaus stellst du sicher, dass du adäquat und in deinem Sinne anmoderiert wirst.

Was kommt auf diese Karte? Dort stehen alle „Hard Facts" über dich und deinen Werdegang, die für den aktuellen Vortrag von Bedeutung sind, damit das Publikum weiß, wen es da eigentlich vor sich hat. Aber bitte: Schreibe KEINEN GANZEN LEBENSLAUF auf. Schreibe nur die für diesen Vortrag relevanten Kompetenzen und Erfahrungen, die genau zeigen, warum DU jetzt und hier die Richtige für dieses Thema bist. Die Akzeptanz beim Publikum, dir überhaupt zuzuhören, erhöht sich deutlich.

Am besten wählst du <u>maximal nur 4 Sätze</u>, in denen alles integriert ist. Dieses einfache Muster hat sich bewährt:

*Einführungssatz*
*1. Satz: Deine Kompetenz früher*
*2. Satz: Deine Kompetenz heute*
*3. Satz: Deine Vortragsinhalte*
*4. Satz: Der Nutzen für das Publikum*
*Vortragstitel und dein Name*

Hier gebe ich dir ein Beispiel:

*„Wir freuen uns jetzt auf unsere nächste Rednerin.*
*Monica Deters war über 20 Jahre lang Vorstandsassistentin bei verschiedenen Global Playern wie der ALLIANZ GROUP, ERGO, SMURFIT KAPPA und OTTO-GROUP. Heute ist sie Autorin im renommierten CAMPUS-Verlag und bei RANDOMHOUSE, Dozentin bei ROLLS ROYCE, MERCK und OLYMPUS, aber auch an der UNIVERSITÄT HAMBURG, um nur einige zu nennen und gefragte Expertin zum Thema Mitarbeiterführung. Sie spricht heute über das wichtige Thema, wie viel Macht Ihre Mitarbeiter eigentlich haben und wie Sie als Führungskraft diese positiv für sich nutzen können, damit wiederum <u>Ihr</u> Vorgesetzter äußerst beeindruckt ist.*
*Meine Damen und Herren, jetzt kommt Bewegung in den Saal. Freuen Sie sich auf den Vortrag: „Dance with the Boss – Wie Mitarbeiter ihre Chefs taktvoll führen" mit MONICA DETERS!"*

Wow ... das macht schon mal Eindruck, oder?

Jetzt kannst du ganz entspannt starten. Das ist das ganze Geheimnis. Nicht DU musst sagen, wie toll du bist, nein, das sagen andere über dich. In dem Fall der/die Veranstalter/in. Diese/r bringt dich in den „Hochstatus". Jetzt brauchst du es nicht mehr selbst tun. Es kommt beim Publikum niemals gut an, wenn du dich selber hebst. Dadurch dass du jetzt im Hochstatus als Referentin da vorne stehst, kannst du jetzt ganz entspannt deinen Vortrag beginnen. Die Akzeptanz hast du schon und musst sie nicht erst noch mühsam gewinnen. Die Vorschuss-Lorbeeren sind verteilt. Jetzt musst du „nur noch" einen echt guten Vortrag halten. Wie das geht, erfährst du in der STAGE-Methode© in Kapitel 7.

Welche Inhalte der/die Veranstalter/in von deiner Karte für seine/ihre Anmoderation übernimmt, bleibt ihm/ihr überlassen. Es stehen aber somit immer alle relevanten Hard Facts zur Verfügung

Selbstverständlich wirst du selbst als professionelle Rednerin keine Moderationskarten mit auf die Bühne nehmen, da du diese dank der einfachen STAGE-Methode© auch gar nicht mehr brauchen wirst und sie nur deinen Redefluss bremsen würdest. Je öfter du auf eine Bühne gehst, desto weniger willst du Moderationskarten benutzen. Außerdem sagt es schon der Name: Es sind Moderationskarten, die für Moderatoren gedacht sind. Aber du bist ja dann eine erfahrene Impuls- oder Motivationsrednerin.

## DIESES EQUIPMENT BRAUCHST DU

Die Technik ist so eine Sache. Wenn du in großen Konzertsälen gebucht bist, brauchst du keine eigene Technik mitzubringen. Hier wirst du alles im Vorfeld mit dem/der Veranstalter/in klären. Große Bühnen haben immer ihre eigene Technik und vor allen ihre eigenen professionellen Technik-, Licht- und Ton-Profis.

Allerdings solltest du immer einen beschrifteten Sicherheits-USB-Stick mit deiner PowerPoint-Präsentation für den absoluten Notfall dabei haben. Du glaubst gar nicht, wie oft ich den schon einsetzen musste – auch wenn im Vorfeld alles sehr professionell von Veranstalterseite durchgeführt wurde. Sicher ist sicher.

Es gibt jedoch auch Veranstaltungen, besonders in Unternehmen oder Hotels, in denen kein professionelles Bühnen- und Technik-Equipment zur Verfügung steht. Hier habe ich immer einen ganzen Technik-Koffer mit dabei, um absolut sicher zu sein. Ich verrate dir, was du alles darin finden würdest:

- Meinen eigenen Beamer (auch der musste schon mal ran)
- Mein eigenes Notebook
- Entsprechende Adapter: Wenn du einen Apple-Rechner besitzt, bitte IMMER einen neueren HDMI- oder etwas veralteten VGA-Adapter, der deinen Rechner mit dem Beamer verbindet. Es gibt Adapter, die alle Varianten beinhalten. Mit dem bin ich persönlich immer sehr gut gefahren.
- Presenter: Wenn du vom Veranstalter oder von der Veranstalterin keinen Presenter bekommst (das ist der automatische „Seitenweiterklicker" für deine PowerPoint-Präsentation). Auch hier bevorzugen die Veranstalter/innen eigentlich ihre eigene Technik, weil es enorme Qualitätsunterschiede in der Reichweite von Presentern gibt. Es macht Sinn, dass du immer einen sehr guten eigenen Klicker in der Tasche hast, wenn du deine PowerPoint bedienen möchtest. Versichere dich auch hier nach dem richtigen USB-Anschluss. Viele Rechner, besonders in der Apple-Welt, verfügen heute über keinen integrierten USB-Anschluss mehr. Auch hier solltest du immer einen Adapter in der Tasche haben.
- Auch ein Verlängerungskabel findest du immer in meinem Technik-Koffer. Ich musste tatsächlich mal einen Vortrag in einem Riesen-Weltklasse-Konzern in einem gemieteten Container halten,

weil sie gerade umgebaut hatten. Ich war froh, dass ich meine eigene Technik mit dabeihatte, weil nichts anderes funktioniert hat. Aber auch das ging!

- Für solche Fälle kannst du dir auch gern ein gutes Headset oder Handmikrofon anschaffen. Allerdings brauchst du dann auch einen Verstärker, wenn du ganz auf Nummer sicher gehen willst. Hier helfen allerdings auch schon die kleinen Geräte gut, wie zum Beispiel die Lautsprecher von Bose & Co.
- Grundsätzlich hatte ich immer meine eigenen Lautsprecher dabei, weil ich auch Musik in meinen Vorträgen habe. Oftmals waren keine Lautsprecher vorhanden, obwohl ich sie im Hotel oder beim Veranstalter oder bei der Veranstalterin bestellt hatte.

Für dein Online-Event findest du die Technik-Ausstattung zum Thema Virtual Speaking im Kapitel „Virtual Speaking".

Ansonsten haben viele Hotels oder Veranstaltungssäle technisch sehr gut aufgeholt. Dennoch: Bitte verlasse dich nicht darauf, denn es kann immer alles Mögliche passieren. Habe bitte immer so viele Alternativen dabei, wie es nur geht. Der Teufel steckt im Detail – besonders in der Technik.

Wenn du dich ausschließlich als professionelle Speakerin positionierst und du nichts anderes in deinem Leben mehr machst, als auf große Bühnen zu gehen, dann rüste technisch bitte kräftig auf. Übrigens: Es gibt Kolleg/innen, die durchaus NICHTS anderes mehr machen, als Vorträge zu halten. Das ist auch eine klare Positionierung. Allerdings können nur die wenigsten Speaker/innen ausschließlich von der Bühne leben. Die meisten haben irgendwelche Folge-Angebote, Bücher, Seminare oder Kurs-Pakete im Gepäck. Das ist auch gut so. Besonders in der heutigen Zeit. Aber es gibt durchaus tolle Kolleg/innen, die wirklich sehr viel und ständig für Veranstaltungen gebucht werden. Diese bevorzugen ihr eigenes Mikrofon-Headset, welches dann allerdings von der allerbesten und in der Regel allerteuersten Qualität ist. Ansonsten haben die Veranstalter/innen eher ihr eigenes System und haben es auch nicht gern, wenn du mit deinem eigenen Equipment ankommst. Es gibt aber auch sehr gute mittelpreisige Mikrofon-Headsets.

Egal, wie du unterwegs bist, sei immer darauf vorbereitet, dass du deinen Vortrag auch im Notfall komplett OHNE TECHNIK halten kannst. Das ist mir in der Tat nicht nur einmal passiert. Und ja, mein Vortrag lebt von den humorvollen Bildern und Videos, die ihn durch geschickt eingesetzte und inszenierte Fallhöhen erst so richtig gut machen. Aber auch das sollte dich nicht aus der Ruhe bringen. Sei darauf vorbereitet und schon ist es nicht mehr so schlimm. Das ist echte Professionalität. Wichtig ist nur, dass DU die Menschen in den Bann ziehen kannst. Dein Wort zählt und nicht die Technik!

## LERNE NIEMALS DEINEN TEXT AUSWENDIG

### Aber lerne deine Speech!

Du wirst in der STAGE-Methode© noch die fünf Schritte erlernen, mit denen du immer einen sehr guten Vortrag halten kannst. Wenn du ihn dir so zusammengestellt hast, dass er für dich und dein Publikum funktioniert, dann fange an, deinen Vortrag adäquat für die Bühne vorzubereiten. Das bedeutet: lerne, lerne, lerne. Aber niemals auswendig! Warum? Ein Vortrag ist von vornherein zum Scheitern verurteilt, wenn du ihn auswendig lernst. Ein Zwischenruf – und du bist raus. Eine kleine Unkonzentriertheit – und du bist raus. Ein unerwarteter Applaus – und du bist raus!

Außerdem neigt man dazu, seinen Vortrag in „Schriftsprache" auswendig zu lernen und nicht in „Sprechsprache". Schriftsprache ist passiv, Sprechsprache ist aktiv. Hier ein Beispiel:

Schriftsprache: „Dann vollzog mein Arbeitgeber auch noch ein Rationalisierungsprogramm, von dem ich ebenfalls betroffen war."

Sprechsprache: „Und stell dir vor, da kommt eines morgens mein Chef in mein Büro gestürmt, schaut mich an und sagt: „Bleiben Sie sitzen. Wir müssen reden. Ich muss Sie entlassen! *Pause* Wumms, das hat gesessen!"

Sprechsprache hat eine ganz andere Wirkung, oder? Sie ist spannend. Sie ist interessant. Ich will wissen, was der Chef sagt. Ich fühle, was die Rednerin durchgemacht hat. Ich bin betroffen. Warum? Weil ich selbst als Publikum Ungerechtigkeiten kenne. Ich als Publikum identifiziere mich mit der Rednerin. Ja, es ist auch anderen passiert. Das lindert meinen eigenen Weltschmerz ein bisschen. Auch wenn ich als Publikum nicht dasselbe erlebt habe.

In der STAGE-Methode© wirst du allerdings auch noch lernen, dass dein Vortrag bestenfalls nur zu 20 % aus deiner eigenen Story bestehen sollte. Alles andere sollten Impulse, Hard Facts, aber vor allen Dingen LÖSUNGEN für das Publikum sein, die ebenfalls leichter annehmbar sind, wenn sie in normaler Sprechsprache zu ihnen „transportiert" werden. Mit deiner Freundin oder mit deiner Kollegin sprichst du ja auch nicht passiv. Im Publikum sitzen „vorgestellt" nur deine allerbesten Freunde, für die du nur das Allerbeste willst. Das ist zumindest immer die Haltung, mit der ich auf eine Bühne gehe. Ich mag alle und alle mögen mich. Mir sind die Menschen im Saal oder auf dem Sofa immer wichtig. Sie liegen mir am Herzen.

Hier ist ein gut erprobter Weg, wie du deinen Vortrag sicher „lernen" kannst, ohne ihn auswendig zu lernen:

### Deine Vortrags-Lern-Methode

Grundsätzlich gilt: Teile deinen Vortrag erst einmal in die 5 Teile, die du noch in der STAGE-Methode© lernen wirst. Nimm dir also deinen Vortrag Stück für Stück vor und setze ihn dann nach und nach über gute Übergänge wieder zusammen. Mach kleine Häppchen daraus, dann geht es leichter. So kann es in der Vorbereitung gehen:

Schreibe deinen Vortrag erst einmal grob auf, so dass du weißt, worüber du eigentlich sprechen möchtest. ABER: Ich warne davor. Schreibst du deinen Vortrag in Word oder in einer anderen Software auf, wirst du schnell wieder die schon erwähnte Schreibsprache und keine Sprechsprache nutzen. Diese ist eine völlig andere als die, die du nachher auf die Bühne bringst. Ich erlaube unseren Absolventinnen in der Feminess© Speaker School aber immer, erst einmal alles aufzuschreiben, worüber sie sprechen möchten. So lassen sich die Gedanken sehr gut sortieren und die Inhalte füllen. Dann geht es weiter. Hier ist ein möglicher Prozess der Vortragsvorbereitung:

1. Erstelle eine Kladde-Stoffsammlung. Was willst du eigentlich sagen? Worüber möchtest du einen Vortrag halten? Was ist deine Botschaft? Schau hier bitte auf die STAGE-Methode©, die dir dabei sehr helfen wird.
2. Schreibe deinen Vortrag dann in Word auf. Das hilft beim inhaltlichen und architektonischen Aufbau. Aber formuliere ihn nicht aus. Darum geht es nicht beim Aufschreiben. Hier geht es eher um Logik, Gerüst, Inszenierung und Inhalte.
3. Wenn dein Vortrag dann so weit steht, dass du ihn schon ganz gut findest, wandle den geschriebenen Vortrag in einzelne Stichworte um und notiere diese auf Karteikarten.
4. Lerne jetzt **einzelne Parts** deines Vortrags nur INHALTLICH auswendig. Das bedeutet, lerne nicht den Text, sondern nur das, was du hier eigentlich sagen willst.
    - Dein Einstieg muss sitzen
    - Deine Story muss sitzen
    - Deine Erkenntnisse (Statements und Behauptungen) müssen sitzen
    - Deine Beweisstudien müssen sitzen
    - Deine Lösungen müssen sitzen
    - Dein Humor muss sitzen
    - Dein Präsent muss sitzen
    - Deine Botschaft muss sitzen
5. Reduziere diese Stichworte der einzelnen Parts auf deiner Karte immer weiter, nachdem du sie geübt hast, und schreibe sie erneut immer kürzer auf.

6. Am Ende dürfen sich nur noch ganz wenige Stichworte auf nur EINER Karteikarte befinden.
7. Finde jetzt geschickte Übergänge und setze deinen Vortrag nach und nach zusammen. Und merke dir diese gut!
8. Ganz zum Schluss hältst du dann immer wieder und wieder deinen Vortrag, auch gern vor dem Spiegel, aber bitte KOMPLETT OHNE KARTEIKARTEN!!!
9. Wenn dein Vortrag sitzt, dann erst konzentrierst du dich auf die Inszenierung und die Dramaturgie inklusive der Fallhöhen, richtigen Pausen-Momente und Pointen.
10. Setze jetzt auch deine Requisiten und PowerPoint-Verstärkungsbilder ein, damit sie im richtigen TIMING sitzen.
11. Lerne auch Applaus auszuhalten. Übe deinen Auf- und Abgang auf die Bühne. Je natürlich, desto besser. Auch das gehört mit zur Performance deines Impuls-Vortrages, aber dazu mehr in der STAGE-Methode©.
12. Nimm deinen Vortrag auf deinem Handy IM STEHEN auf und höre ihn mehrmals wie einen Podcast. Du wirst sehen, er wird dir mehr und mehr ins Blut übergehen.

Aber: Bleibe unbedingt flexibel. Deine Speech wird sich bestenfalls nach jedem gehaltenen Vortrag wieder neu anpassen, je nachdem wie dein Publikum auf bestimmte Parts reagiert hat. So kannst du ihn immer weiter optimieren und er wird eines Tages grandios sein und beim Publikum unfassbar gut ankommen.

Vergiss bitte niemals: Das einzige Bewertungskriterium, ob dein Vortrag gut ist oder nicht, ist dein Publikum. Egal, ob du selbst geflasht bist oder deine Freunde oder Familie dich in dem bestätigen, was du da gerade auf die Bühne gebracht hast. Ausschließlich dein Publikum ist dein Seismograph. Niemand sonst. Verstärke oder vermindere bestimmte Parts, je nachdem wie deine Zuschauer reagiert haben, und du wirst auch bei Veranstalter/innen immer gefragter.

Bitte betrüge dich nicht selbst bei der Vorbereitung. Lerne deinen Vortrag – jedoch niemals auswendig! (Hatte ich das schon mal erwähnt? Egal ... ich sage es dir immer wieder.) Merke dir aber die

Übergänge. Ein bisschen darf dir PowerPoint dabei helfen, indem du die groben Themen als einzelne Folie, am besten aber OHNE TEXT laufen lässt, sondern als emotional verstärkendes Bild. Dann kannst du mit dem Presenter in der Hand und mit der Referentenansicht auf dem Monitor selbst bestimmen, wann du zum nächsten Teil des Vortrags weiterschaltest. Du siehst in der Referentenansicht auf dem Monitor, der bei jedem guten Veranstalter auf der Bühne steht, einmal das aktuelle Bild, welches gerade auf der Leinwand gezeigt wird, und welches Bild als Nächstes kommt. Falls du dich dann doch einmal „verlaberst", kommst du schnell wieder in deinen Vortrag.

Nochmal: Lerne deinen Vortrag bitte NIEMALS auswendig! Das ist komplett zum Scheitern verurteilt. Habe aber deine Storys „drauf". Sprich immer frei. Merke dir deine Tipps zum Beispiel auch anhand deiner fünf Finger. Du hast fünf Tipps mitgebracht? Verankere sie in deinen Fingern. Du hast drei Erkenntnisse mitgebracht? Setze sie dir auf deine Schulter und so weiter. Es gibt so viele Möglichkeiten, wie du dir den Text (besser gesagt die Abschnitte deines Vortrages) merken kannst. Ich kenne auch Kolleg/innen, die bestücken den Saal vor dem Auftritt mit ihren Inhalten. An der Säule geht es um dieses Thema. An der Decke hängt jenes Thema. An der Tür befindet sich ein weiteres Thema. Natürlich immer nur imaginär, das ist klar. So hast du aber stets eine sehr gute Hilfestellung und wirst deinen Vortrag immer völlig frei halten können. Bitte gehe niemals mit Moderationskarten auf die Bühne, es sei denn, du machst eine Moderation. Aber das ist nun wieder etwas ganz anderes. Eine Impuls-Rednerin braucht keine Karten, weil sie immer aus dem Herzen spricht. Vorbereitet ja, aber dennoch frei!

## VERSTÄRKE DEINE KONGRUENTE KÖRPERSPRACHE

Es gibt nichts Langweiligeres, als wenn jemand wie ein Schluck Wasser oder eine Schlaftablette auf der Bühne steht. Die Bühne ist ein echter Spiegel. **Das, was du fühlst, fühlt auch das Publikum.** Du bist die Kapitänin im Saal. Der Erfolg hat nur etwas mit dir zu tun. Wenn du keine Energie im Körper hast, hat auch das Publikum keine Energie. Das bedeutet nicht, dass du die ganze Zeit angespannt sein musst. Nein ... du kannst dort meinetwegen die ganze Zeit völlig tiefenentspannt und sogar bewegungslos stehen. Dennoch kannst du absolut faszinierend sein. Wichtig ist nur die kongruente Übereinstimmung mit dem Gesagten und deiner Körpersprache. Sicherlich hast du es schon mal gehört: Die Menschen merken sich 7 % des Inhalts. 38 % macht die Stimme aus. ABER 55 % ist Körpersprache, also deine Energie.

**Bühnenpräsenz entsteht durch deine Energie**

Wie kann das gehen? Jetzt sind wir in der klassischen Kommunikation angekommen, denn wenn du auf der Bühne stehst, dann kommunizierst du nicht nur mit deiner Sprache, Stimme oder Performance, sondern mit deinem GANZSTOFFLICHEN KÖRPER. Kennst du aus der Spiritualität die Begriffe „feinstofflicher Körper" und „grobstofflicher Körper"? Der feinstoffliche Körper beschreibt in der ganz groben Beschreibung die Seele und der grobstoffliche Körper beschreibt den Körper. Und jetzt kennst du auch den Begriff „Ganzstofflicher Körper". Ja, ein neuer Begriff, aber im Grunde nur der bereits bekannte Begriff „kongruent" und „authentisch" zusammengewürfelt und etwas anders ausgedrückt.

**Kongruenz kommt eigentlich aus der Mathematik**, genauer gesagt aus der Geometrie, aber letztlich heißt es „übereinstimmend". In der Persönlichkeitsentwicklung nutzen wir den Begriff Kongruenz genau dafür: Wenn deine Werte, Ziele, Botschaften, dein Gedachtes und das letztlich Gesagte wirklich mit deiner verbalen und nonverbalen Kommunikation übereinstimmen, dann bist du kongruent. Authentisch bist du, wenn du auch aufrichtig und unverstellt letztlich wirklich nach deinen Werten HANDELST. Nimmst du jetzt beides zusammen, dann hast du einen „ganzstofflichen Körper". Genau dann entsteht eine magische und faszinierende Wirkung auf Menschen, weil sie instinktiv spüren: „Wow, die ist echt. Die redet nicht nur. Die meint es wirklich ernst. Der glaube ich das." Hier bekommst du die höchste Akzeptanz. So entsteht die ganz besondere Aura. Da kannst du mit akademischen Titeln nur so um dich werfen. Wenn etwas nicht stimmig ist, dann beeindruckst du niemanden.

Jetzt schauen wir uns das im Detail an: Dein ganzstofflicher Körper setzt sich also aus Kongruenz und Authentizität zusammen. Wie funktioniert das jetzt mit der nonverbalen und verbalen Kommunikation? Nun ja, als erstes sind beide Varianten Formen der Kommunikation. Selbst der weltberühmte österreichische Philosoph, Psychotherapeut und Kommunikationswissenschaftler Paul Watzlawick hat dieses berühmte Axiom (Grundregel) aufgestellt: *Du kannst nicht nicht kommunizieren!* Das bedeutet: Du kommunizierst IMMER. Auch wenn du überhaupt nichts machst. Alles ist interpretierbar. Alles hat eine Wirkung. Du bist also die Ursache, die eine Wirkung hat. Immer. Du bist der Sender und das Publikum ist der Empfänger. Ich will an dieser Stelle aber nicht zu sehr in die theoretische Kommunikationswissenschaft abgleiten. Ich will dir hier ganz praktische Tipps für die Bühne geben, denn es kommt alles darauf an, was du transportieren willst.

### Transportiere deine Botschaft mit deiner NONVERBALEN KOMMUNIKATION

Nonverbale Kommunikation ist alles, was Mimik und Gestik ist, der Einsatz von Requisiten, eine Körperhaltung, ein Körperbewusstsein und deine Körper-Energie. Wenn du dich in deinem Körper oder auch in deiner Kleidung nicht wohlfühlst, dann gibt es einen Störfaktor. Fühlst du dich zum Beispiel zu dick und zuppelst die ganze Zeit an deiner Kleidung herum, damit das niemand merkt, transportierst du eine klare nonverbale Unsicherheit und ein „Nicht-zu-dir-stehen." Wenn du schon nicht zu dir selbst stehst, warum sollte ich als

Publikum zu dir stehen? Da kannst du mir tollsten Argumente zu deinem Thema geben, überzeugen kannst du mich dennoch nicht.

Ich selbst bin ja körperlich eine ziemliche Wuchtbrumme und finde das auch nicht wirklich bequem, muss ich sagen. Es beschwert mich einfach und ich bin nicht so dynamisch, wie ich eigentlich bin. Aber dennoch habe ich es mir erlaubt, denn es gibt einen sehr guten Grund, warum das so ist. Meine Seele braucht das aus einem ganz bestimmten Grund. Solange das noch nicht gelöst ist, ist das Übergewicht ein sehr guter Unterstützer für meine Seele. Ich würde ja gegen meine eigene Seelenbedürftigkeit handeln, wenn ich das verurteilen würde, so wie ich es viele Jahre früher gemacht habe. Aber seitdem ich mir das erlaubt habe, habe ich mir den ganzen negativen Stress genommen und habe nicht ständig mit „verstecken" zu tun. Ich stehe dazu. Es ist jetzt so. Ich zeige das auch ganz klar auf der Bühne. Und plötzlich hat kein Mensch ein Problem mit meiner Figur. Im Gegenteil: Nach meiner Signature Story mit Bruce Springsteen wünschen sich viele Frauen am Ende meines Vortrags auch am liebsten gleich 30 kg mehr auf den Rippen. Es liegt immer nur an uns selbst. Würde ich Unsicherheit und Unzufriedenheit nonverbal verbreiten, würde das Gleiche wieder zu mir zurückkommen. Aber genau das Gegenteil passiert.

Vielleicht weichst du aber auch instinktiv vor dem großen Publikum zurück, weil du es nicht gewohnt bist, vor so vielen Menschen zu sprechen? Was passiert dann? Auch das Publikum weicht gefühlt vor dir zurück. Es entsteht also eine Barriere zwischen euch, weil du aus Schutz eine Mauer aufgebaut hast. All das kannst du aber mit einem guten Gefühl verhindern, indem du ein gutes und starkes Zustandsmanagement aufbaust, BEVOR du auf die Bühne gehst. Komm hiermit in ein gutes inneres Standing. Komm in eine starke innere Haltung.

**Transportiere deine Botschaft auch mit VERBALER KOMMUNIKATION.**

Das ist natürlich dein Vortrag an sich. Das, was du zu sagen hast. Aber auch das, wie du es sagst. Oder auch das, was du geschrieben hast, wenn du zum Beispiel Bücher schreibst. In unserer Feminess® Writer School sagen wir immer: „Wenn du was zu sagen hast, dann schreib es auf!" In Kapitel Nummer 7 erfährst du, wie du deinen Vortrag geschickt mit der STAGE-Methode© aufbauen und verbal gut vermitteln kannst.

**Transportiere deine Botschaft mit deiner PARAVERBALEN KOMMUNIKATION**

Die paraverbale Kommunikation ist alles, was zwischen der nonverbalen und verbalen Kommunikation steckt, wie zum Beispiel die Phonetik (Lautlehre), die Lautstärke, die Intonation (Stimm-Melodie), die Pausen. Alles, was man theoretisch auch am Telefon „hören" bzw. wahrnehmen kann. Auch das lernst du während des Performance-Trainings in Kapitel 7 im Zuge der STAGE-Methode©.

**Lade dich durch gutes Zustandsmanagement energetisch auf**

Du hast jetzt also einen super Vortrag „in petto". Der Saal ist voll. Die Stimmung ist aber vielleicht nicht die beste im Saal. Kann ja sein. Okay. Puh ... noch wenige Minuten und du bist dran. Es gibt kein Zurück mehr. Jetzt ziehe dich zurück und bereite dich auf deinen Vortrag vor. Wir nennen das explizit „Zustandsmanagement", weil es eine gute energetische Vorbereitung braucht, bevor du auf die Bühne gehst. Komm jetzt in deine Energie. Komm jetzt in deinen Auftrittsmodus.

Finde jetzt erstmal dein persönliches Auftrittsritual, damit du deinen Vortrag auch gut und souverän rüberbringen kannst. Finde etwas, das dich vor deinem Auftritt wirklich beruhigt. Was kannst du jetzt dafür tun, damit es dir leichter fällt?

## DEINE BÜHNE BEGINNT AN DEINER HAUSTÜR

In dem Moment, indem du deine Haustür verlässt, um zu deinem Vortrag zu fahren, stehst du schon auf der Bühne. Wie oft habe ich es schon erlebt, dass ich auf dem Bahnhof, auf dem Flughafen oder in der Hotel-Lobby schon einen Teil meines späteren Publikums getroffen habe, ohne es zu wissen. Wenn du jetzt unfreundlich oder „anstrengend" anderen gegenüber bist, fällt das natürlich extrem auf, denn sie werden dich garantiert wiedererkennen. Spätestens dann, wenn du auf der Bühne stehst.

Zieh das Publikum in deinen Bann, noch bevor du auf der Bühne bist. Sei immer in einer guten Energie. Die Bühne beginnt auch schon in dem Moment, in dem du dein Hotelzimmer verlässt oder im Frühstücksraum sitzt. Die Menschen erkennen dich. Ja, sie beobachten dich. Schon dort wirst du wahrgenommen. Wenn du einem Hotelgast vor dem Hotel den Parkplatz vor der Nase wegschnappst, dann könnte das durchaus ein späterer Zuschauer oder eine Zuschauerin deines Vortrags sein. Wenn du dann eine Stunde später auf die Bühne gehst, haben die Menschen bereits einen Eindruck von dir. Es spricht sich auch so einiges herum.

Es gibt durchaus Kollegen, die grummeln die ganze Zeit vor ihrem Auftritt herum, aber wenn sie auf die Bühne gehen, sind sie plötzlich der absolute Sonnenschein. Da stimmt doch etwas nicht. Das merkt auch das Publikum.

Das schönste Kompliment, welches du bekommen kannst, ist, dass du auf der Bühne genauso bist wie hinter der Bühne oder auch privat. Ja klar ... du kannst schließlich nur du selbst sein. Je mehr du dich verstellst, desto anstrengender wird dein Leben. Wenn du dich erinnerst: Das, was du auf der Bühne fühlst, fühlt auch dein Publikum. Verstellst du dich, wabert eine nicht erklärbare und unterschwellige Anstrengung im Saal, bereits dann, wenn du auf die Bühne gehst. Genau das wollen wir verhindern.

## VERRINGERE LAMPENFIEBER DURCH GUTES ZUSTANDS-MANAGEMENT

*Speaker fiebern ja leicht!*

Lampenfieber: Je öfter du auf der Bühne gestanden hast, desto souveräner wirst du mit der Zeit. Okay, das hilft dir jetzt nicht, wenn du erst am Anfang deiner Speaker-Karriere stehst. Grundsätzlich gilt: Aufregung ist wirklich wichtig und gut vor deinem Vortrag. So kommst du in eine gute Energie. Ungefähr 30 Minuten vor meinem Vortrag geht es auch bei mir los. Dann denke ich jedes Mal: „Warum mache ich das eigentlich? Ich könnte jetzt so schön auf meinem Sofa liegen." Diese Frage stelle ich mir wirklich. Ich habe in dem Moment einen echten Fluchtreflex. ABER: Ich habe ein Auftrittsritual, in dem ich mich am allermeisten mit dem wirklichen Warum beschäftige. Ich habe nämlich einen tiefen echten Grund, warum ich das mache. Daran erinnere ich mich dann und habe viel kleine Unterstützer-Tools für mich geschaffen, damit ich das Lampenfieber gut überwinden kann. So leide ich nicht so darunter, wie so manch anderer Kollege oder Kollegin. Es ist völlig okay und sogar wichtig, dass du aufgeregt bist. Verfluche es nicht. Steigere dich nicht hinein! Mach kein Problem daraus. Akzeptiere, dass das Lampenfieber da ist und versuche nicht, es krampfhaft „wegzumachen." So überwindest du leichter Blockaden und Redeangst. Lass sie einfach da sein. Es ist okay und haben wirklich ALLE, die auf eine Bühne gehen. Gehe ganz positiv damit um. Wusstest du, dass die meisten Menschen lieber sterben würden, als auf einer Bühne zu sprechen? Und du stellst dich auf eine Bühne? Wow! Respekt! Mache weiter so und nimm das Lampenfieber in Kauf. Es kann dich in deiner höheren Mission nicht bremsen!

Dennoch: STRESS MACHT BLÖD! Darum denken wir auch kurz vor einem Vortrag, dass wir uns an überhaupt nichts mehr erinnern, worüber wir eigentlich den Vortrag halten wollten. Plötzlich fällt einem nichts mehr ein. Weder der Anfang noch das Thema des Vortrags noch dein eigener Name. Völlig normal.

Hier bekommst du jetzt noch mehr Ideen, wie du dich vor deinem Auftritt in deinen allerbesten Zustand bringen kannst (Zustandsmanagement). Wichtig ist nur, benutze niemals negative Hilfsmittel wie Alkohol oder Drogen vor einer Speech. Jetzt lächelst du vielleicht und sagst, „Natürlich nicht", doch wie oft höre ich im Backstage-Bereich: „Jetzt ein Prosecco oder ein Gläschen Wein..." Und einige sagen es nicht nur, sie tun es auch. Wenn du einmal damit anfängst, wird Alkohol zur durchaus wirksamen „Medizin" gegen Lampenfieber. Das ist wie wir wissen, brandgefährlich, weil Alkohol-Missbrauch nun mal krank macht. Bitte auch nach dem Vortrag keinen Alkohol zum „Runterkommen" einsetzen. Das geht anders, wie ich in Kapitel 7 Step 5 beschrieben habe. Finde andere Wege, wie du die emotionalen Adrenalin-Schwankungen steuern kannst.

Manchmal hilft einfach nur polnischer Vodka

**Erinnere dich, warum dir dein Thema so wichtig ist.**

Erinnere dich zum Beispiel an dein tiefes WARUM! Warum stehst du auf der Bühne? Warum setzt du dich für dieses Thema ein? Je mehr du grundsätzlich den höheren Sinn in deinem Tun erkennst, desto leichter fällt dir der Bühnengang. Je weniger du mit dem höheren Sinn deiner Speech verbunden bist, desto mehr Angst hast du. So werden die Menschen spüren, wie ernst es dir ist. Gehe dann aber bitte nicht ernst, betrübt oder verbissen auf die Bühne, sondern genau im Gegenteil: Komme immer positiv, lustvoll und fröhlich auf die Bühne. Habe dein tiefes WARUM immer nur im Hinterkopf. Du wirst sehen, plötzlich wirst du eine innere Souveränität spüren, die äußerst überzeugend ist. Nimm das Lampenfieber dankend an, weil es dir genügend Adrenalin gibt, deinen Vortrag jetzt zu halten.

### Mach dich zum Affen!

Wenn du in eine gute Körperspannung kommen möchtest, dann nimm erst einmal alle negative und blockierende Anspannung aus deinem Körper heraus. Hier kannst du zum Beispiel die „Affen-Übung" machen. Schüttele deinen ganzen Körper springe wie ein Affe umher und mache entsprechende Grunztöne. Das lockert den Körper und die Stimme. Gut, die Grunztöne bitte nicht Backstage machen, wenn man dich hören kann. Suche dir vorher einen Ort und ziehe dich 5 Minuten zurück (Toilette oder Nebenraum).

### Musik verändert die Welt

Du kannst aber auch vor deinem Vortrag ausgesuchte Lieder über Kopfhörer anhören, die dich in die richtige Stimmung bringen. Suche dir vorher ein bestimmtes Lied aus, mit dem du gut in Fahrt kommst. Entweder belebende oder auch beruhigende Lieder. Schau einfach, in welche Stimmung du kommen möchtest. Stöpsel ins Ohr und los. Du kannst die Songs auch entsprechend im Vorfeld konditionieren, indem du in aller Ruhe ein paar Tage vorher diese ausgesuchten Songs mit Bedeutungen belegst. So verankerst du eigene Botschaften an dich selbst, wenn du sie kurz vor deinem Vortrag hörst.

### Erinnere dich an deine Vorbilder

Ich persönlich schaue mir immer ein paar Bruce-Springsteen-Konzert-Videos auf meinem iPhone an, die mich – genauso wie er selbst – unfassbar motivieren, mein Herz und meine Seele für mein Publikum aufzumachen und ALLES zu geben. So wie er das auch mit seinen Fans macht. Außerdem habe ich ja meine ganze eigene Geschichte mit ihm und er hat mich schon mal aus der großen Masse „nach oben gehoben". Dieses Feeling hole ich mir immer wieder zurück, bevor ich auf eine Bühne gehe. Es tut mir gut. Er hat damals an mich geglaubt. Jetzt tue ich das auch!

### Aktiviere deine Zellen

Einige Kolleginnen oder Kollegen klopfen auch auf die Thymus-Drüse, damit sie körperlich gut aktiviert sind und eine innere Gelassenheit verspüren. Andere klopfen den ganzen Körper ab, damit sie prickelnd wach sind.

### Bring Energie in deinen Körper und richte dich auf

Ich empfehle auch immer den „Himmel-Blick", kurz bevor du auf die Bühne gehst. Schau mit deinem ganzen Körper nach OBEN in den Himmel und recke deine Hände hoch. So geht dein Blick nach oben, der sich auch nachhaltig in deinem „geöffneten Blick ins Publikum" widerspiegeln wird.

### Sage dir: „Ich halte jetzt einen super Vortrag. Egal wie!"

Falls es kurz vor deinem Auftritt noch hektische technische Schwierigkeiten gab, und das kommt nicht selten vor, dann ignoriere sie ganz einfach. „Ich ärgere mich später darüber!" Fertig! Kennst du noch Scarlett O'Hara aus dem Film „Vom Winde verweht"? Sie hat immer gesagt: „Verschieben wir es auf morgen!" Bevor deine eigene Stimmung jetzt energetisch vollends kippt, weil zum Beispiel der Beamer ausgefallen ist oder der Monitor oder was auch immer, ignoriere es einfach. Du kannst eh nichts mehr machen. Ärgere dich morgen darüber. Aber nicht jetzt! Entschuldige dich NIEMALS im ersten Satz auf der Bühne für irgendetwas. Wenn du so deinen Vortrag anfängst, hast du schon verloren, weil alle Energie, auch in deinem Körper, nach unten gehen wird. Nein, du bist gut drauf. Dich kann nichts erschüttern. Egal, was jetzt noch passiert ist: Du bist gut drauf. Das ist eine Entscheidung! Jetzt veränderst du die Welt und machst dich bereit für DEINEN Auftritt.

> Wenn die Dinge nicht so laufen, wie du dir es vorstellst, dann stell dir etwas anderes vor.

**Mache einen klaren Gedanken-STOPP.**

Komme gar nicht erst in den Mangel und in die negative Fragen-Spirale und lasse NIEMALS Gedanken zu wie: „Hoffentlich komme ich beim Publikum an! Hoffentlich vergesse ich nichts! Hoffentlich überzeuge ich alle! Hoffentlich sehe ich gut aus! Hoffentlich lacht mich keiner aus!". Das alles ist Unsicherheit, welche absolut nachvollziehbar ist, aber das Publikum spürt das sofort. Lasse diese Gedanken gar nicht erst zu. Verbiete sie dir regelrecht. Du kannst dich später darum kümmern, warum du Zweifel hast. Aber nicht kurz vor der Bühne! Verschieben wir es auf morgen!

**ATMEN ist ein guter Ratgeber**

Atme in deine Angst hinein. Atme tief in deinen Körper. Atme tief in deinen Bauch. Lasse die Angst und ganze Aufregung FREI, indem du ausatmest. So wird dein ganzer Körper mit frischer Energie versorgt.

**Sei stolz und selbstbewusst**

Es gibt verschiedene Möglichkeiten, die innere Power für dich zu finden. Ich liste hier nur einige auf, die aus der Erfahrung heraus besonders gut funktionieren. Finde für dich dein ganz eigenes Ritual und wende es <u>immer</u> an, bevor du auf eine Bühne gehst. Auch auf eine Online-Bühne. Der schlimmste Gedanke, den du haben kannst: „Ach, ich habe das schon so oft gemacht ... Das klappt schon!". VORSICHT IST GEBOTEN! Das ist gefährlich. Das ist der Anfang vom Ende! Das muss ich leider so sagen. Es wäre nämlich genau so, als wenn Celine Dion denken würde: „Ach, ich kann so super singen. Habe ich schon Millionen Mal gemacht. Das klappt schon. Ich brauche mich nicht warm zu singen." Und zack – wäre sie weg vom Fenster, wenn sie die Töne nicht mehr trifft, was wahrscheinlich ist, wenn sie nicht warmgesungen ist. Also bitte: Sei immer professionell und bringe dich in dein persönliches gutes Stage-Zustandsmanagement vor und hinter den Kulissen.

**Das solltest du NICHT machen:**

Gehe bitte NICHT noch einmal deinen Vortrag durch. Es ist alles abrufbereit, wenn du es brauchst. Gehe in das Vertrauen. Es ist alles da, wenn du es brauchst. Nur dein Anfangssatz darf Platz finden in deinem Kopf. Nicht mehr.

**Bringe dich jetzt in einen sehr guten BÜHNENZUSTAND!**

Du freust dich auf die Menschen, die dich erwarten (dann freuen sie sich auch auf dich) und in dieser Dynamik gehst du auf die Bühne. Du machst jetzt das Allerbeste aus der Situation. Freue dich auf dein Publikum. Stell dir einfach vor, dass sie dich lieben und dich herzlich empfangen. Das sind die allerliebsten Menschen im Publikum, die es sehr gut mit dir meinen. Merke: Egal, was du auf der Bühne machst: Es wird immer gut sein!

Wenn du einen inneren Drang verspürst, auf eine Bühne zu gehen, dann tu es bitte, solange du es nicht aus Bestätigungszwecken machst. Jeder Mensch hat einen ganz bestimmten Grund dafür, etwas zu tun oder zu lassen. Gib dem gern nach. Dann bist du auf dem richtigen Weg und dein Leben erfüllt sich so immer mehr. Wichtig ist in diesem Prozess allerdings, dass du dich mehr mit positiven Menschen umgibst als mit Bedenkenträgern. Lass dich bestärken und nicht schwächen. Meide diese Themen mit bestimmten unsicheren Menschen, die selbst Angst davor haben, sich oder etwas in ihrem Leben zu verändern und deshalb alles verteufeln, was nicht in der Norm ist. Durch deine eigene Veränderung führst du ihnen ihren eigenen gefühlten „Versager-Spiegel" vor. Das kann nicht jede/r gut aushalten. Behalte gern den Kontakt mit ihnen, aber sprich über andere Themen mit ihnen.

## ERSTRAHLE DURCH DEIN PASSENDES STYLING

Erstrahle auf der Bühne durch kongruentes Styling. Dieses Kapitel habe ich selbst ehrlich gesagt viele Jahre sträflich vernachlässigt. Ich habe immer gedacht: „Ach, ist nicht so wichtig. Wichtiger ist doch, was ich sage und dass ich die Menschen im Herzen erreiche!" Hui ... mir war das mit der Kleidung immer relativ egal. Normal gestylt – ja. Bisschen „aufgebrezelt"– ja. Durch meine frühere Lieblingsmentorin habe ich mal gelernt: „Sei immer die bestangezogenste Person im Saal." Nicht wegen Konkurrenz, sondern um dein Expertentum zu unterstreichen.

Auch meine Geschäftskollegin Marina, die Gründerin von Feminess, schaut mich immer wieder recht skeptisch an, was ich so aus meinem Kleiderschrank ans Tageslicht befördere, bevor ich auf die Bühne gehe. Manchmal musste ich mich doch tatsächlich noch mal umziehen, weil sie nur mit dem Kopf geschüttelt hat. Mir war der Wohlfühl-Aspekt oftmals viel wichtiger als mein Aussehen. Aber ich habe verstanden: Es geht auch beides! Was für eine Erkenntnis!

Darüber hinaus, und das ist noch viel wichtiger, unterstreicht deine Kleidung deine MARKE und deinen Vortrag. Al es sollte bestenfalls aufeinander abgestimmt sein. So wird auch dein Vortrag immer stimmiger. Stell dir vor, du sprichst über Lebensfreude nach der Trauer und stehst immer noch in schwarzer Trauerkleidung da. Natürlich kannst du in Schwarz gekleidet sein. Aber es unterstreicht nicht unbedingt das, was du da gerade den Menschen vermitteln willst. Wenn deine Firmenfarben Gold und Braun sind, dann passt vielleicht ein schrilles Pink nicht unbedingt zum Gesamtbild. Oder gerade ...

Natürlich sollst du dich nicht verkleiden und auch deinem Stil treu bleiben, aber Bühne ist nun mal Bühne und da sollte bestenfalls auch das Bühnenbild stimmen. Übrigens auch bei einer Online-Bühne.

Ich selbst liebe ja echte Vortragsshows. Wenn da zum Beispiel meine an dem Tag ausgewählte maritime Kleidung nicht zu meiner „Asien-Show" passt, dann stimmt da etwas nicht. Das bemerkt natürlich auch das Publikum. Auch wenn es ein bewusstes „Störbild" ist, macht es doch unterschwellig einen Eindruck. In diesem Fall einen negativen.

Es geht also darum, alles aufeinander abzustimmen. Es geht bitte NICHT darum, sich einfach nur hübsch anzuziehen. Nein! Ich kenne Rednerinnen, die barfuß auf die Bühne gehen. Oder im „ollen" Jumpsuit. Egal. Denn: Es passt zu ihr und zu ihrem Vortrag! Oder kannst du dir vielleicht auf Bali jemanden im Business-Kostümchen vorstellen? Nein. Stimmig muss es sein. Nicht einfach nur hübsch.

**Dein Styling unterstreicht deine Botschaft**

Hier findest du noch ein paar Tipps, mit denen du über deine Kleidung und dein Styling deine Botschaft transportierst und lebst. Finde hier deinen individuellen Style, der nicht angepasst sein muss. Beantworte dir selbst folgende Fragen:

- Welche Emotion (nur eine) möchtest du mit deinem Vortrag am Ende vermitteln? (beflügelt, entschlossen, entlastet, kraftvoll, amüsiert, gestärkt, gelassen, hoffnungsvoll, freudvoll, dankbar, liebevoll, ermuntert, akzeptiert, lebendig, produktiv etc.)? Welche Kleidung passt dazu?
- Welche Werte (maximal 2) möchtest du mit deinem Vortrag vermitteln (Nachhaltigkeit, Wahrhaftigkeit, Professionalität, Sportlichkeit, Leichtigkeit, Resilienz, Toleranz, Zuversicht, Lockerheit, Seriosität, Kreativität, Jugendlichkeit etc.)?
- Welche Kleidung und welcher Style passen zu der oben genannten Emotion?
- Welche Kleidung und welcher Style passen zu den oben genannten Werten?
- In welcher Erlebniswelt spielt sich dein gesamter Vortrag ab (siehe dazu auch Kapitel 7)?
- Welche Farben passen entweder zu deiner Erlebniswelt oder zu deinen Werten oder zu der gewünschten Emotion?

ABER: Fühle dich wohl in deinem Style und in deiner Kleidung. Verkleide dich nicht. Trage keine Pumps, wenn du sonst auch keine trägst. Trage kein Business-Kostüm, wenn du dich darin nicht wohlfühlst. Trage keine dramatische Hochsteckfrisur, wenn du auch sonst keine hast. Das hat natürlich auch den Vorteil, dass du später auch wiedererkannt wirst, wenn man dich im „echten Leben" trifft.

Das Gleiche gilt für auch dein Make-up. Das Licht schluckt unfassbar viel Farbe. Falls du dich jedoch nie schminkst, dann schminke dich auch nicht auf der Bühne. ABER: Bitte pudere dich gut ab, da es äußerst unvorteilhaft wirkt, wenn du glänzt wie Öl. Falls du dich ansonsten schminkst, dann verstärke es zusätzlich. Ein Abend-Make-up wirkt auf einer Bühne wie ein Tages-Make-up.

Da du auf einer Bühne auch in der Regel sehr viel fotografiert oder gefilmt wirst, bleibt dein Tages-Outfit für die Ewigkeit bestehen und taucht so manches Mal an den überraschendsten Orten wieder auf. Style auch deine Haare so, wie du sie gerne haben möchtest. Auch hier gilt: Bitte keine Verkleidungen, aber für dich passend.

Achte auch auf dein Schuhwerk, welches gerne mal vergessen wird. Gut geputzte Schuhe, ohne Schrammen und natürlich angenehm sitzend. Das sind aber absolute Basics und setzen wir entsprechend voraus, so dass ich das nicht weiter auszuführen brauche.

Übrigens: Auch deine CI (Corporate Identity) kann sich in deinem Styling und auch in deiner Optik insgesamt widerspiegeln. Ich kenne Kolleginnen, die z. B. überwiegend in Rot oder in Orange unterwegs sind. Das ganze Outfit ist darauf abgestimmt. Da transportiert sich die Unternehmensmarke komplett über die Kleidung. Ich persönlich mache das nicht so, ist aber auch eine sehr gute Idee, um sich wiedererkennbar zu machen. Aber wenn, dann mache es konsequent.

Konsequenz ist sowieso das Wichtigste in deinem visuellen Auftritt, damit du nicht nur durch deinen Inhalt überzeugst, sondern auch durch dein Styling, deine Optik und deine Wirkung. Je kongruenter du inhaltlich und optisch bist, desto erfolgreicher kannst du auch als Speakerin sein.

## GEHE SOUVERÄN MIT PEINLICHEN FEHLERN UM

Jetzt schreibe ich über eines meiner Lieblingsthemen auf der Bühne. Ja, sie passieren immer wieder: die kleinen Fehler, die peinlichen Momente, die Vollkatastrophen. Glaube mir, ich könnte ein ganzes Buch nur hierüber verfassen. Herrlich.

Ich halte mich an dieser Stelle etwas kürzer, denn je mehr wir den Fokus darauf legen, desto mehr passieren sie. Du weißt ja: Murphys Gesetz. Daher kurz und schmerzvoll: Hier sind die häufigsten Fehler auf Bühnen und der Umgang damit.

### Du fällst auf der Bühne hin

Ist mir volle Kanne passiert. Ja, ich stand im Backstage-Bereich und unterhielt mich interessant mit einer Kollegin (was man nicht kurz vor dem Auftritt machen sollte) und wurde ganz plötzlich anmoderiert. Ich war noch gar nicht so weit, als ich meinen Namen über die große Anlage hörte. Oje ... was mache ich als Spontan-Reflex-Aktion? Natürlich laufe ich sofort leicht übermotiviert die Stufen zur Bühne hoch, bleibe bei der letzten Stufe hängen und – KLATSCH – ich liege in meiner vollen Breite flach auf der Bühne. Was passierte dann? Der Applaus verstummt, die Menschen schauen mit offenem Mund und irritiert zu mir, die Moderatorin ist komplett sprachlos und alle Augen sind peinlich berührt auf die Dicke da vorne gerichtet, die ziemlich unvorteilhaft auf der Bühne liegt. Was passierte dann? Ich quälte mich wieder auf meine Beine (war ein bisschen unsexy) und lief recht plötzlich in Richtung Moderatorin, denn sie hatte ein Headset-Mikrofon am Kopf und ich

Immer schön lächeln und winken...

hatte keines. Ich wollte doch im Leben diese Situation nicht unkommentiert stehen lassen. Also sah ich nur das Mikro und nahm ungefragt einfach ihren Kopf, damit ich in das Mikro sprechen konnte. Die arme Moderatorin hat es mit der Angst zu tun bekommen, weil sie wohl dachte, dass ich sie umbringen will oder so, aber das war mir in dem Moment egal: Ich hatte das Mikro und was sage ich zum Publikum gewandt und ihren Kopf in meinen Händen? „Davor hatte ich am meisten Angst, jetzt habe ich es endlich hinter mir!" Uff ... puh ... eine große Erleichterung ging durch die 500 anwesenden Gäste, weil ich souverän und locker mit der Situation umgegangen bin. Ein tobender und fröhlicher Applaus folgte und jeder kannte mich an diesem Tag. Du glaubst gar nicht, wie viel positiven Zuspruch ich in den Pausen bekommen habe. So kann Sichtbarkeit auch gehen. Also merke: Wenn du mal auf einer Bühne fällst – einfach weitermachen. Locker nehmen. Sportlich nehmen. Ist dann so ... Positiv auflösen und fertig.

## Du hast den Text vergessen

Das ist der Klassiker und kommt immer wieder mal vor. Deswegen ist es so wichtig, dass du auf gar keinen Fall deinen Text auswendig lernst. Wenn du aber deinen Vortrag in verschiedene Abschnitte geteilt hast und weißt, was du in welchem Abschnitt sagen möchtest, dann kannst du auch mal die Abschnitte tauschen. Sprich es einfach direkt auf der Bühne an: „Hui, jetzt habe ich den Faden verloren. Worüber halte ich noch mal einen Vortrag?" Ich löse das immer humorvoll. Mache du es aber bitte auf deine Art. Ich empfehle immer: einfach weitersprechen. Irgendwann fällt dir wieder ein, worüber du eigentlich sprechen wolltest. Bloß nicht krampfhaft darüber nachdenken. Dann entsteht eine peinliche Stille. Frage auch gerne direkt das Publikum: „Wo war ich gerade?" Dann bekommt man immer eine Antwort. Das Publikum mag es sogar sehr gern, wenn man nicht immer perfekt ist. Auch bei Versprechern oder bei Räuspern. Wir sind Menschen und uns kann alles Mögliche auf der Bühne passieren. Na und? Menschen helfen gern! Je mehr du grundsätzlich in der Interaktion mit ihnen bist, umso leichter fällt dir das Fragen. Außerdem spricht es für echte Souveränität, kleine Fehler einfach anzusprechen und sich selbst nicht schlecht damit zu fühlen. Kann doch mal vorkommen. Je mehr du versuchst, diese Fehler zu verstecken, desto eher bemerkt es das Publikum und stört sich daran.

**Du hat einen Hustenanfall auf der Bühne**

Das passiert öfter als du denkst. Gerade wenn du viel sprichst, wird deine Kehle immer trockener und immer gereizter. Je länger du das auf der Bühne in der Hoffnung ignorierst, dass es doch noch vorbei geht, umso wahrscheinlicher wird es, dass es immer stärker wird und tatsächlich in einem unschönen Hustenanfall endet. Doch das kannst du vermeiden, indem du auch ganz entspannt WÄHREND deines Vortrags immer einen Schluck Wasser zu dir nimmst. Das verzeiht dir jeder, weil das eine ganz normale Handlung ist. Meistens hast nur du selbst ein Problem damit. Oftmals ist es so, dass eine Referentin oder ein Referent so hektisch unterwegs ist, um alles zu sagen, was er oder sie sagen will, dass es allen (auch dem Publikum) sehr guttut, wenn es ein paar Sekunden durchatmen kann. Genau so wie du.

Wenn du also dazu neigst, schnell eine trockene Kehle zu bekommen, dann lass dir immer ein Glas STILLES Wasser an die Bühne stellen. Bitte kein Wasser mit Kohlensäure, weil du dann unangenehm aufstoßen musst, was wirklich peinlich werden könnte, wenn du dastehst und in das Mikro rülpst.

Aber bitte entschuldige dich nicht für das Trinken. Mach es einfach und kommentiere es nicht. Sicherlich findest du auch immer eine gute Lücke, zum Beispiel wenn du das Publikum fragst und es mit einbindest. Oder wenn du einen Themenwechsel hast. Denk immer daran, dein Vortrag ist wie ein Gespräch mit dem Publikum. Es ist eine Partnerschaft. Ein gemeinsamer Austausch. Nur dass dein Publikum die ganze Zeit energetisch antwortet, wenn du nicht gerade eine Interaktion machst. In jedem normalen Gespräch greift man auch kommentarlos zum Wasserglas, oder? Deswegen ist es völlig okay.

### Du bekommst Schnappatmung auf der Bühne

Aufregung, Stress und Lampenfieber kann sich auf der Bühne völlig unterschiedlich bemerkbar machen. Eine besonders häufige Form ist die sogenannte Schnappatmung, unter der ich selbst jahrelang gelitten habe. Erst mit der Gewöhnung und der Selbstverständlichkeit, dass ich da vorne hingehöre, wurde es langsam besser. Was hat neben der sich einstellenden Routine geholfen, gar nicht erst in die Schnappatmung zu kommen oder sie wieder zu stoppen? Ganz einfach: PAUSEN! Einem selbst kommt es auf der Bühne immer so vor, dass man ja keine „peinliche Stille" erzeugen darf. Doch das Gegenteil ist der Fall. Mache bitte insgesamt viel mehr Pausen und gönne deinem Publikum ein besseres Verstehen und auch Verdauen deiner Inhalte. Es wird es dir in Form von deutlich mehr Begeisterung danken. Also merke: Sprich von Anfang an etwas langsamer, dann kommst du erst gar nicht in die Hetze und wirkst außerdem noch souveräner.

### Deine Requisiten funktionieren nicht

Je mehr Requisiten du dir auf der Bühne bereitgestellt hast, desto mehr kann auch passieren. Sie fallen dir aus der Hand, sie funktionieren technisch nicht oder du hast nur eine Hand frei, weil du vergessen hast, dass du ein Mikrofon in der Hand hältst. Ja, nicht alle Veranstalter/innen haben ein Headset zur Verfügung. Das fragst du bitte vorher alles ab. Siehe auch hier bitte wieder unsere Checkliste für gute Vorbereitung mit dem/der Veranstalter/in. Wenn du eine Requisite hast, für die du zwei Hände brauchst, hast du ein Problem, welches dir in dem Moment erst klar wird. Was machst du dann? Du kennst jetzt schon meine Lösung dafür: einfach ansprechen. „Oh, dafür brauche ich ja zwei Hände. Hat jemand mal eine Hand für mich?". Ja, ich würde dann sogar jemanden auf die Bühne holen. Das Beste ist natürlich, wenn du durch gute Vorbereitung gar nicht erst in diese Situation kommst.

### Deine Kleidung zerfällt am Körper

Mir ist auf der Bühne mal die Hose geplatzt. Ja, der Knopf ist abgesprungen. Da ich immer ziemlich bewegende Aktionen auf der Bühne mache, hatte ich in der Tat ein Problem. Die Hose rutschte gefährlich. Ganz ehrlich, ich hatte richtig Glück, dass mein Vortrag gerade zu Ende war und mir so die große Peinlichkeit erspart blieb, mit heruntergerutschter Hose auf der erstrahlten Bühne zu stehen. Vielleicht hat sich aber auch mal ein Saum deines Kleides gelöst. Oder du hast schlimme Schwitzflecken unter den Achseln. Was kannst du dann machen? Ganz ehrlich: In dem Moment ist alles zu spät. Da musst du irgendwie durch. Bitte checke vorher deine Kleidung auf Qualität. Dann passiert das nicht. Vielleicht erinnerst du dich an Barbara Schönebergers Kleiderriss in der Sendung" Denn sie wissen nicht, was passiert" mit Günter Jauch und Thomas Gottschalk. Da konnte sie nichts anderes machen, als einen Joke nach dem anderen dazu zu bringen und es direkt vor Ort reparieren zu lassen. Ja, Humor rettet immer. Es ist immer menschlich. Also bleibe auch du menschlich in deinem Umgang damit.

### Deine Technik funktioniert nicht

Das kommt immer wieder vor. Du kannst es schon fast als sicher mit einkalkulieren, damit deine Speaker-Welt nicht zusammenbricht, wenn es dann tatsächlich passiert. Bereite dich immer so vor, dass dein Vortrag auch komplett ohne PowerPoint funktioniert. Oder dass dein Vortrag auch ohne Requisiten funktioniert. Oder dass dein Vortrag auch ohne Referenten-Monitor funktioniert oder deine

PowerPoint auch ohne Presenter funktioniert, oder, oder. Wichtig ist nur, dass du nicht in die Entschuldigungsfalle kommst. Je mehr du dich auf einer Bühne für irgendwas entschuldigst, was gerade nicht funktioniert, desto kleiner wirst du beim Publikum. Du brauchst dich nicht zu entschuldigen. Entweder du übergehst das geschickt oder du stellst es einfach nur fest und kommentierst es entsprechend. In jedem Fall: Mach dich selbst nicht klein. Mach andere nicht klein. Nur dann bist du eine Große für das Publikum.

## Deine Jokes ziehen nicht

Vielleicht kennst du das bei Comedians, wenn sie auf der Bühne sagen: „Also gestern hat der Joke noch funktioniert." Nun sind wir keine Comedians, aber auch wir Speakerinnen haben Jokes. Und ja ... jedes Publikum ist anders. Jede Stadt ist anders. Jedes Land ist anders. Kulturell, in Klischees und in der Sprache. Wenn dein Joke ein Schenkelklopfer in München ist, kann er in Hamburg vielleicht nur ein müdes Lächeln hervorzaubern. Dabei sind die Hamburger keinesfalls nur dröge. Ich bin selbst eine echte Norddeutsche Deern und kann sagen, dass die Hamburger durchaus Schenkelklopfer-Potenzial haben. Dennoch kann es auf der Bühne passieren. Was machst du dann? Entweder sprichst du das auch direkt an: „Das muss ich wohl noch mal üben!". (Plötzlich kommt doch noch ein Lacher.) Oder du übergehst es auch hier geschickt. Ich habe auch schon mal gesagt: „Also, ich fand das witzig!". Die meisten Lacher bekomme ich, wenn ich mich selbst ein wenig auf die Schippe nehme, wenn etwas nicht funktioniert oder auch in der Vergangenheit funktioniert hat. Wichtig: Das schmälert nicht deinen Kompetenz- oder Expertinnen-Status, im Gegenteil: Es stärkt ihn. Warum? Als Referentin bist du sowieso in einem Hochstatus. Wenn du auf einer Bühne stehst, bist du noch viel mehr im Hochstatus. Da tut es einfach nur gut, wenn du zwischendurch auch mal in den Tiefstatus gehst, weil du dann wieder viel menschlicher wirst. So stellst du eine wichtige Nähe her, die für den Sympathie-Faktor enorm wichtig ist.

## Der Kellner macht so viel Lärm, dass er deinen Vortrag stört

Ja, auch das hatte ich mal. Es war sein Raum, in dem er immer ist und er hatte einen wichtigen Job zu tun, in dem er die Menschen alle einzeln gefragt hat, was sie denn trinken möchten. Darüber hinaus hat er dermaßen mit dem Geschirr und den Gläsern geklimpert, dass es mich auf der Bühne echt gestört hat. Tja, was glaubst du habe ich gemacht? Natürlich: Ich habe ihn komplett in das Programm mit einbezogen, so dass es ihm dann irgendwann doch peinlich wurde und er leiser wurde. Wenn du so etwas machst, dann mache es jedoch immer wertschätzend, humorvoll und sympathisch. Das Publikum liebt solche „Störungen", weil es immer eine schöne Unterhaltung ist, wenn etwas ungeplant oder überraschend passiert. Das funktioniert übrigens auch sehr gut mit Fotografen oder Filmern, wenn sie allzu aufdringlich werden, nur um gutes Material zu erhalten.

## Du bekommst keine netten Zwischenrufe aus dem Publikum

Es gibt immer wieder solche Schlaumeier oder Meckerer, die sich irgendwie hervortun und ein bisschen „klugscheißen" müssen. „Wo haben Sie denn diese Studie nur ausgegraben?", „Worauf stützen Sie Ihre These?", „Also, ich habe das ja mal anders gelernt." Puh, kennst du das? Ich kann dir aber sagen: Je größer deine Bühne wird, desto weniger hast du damit zu tun – einfach weil du sie irgendwann nicht mehr verstehen kannst. Außerdem sorgen große Säle dafür, dass die Hemmschwelle für die Störer größer ist. Wenn ich so einen „anstrengenden" Menschen im Publikum habe, dann binde ich in der Regel immer in das gesamte Plenum mit ein. So wird der Gegendruck für den Störer zu groß, weil er merkt, dass er mit seinen Zwischenrufen nicht weiterkommt und auch beim Publikum nicht punkten kann. Wie das geht? Ich frage einfach das Publikum: „Möchten Sie von dem netten Herrn hören, was er in seinem Leben so gelernt hat?". Meistens kommt ein „Neeeinnn". Wenn mir so ein

Mensch zu anstrengend wird, dann sehe ich zu, dass ich ihn entweder komplett ignoriere, ihn ebenfalls vorführe oder das Publikum mit einbeziehe. Manchmal hilft es auch, wenn du dich direkt vor ihn stellst, um ihm einfach so gefährlich nahezukommen, dass er tatsächlich irgendwann aufhört.

### Du bekommst nette oder konstruktive Zwischenrufe vom Publikum

Bitte verwechsele die „nicht-netten" Zwischenrufe nicht mit den normalen Zwischenrufen, die du konstruktiv sehr gut nutzen kannst, um deinen Vortrag noch stärker mit deiner Kompetenz zu würzen. Wenn du eine echte Expertin in deinem Thema bist, hast du immer eine richtige Antwort für jede Zwischenfrage. Wenn du mal keine hast, dann ist es auch nicht schlimm. Dann sag einfach: „Dafür habe ich tatsächlich jetzt keine Antwort, aber ich kläre das gern für Sie und schreibe Ihnen morgen eine E-Mail mit meiner Antwort. Wen diese Antwort ebenfalls interessiert, der legt mir einfach seine Visitenkarte hier auf die Bühne." Und schon hast du eine oder mehrere neue E-Mail-Adresse/n Menschen, mit denen du gut in Kontakt kommen kannst. Ist es nicht genau das, was wir eigentlich wollen: aus Zuschauern Interessenten und am Ende auch Kunden zu machen? Erfahre in der Stage-Methode©, wie du aus deiner Speech besonders nach deinem Vortrag mit Menschen so in Kontakt bleibst, so dass sie am Ende sogar deine Produkte kaufen wollen.

### Das Publikum verlässt den Saal

Je größer der Saal, desto mehr Bewegung wird dort sein. Die eine muss auf die Toilette, der andere bekommt einen Anruf, die nächste hat Durst und und und. Was denkst du? Die gehen, weil sie deinen Vortrag hassen. NEIN. Falls du allerdings siehst, dass sich die Reihen wirklich massiv leeren, dann denke in der Tat noch mal über die Optimierung deines Vortrags nach. Ansonsten ignoriere das einfach. Oder bring auch hier einen Spruch: „Der Vortrag wird noch besser

... ganz bestimmt." Aber bitte mach das nur einmal. Ansonsten stören deine Einwände deinen Vortrag mehr als die wenigen Menschen, die den Saal verlassen. Sie zeigen sonst nur deine Unsicherheit.

## Ein Handy klingelt

Auch zum Thema „Handyklingeln" liebe ich es, einfach mal mit einem verschmitzten Gesichtsausdruck direkt zu dem Menschen hinzugehen und ihm das Handy einfach kurz aus der Hand zu nehmen und mit dem zu sprechen, der da gerade am Telefon ist. Oder so zu tun. „Ja Mutti, er kommt rechtzeitig nach Hause." Huuu ... ein herrlicher Lacher von allen. Ich habe auch schon mal gesagt: „Oh, Herr Dr. Müller (der Vorstand des Unternehmens, in dem ich gerade war), ja, ja, okay, ich sage ihnen, dass die Gehälter aller Mitarbeiter verdoppelt werden. Danke." Natürlich immer im Joke-Modus. Es geht nur darum, allen klarzumachen: Mach lieber dein Handy aus, sonst komme ich auch zu dir. Wie gesagt: Die Menschen lieben solche Unterbrechungen. Je größer der Saal, desto mehr müssen aber die Film- und Licht-Techniker/innen Bescheid wissen, dass du auch mal beweglich unterwegs bist. Denn dann braucht es einen Spot, der dir folgt und eine bewegliche Kamera, die diese Bilder mit einfängt.

## Der Veranstalter wedelt hektisch mit einem Schild, dass du aufhören sollst

Entweder hast du die Zeit nicht im Blick behalten oder der Veranstalter oder die Veranstalterin hat kurzfristig den Ablaufplan verkürzt und du erfährst nun direkt auf der Bühne, dass du plötzlich nur noch zwei Minuten hast. Dabei hast du noch „Stoff" für 20 Minuten vorbereitet. Was macht man da? Bitte erzähle nicht ständig: „Ich habe ja keine Zeit. Ich hätte noch so viel zu sagen, aber ich habe keine Zeit." Bloß nicht! In der STAGE-Methode© wirst du noch erfahren, wie wichtig deine Botschaft ist. Was auch immer du noch sagen wolltest, fange nicht an zu hetzen, sondern lasse alles Inhaltliche weg, komme direkt zu deinem Präsent und Botschaftsteil. Aber bitte souverän und nicht hektisch. Je besser dein Abschluss sitzt, desto höher ist die Chance, dass die Menschen dich später für weitere Inhalte oder auch Produkte anfragen.

**Das Licht geht während deines Vortrags aus**

Dann kannst du in der Tat nicht mehr viel machen. Bestenfalls der Veranstalter oder die Veranstalterin schnell aktiv werden. Allerdings würde ich trotzdem noch retten wollen, falls der Ton noch geht. „Lehne dich zurück. Entspanne dich. Mach ein Nickerchen. Wir machen jetzt einen ‚Vortrag im Dunkeln' daraus." Dann senke deine Stimme, komme in einen anderen Energie-Modus und halte deinen Vortrag geheimnisvoll und mysteriös. Auch spannend. Und unvergesslich.

## KENNE DIE DO'S AND DONT'S VON SPEAKERINNEN

Wenn wir schon dabei sind: Hier bekommst du eine Anleitung dafür, was du bitte unbedingt vermeiden solltest, wenn du deinen Vortrag hältst oder deinen Vortrag für den Veranstalter oder die Veranstalterin vorbereitest.

**Beschimpfe niemals die Techniker/innen!**

Wenn ich mir Verbündete im Saal suche, dann die Techniker/innen. Sie retten mir mein Leben als Speakerin und sind meine unsichtbaren Begleiter und Verstärker. Sie setzen mich in ein gutes Licht und kümmern sich um alles, damit mein Vortrag funktioniert. Das sind meine wahren Held/innen des Tages! Da wäre ich blöd, wenn ich es mir mit diesen unschätzbar wertvollen Unterstützer/innen verscherzen würde. Ohne sie gäbe es keinen wirkungsvollen Vortrag. Es ist immer Team-Arbeit, was da vorne geschieht. Ohne sie bin ich nichts.

Ich habe es tatsächlich mal erlebt, dass aus purer Nervosität und ehrlich gesagt auch unprofessioneller Vorbereitung eine Rednerin ihren ganzen Frust an die anwesenden Techniker/innen ausgelassen hat. Wie motiviert sind dann diese taffen Männer und Frauen noch, ihren Vortrag mit all ihrem Können zu unterstützen? Richtig, nicht wirklich. Da wird sicherlich nur das Notwendige gemacht. Rein menschlich: Bitte tu das nie. Das Technik-Team macht immer einen Mega-Job. Unter Hochstress zaubern sie eine traumhafte Kulisse – nur für dich. Sei dankbar, verbünde dich mit ihnen und gehe ihnen nicht auf die Nerven. Am besten hilfst du allen, wenn du dich entsprechend der Anleitungen des Veranstalters oder der Veranstalterin vorbereitest, wie er oder sie es dir in der Regel vorgegeben hat. Die Techniker/innen sind deine „Freund/innen". An diesem Abend: „deine allerbesten Freund/innen".

**Beschimpfe niemals dein Publikum!**

Du lachst? Ich habe schon mehrfach erlebt, dass Kolleginnen oder Kollegen ab einem bestimmten Moment anfangen, dem Publikum die Schuld zu geben, dass es ihren Vortrag nicht versteht. Dann kommen durchaus negative Bemerkungen wie: „Naja, das ist nun nichts für jedermann." Oder auch: „Komisch, die anderen finden das immer gut, was ich sage." Oder auch: „Also, wenn Sie sich dafür nicht öffnen, dann kann ich auch nichts dafür." Puh ... nicht gut. Ganz ehrlich: Ich würde als Publikum dann gehen. Das Publikum kann nichts dafür, wenn dein Vortrag bei ihnen nicht zieht. Dann ist er am Publikum vorbei gesprochen, ansonsten wären sie begeistert. Das Publikum dreht sich nicht nach dir, du drehst deinen Vortrag bitte zum Publikum.

Ich bin gern unter Experten, aber hier ist es auch ganz nett.

**Gehe immer individuell vorbereitet auf eine Bühne!**

Beleidige niemals dein Publikum, indem du es nicht ernst nimmst und nicht gut auf sie und deren Situation eingestellt bist. Erkundige dich genau, auf was für einer Veranstaltung du wirklich bist. Sprich vorher detailliert mit den Auftraggeber/innen, welchen Sinn und Zweck dein Vortrag haben soll. Das bedeutet nicht, dass du dein Programm umstellen musst oder einen ganz neuen Vortrag extra für den Veranstalter oder die Veranstalterin entwickeln und konzipieren musst. Es heißt nur, dass du deinen funktionierenden Vortrag für das aktuelle Publikum so aktualisierst, dass sie sich dort wiederfinden. Finde Beispiele aus deren Welt. Zeige damit, dass du sie verstehst. Beeindrucke sie mit Insider-Wissen. Das Publikum honoriert Wertschätzung mit Wertschätzung.

**Gehe äußerst serviceorientiert mit Veranstalter/innen um!**

Wenn du nicht gerade selbst Veranstalterin bist und auf deinem eigenen Event sprichst, sondern für einen Vortragsslot entweder gebucht wurdest oder in einen investiert hast, ist in dem Moment diese/r Auftraggeber/in dein/e Kund/in. Egal, welches Status du dir als Speakerin schon erarbeitet hast. Jede/r gute/r Veranstalter/in wird dir eine Menge Material im Vorfeld zur Verfügung stellen, damit du weißt, was du wann zu liefern hast. Halte dich einfach daran, denn wenn du hier schon schwierig oder anstrengend wirst, wirst du sicherlich nicht wieder gebucht werden. Je professioneller du insgesamt vorbereitet bist, desto weniger wirst du nervigen Aufwand bei der Buchung haben – im Gegenteil. Stelle dir alles gut zusammen und du wirst alles rasch liefern können wie z. B. Speakerin-Foto, Kurztext über dich, Anmoderationskarte, PowerPoint-Präsentation usw. Schau hier wieder auf unsere Vorbereitungs-Checkliste, die dir sehr helfen wird. Der Veranstalter oder die Veranstalterin wird es dir danken und sogar beeindruckt von deiner Professionalität sein. Das hilft auch sehr bei Wiederbuchung. Vorausgesetzt: Du hast einen funktionierenden Vortrag, der die Teilnehmer/innen regelrecht begeistert. Klaro.

## Lerne aus jedem deiner gehaltenen Vorträge!

Jedes Mal, wenn ich von einem Vortrag aus welcher Stadt auch immer in mein Hotel oder zu mir nach Hause gefahren bin, habe ich mich, nachdem ich einigermaßen herunterfahren hatte, gefragt: WAS WAR GUT? und WAS WAR NICHT GUT? Ganz ehrlich: Das habe ich mir immer sehr detailliert aufgeschrieben. Ich hatte eingangs des Buches schon erzählt, dass meine Vorträge am Anfang meiner Speakerin-Karriere wirklich grottenschlecht waren. Ich habe alle Fehler gemacht, die man als Rednerin machen kann. Darum schreibe ich jetzt, nachdem ich über die vielen Jahren sehr viel lernen durfte, dieses Buch für dich, damit dir das nicht auch passiert und du viele Fehler vermeiden kannst. Es ist mir auch ein starkes inneres Bedürfnis gewesen, die Feminess® Speaker School mit Marina zusammen zu gründen, damit Frauen ihre Kompetenz endlich gekonnt transportieren können und damit erfolgreich sind. Die eigentliche Ausbildung beginnt in der Praxis. So war das bei mir auch. Erst habe ich die schlechten Vorträge gehalten, weil ich es unbedingt wollte und es nicht besser wusste.

Dann habe ich zum Glück eine einjährige erstklassige Ausbildung zur Speakerin bei der GSA, der German Speakers Association, machen dürfen. Aber dann erst kam die Ausbildung in der Praxis. Hätte ich mir aber nicht die Mühe gemacht, mich nach jedem Auftritt mit meinem soeben gehaltenen Vortrag auseinanderzusetzen, wäre ich immer auf dem Durchschnittsstand geblieben. Ich kann dir nur empfehlen, genau zu reflektieren, was wirklich gut war (dann verstärke das noch mehr) und was noch nicht so brillant war bzw. noch nicht funktioniert hat (dann arbeite daran, dass es besser werden kann). Probiere dich aus. Teste auch neue Varianten aus. Lerne und studiere. Nur so wirst du deinen Stil immer weiter finden, ausbauen und sicherer werden. Mein Extra-Tipp: Nimm jeden Vortrag auf und analysiere ihn im Nachhinein. Auch gern mit einem Profi. Eines Tages erlebst du hoffentlich auch eine Druckwelle der Begeisterung.

**Sei immer mehrere Stunden vor deinem Auftritt im Saal!**

Ich informiere mich immer im Vorfeld bereits zu Hause über die Gegebenheiten vor Ort. Wie sieht die Bühne aus? Wie groß ist der Saal? Wie viele Zuschauer passen in den Saal? Wie weit sitzt das Publikum von der Bühne entfernt? Wenn ich vor Ort bin, kann ich mich schon gut auf die zu erwartende Lage einstellen. Je früher du im Saal bist, desto besser gewöhnst du dich an den Raum. Nimm den ganzen Saal energetisch in dir auf. Gehe auf die Bühne, wenn noch keiner da ist. Verbünde dich mit dem imaginären Publikum. Freue dich auf die Menschen, die ein paar Stunden später dort sitzen werden. Laufe durch den ganzen Saal von einer Ecke in die nächste und nimm den Raum in dir auf. So bekommst du immer mehr „Heimvorteil".

**Erzähle nie einen Witz auf der Bühne!**

Über den Humor wirst du noch einiges im Kapitel 7 erfahren. Nur eine Sache vorab: Erzähle nie einen Witz auf der Bühne. Glaube mir: Das funktioniert nicht. Es sei denn, du positionierst dich darüber. Das kennst du auch aus der Comedian-Welt. So gut wie niemand erzählt dort Witze, es sei denn, er oder sie hat sich darauf spezialisiert. Die meisten Comedians erzeugen Humor über die Storys, die sie erzählen, und wie sie sie erzählen. Genau so ist es bei dir auch. Wenn du deinen Vortrag mit Humor würzen möchtest, dann kannst du das sehr gut über Storytelling erreichen, bevor es zum akademischen Teil kommt. So hast du es leichter.

## ERZEUGE SPANNUNG DURCH DEINE STIMME

Deine Stimme ist ein äußerst wichtiges und zusätzliches Instrument für einen gelungenen Vortrag. Das gute Zusammenspiel von Vortragsinhalt, Inszenierung, Körpersprache, Bühnenbild, Styling und deiner Energie ergeben ein stimmiges Gesamtbild und beeinflussen deinen Gesamterfolg. Unterschätze diesen Verstärker nicht. Radiomoderatoren, Fernsehmoderatoren und alle, die professionell mit Reden zu tun haben, werden darin intensiv ausgebildet – und das aus gutem Grund. Deine Sprachmelodie, deine Tonlage, deine Modulation, deine Aussprache, dein Sprechtempo und dein Dialekt haben großen Einfluss auf die Aufmerksamkeit deines Publikums. Hier kannst du durch geschickt eingesetzte Fallhöhen oder einen Wechsel der verschiedenen Techniken eine enorme Wirkung und spannungsvolle Effekte bei den Zuschauer/innen erzeugen.

Behandele deine Stimme wie ein Instrument. Wärme sie auf, bevor du eine Speech hältst. Nutze deinen ganzen Klangkörper. Vermeide, nur im oberen Bereich deines Körpers zu sprechen. Wenn du merkst, dass deine Stimme immer höher wird, dann gib ihr wieder Tiefe und Substanz, indem du tief in den Bauchraum einatmest. Deswegen sind Pausen in deinem Vortrag so wichtig, damit alleine du schon nicht hochtourst. Atmen bedeutet Leben. Wenn du immer flacher atmest, wird dir natürlich nicht nur die Luft ausgehen, sondern auch deine Stimme immer mehr verschwinden. Wenn du Probleme mit der Atmung während eines Vortrags hast, dann kann ich dir nur den Tipp geben, zu einer gut ausgebildeten Stimm-Expertin oder einem Stimm-Experten zu gehen, der dir weitere wertvolle Tipps und Übungen geben wird.

Ich selbst habe immer wieder große „Schnappatmung" auf der Bühne gehabt, wie ich schon bei den „Speaker-Fehlern" berichtet habe. Besonders über das Mikrofon war es oft sehr unschön zu hören. Bei mir ist es am Anfang aus reiner Aufregung, aber auch aus der Angst entstanden. Das ist ein völlig normales Symptom, welches entstehen kann. Erst über die Routine wurde ich es mehr und mehr los. Heute kann ich ganz ohne Schnappatmung einen langen Vortrag halten, da ich verstanden habe, dass Pausen nicht nur dem Publikum guttun, sondern auch mir. Nur manchmal leider ich noch darunter, wenn ich eine lange Bühnentreppe hochaste und mal wieder etwas übermotiviert starten möchte. Puh... da komme ich schon beim Schreiben wieder aus der Puste. Also, was haben wir gelernt? Richtig... PAUSE.

## NUTZE POWERPOINT NUR ALS VERSTÄRKER

Ich bin ein absoluter Fan von PowerPoint, jedoch nur dann, wenn <u>kein</u> oder nur <u>sehr wenig Text</u> auf den Folien zu finden ist. Noch mal zur Erinnerung: Ein Impuls-Vortrag ist keine klassische Präsentation, kein Fachvortrag und auch kein Training! Mit einem Impuls-Vortrag inspirierst du dein Publikum und gibst ihnen, wie der Begriff schon sagt, starke Impulse, damit diese eine Veränderung einleiten *wollen.* Genau wie die Stimme unterstreicht eine geschickt eingesetzte Bilderwelt deine Worte, die zum Herzen und zum Geist gehen.

Natürlich kannst du deinen Vortrag komplett ohne Hintergrundpräsentation halten. Ich kenne einige Kolleg/innen, die komplett darauf verzichten. Das ist auch gut so, denn so bekommen sie viel mehr Wirkung. Nicht zu jedem passt die Unterstützung einer Präsentation. Dennoch glaube ich, dass sie überwiegend als Verstärker genutzt werden kann, denn:

- Starke Bilder verstärken deine Speech.
- Passende Musik verstärkt deine Worte.
- Eine Black-Folie verstärkt deine Präsenz.
- Ein kurzes Video verstärkt deine Multimedialität.
- Informative Studien beweisen deine Statements.
- Akademische Modelle verstärken deine Kompetenz.

Außerdem zeigen deine Folien deine Corporate Identity und somit deine Marke. Ich kann dir nur den Tipp geben, dass du deine Folien einmal von einem/r Profi-Grafiker/in grundsätzlich gestalten lässt. Am besten natürlich von der Person, die auch schon deinen gesamten Markenauftritt entwickelt hat. Professionelle PowerPoint-Folien sollten als Standard immer mit dabei sein. Alles ist eine Einheit.

Erschaffe mit einem guten Präsentationsprogramm eine eindeutige Hintergrund-Erlebniswelt sowie ein Bühnenbild, welches zu den Inhalten deiner Speech passen. Menschen wollen unterhalten werden. Das macht alles spannend. Aber lass dich niemals von deinem Präsentationsprogramm überblenden. Du bist der Star auf der Bühne. Nicht deine Präsentation.

Übrigens spreche ich zwar immer von PowerPoint, jedoch ist dies natürlich nur der Markenname von Microsoft. Gemeint sind natürlich auch alle anderen Anbieter von Präsentationsprogrammen. Diese Software-Varianten kannst du nutzen:

- PowerPoint von Microsoft
- PowerPoint Online von Microsoft
- Präsentationsprogramm von OpenOffice
- Prezi als kreatives Präsentationstool
- Google Slides von Google
- Keynote von Apple
- Keynote Live von Apple zum Streamen

Nutze auch GEMA-freie Musik oder dezente oder dramatische Hintergrundtöne. Du findest heutzutage eine Vielzahl von Anbietern, die kostenfreie oder kostengünstige Musik, Videos oder Bilder anbieten. Bitte beachte jedoch immer die genauen Rechtevorgaben. Dabei gibt es große Unterschiede.

Innerhalb von PowerPoint hast du jede Menge weitere Möglichkeiten für starke Effekte. Sie in diesem Buch für jedes Programm im Detail zu erklären, würde den Rahmen sprengen. Schau dich in dem Programm um. Du kannst Fotos, Ton, Videos und viele Effekte einbinden. Bitte mache aber nicht zu viel. Es sollte immer etwas Besonderes bleiben. Außerdem soll die Aufmerksamkeit definitiv nicht auf der Präsentation liegen, sondern immer auf dir! Die PowerPoint verstärkt wie von Zauberhand deine Worte und sorgt für eine entsprechend vertiefende Wirkung.

### Hier ein paar Tipps für die Gestaltung deiner Folien

- Ziehe Fotos über die gesamte Folie.
- Verwende wenig bis gar keinen Text.
- Sorge für 100 % fehlerfreien Text.
- Verwende deine eigene Corporate-Identity-Schrift.
- Verwende deine eigenen Corporate Identity Farben.
- Verwende nur rechtefreie Musik, Fotos, Videos oder gib nach GEMA-Kauf die Rechte mit an.
- Setze dein Logo und deine Web-Adresse immer an die gleiche Stelle der Folie (über den Folien-Master).
- Mache keine Werbung für deine Produkte auf der Folie.
- Gestalte deine Präsent-Folie (siehe STAGE-Methode© Kapitel 7) sehr verführerisch mit z. B. einem QR-Code. Diese Folie wird meistens abfotografiert.

### Der gute Umgang mit einem Presenter

Ein Presenter ist die kleine Fernbedienung, die du während deines Vortrags in der Hand hältst, um genau im richtigen Moment völlig unauffällig deine Folien mit deinen Bildern, deiner Musik, der Black-Folie weiterklicken kannst. Hier gibt es einiges zu beachten, was ich dir sehr empfehlen würde. Der Presenter ist dein Verstärker, dein Freund, dein Unterstützer, der aber IMMER im Hintergrund agiert. Hier sind ein paar Tipps für den guten und unauffälligen Umgang mit dem Presenter.

- Lass den Presenter immer locker in deiner Hand liegen.
- Schau VOR dem Vortrag genau, wie er funktioniert. In der Regel gibt es vier Knöpfe. Probiere vorher genau aus, welche Tasten für VOR, welche für ZURÜCK, welche für BLACK und welche für den LASER-POINTER ist. Fühle dann die Tasten und schau so wenig wie möglich auf den Presenter. Probe den Einsatz mit ihm
- Klicke immer völlig unauffällig zum richtigen Moment.

- Probe den richtigen und pointierten Einsatz mit dem Presenter. Wann macht es Sinn zu klicken? Grundsätzlich gilt: erst reden und dann klicken. Ansonsten sind alle schon mit dem neuen Bild beschäftigt und nicht mit deinen Worten. Klicke also erst, wenn du über das Thema sprichst. Niemals vorher. Dann bleiben die Menschen bei dir und hängen an deinen Lippen. Im Idealfall sehen sie das Bild gar nicht, sondern verstärken das gerade Gesagte indirekt.
- Klicke nie in Richtung des Beamers. Das bringt sowieso nichts, weil der Empfänger immer an dem Computer hängt und nicht am Beamer oder an dem Monitor. Selbst wenn es mal hakt, drücke nicht verzweifelt auf dem Presenter herum. Manchmal gibt es nur eine kleine zeitliche Verzögerung und plötzlich springst du dadurch gleich sieben Folien weiter und musst dann störenderweise wieder sechs Folien zurückklicken. Bleibe ganz ruhig. Es wird sich lösen.
- Drehe dich niemals zur Leinwand mit deiner PowerPoint-Präsentation um. Dafür hast du den Monitor, der vor dir steht.

## SCHAFFE EINE ERLEBNISWELT

Erzeuge eine Erlebniswelt auf der Bühne, denn eine Bühne ist immerhin eine Bühne. Hier darf viel mehr passieren als nur, dass jemand wie angewurzelt dasteht. Wobei ich durchaus auch den ein oder anderen Speaker kenne, bei dem es tatsächlich komplett ausreicht, dass er einfach nur dasteht und dennoch eine extreme starke Wirkung hat. Das liegt aber nur daran, dass er so richtig gut mit Worten umgehen kann, eine spannende Story oder eine besonders charismatische Art hat, die die Menschen enorm berührt. Es braucht einfach nichts anders.

Dennoch liebe ich auch die Action auf der Bühne, ein schönes Bühnenbild, Bewegung, die passende Musik zu den verschiedenen Szenen, unterstreichende Geräusche und passende Hintergrundbilder, die wir durchaus sehr gut mit einer PowerPoint erzeugen können (aber bitte keine Text-Folien!!!). Ja, auf der Bühne darf richtig was passieren. Alles, was deinen Vortrag und dich selbst verstärkt, ist erlaubt. Ich liebe sogar Glitzer-Konfetti, aber dann auch wieder eine Black-Folie, die plötzlich wieder nur dich in den Vordergrund stellt und alles ganz ruhig werden lässt, je nachdem welche Dramaturgie deinem Vortrag zugrunde liegt. So geht Energie. So gehen Fallhöhen. So geht SPANNUNG und Inszenierung! Jetzt braucht es also nur noch einen echt guten Vortrag!

ABER: Wenn du wirklich so viel Action veranstalten möchtest, dann musst du das im Vorfeld unbedingt mit dem Veranstalter oder der Veranstalterin klären. Du kannst nicht einfach eine Konfetti-Kanone abschießen oder Feuer auf der Bühne zünden. Denke immer dran, dass nach dir noch Kolleg/innen auf die Bühne kommen. Dann kann kein Konfetti mehr von dir herumliegen. Außerdem sind es immer Extra-Kosten für den Veranstalter oder die Veranstalterin, um alles nach dir zu beseitigen und wieder zu säubern. Bei Feuer muss der Brandschutzbeauftragte vorher bestellt werden oder sogar die Feuerwehr bereitstehen. In der Regel reicht es, wenn nur DU auf der Bühne stehst. Mache keine Wissenschaft oder ein Musical daraus. Es sei denn, du hast irgendwann deine eigene Bühnen-Show. Gehe auf die Bühne und halte einen bewegenden, mitreißenden und motivierenden Vortrag – nur mit deinen Worten.

Wenn du mit Metaphern, Analogien und Geschichten unterwegs bist, achte jedoch darauf, dass möglichst alles auf dein Thema abzielt und auch bildlich gut zusammenpasst. Ansonsten stimmt etwas nicht, was das Publikum sehr schnell spüren wird. Wenn du zum Beispiel in der maritimen Bildsprache unterwegs bist wie: „auf Kurs gehen", „Segel richtig setzen", „Fahrt aufnehmen", „in einer guten

Strömung sein", „neue Welten entdecken" und so weiter, passt es nicht, wenn du plötzlich Tanz-Analogien (Takt finden, richtigen Rhythmus spüren, die richtigen Schritte setzen) in deinen Vortrag einbaust. Entweder oder, bitte. Niemals mischen! Schaffe eine Erlebniswelt, die von Anfang bis Ende stimmig ist, bis hin zur Kleidung, zum Bühnenbild und der Sprache. Bitte vermische keine Erlebniswelten. Stelle alles unter EIN Motto. Wir haben in unseren Feminess®-Speaker-Ausbildungsgängen schon die tollsten Erlebniswelten mit unseren Teilnehmerinnen kreiert, die natürlich immer zur beruflichen und persönlichen Historie der Rednerin passten. Wir alle wurden während des Vortrags in eine Welt mitgenommen, die uns geradezu verzaubert hat.

Dr. Nicole Meier zum Beispiel, die als studierte Chemikerin und Quotenfrau bei BASF eine enorme Führungskarriere gemacht hat, spricht in ihrer Speech natürlich von der verifizierten FORMEL von Führungserfolg, die plötzlich auch für das Fernsehen interessant war und ist.

Jede Erlebniswelt passt zu der Persönlichkeit bzw. zu der Historie der Rednerinnen. Sie tauchen in ihre ganz eigene Welt ab. Deshalb ist es auch so einfach auf der Bühne. Du brauchst die Menschen nur in deine Welt mitzunehmen. Je mehr du dich in deiner eigenen Expertise zeigst, desto glaubwürdiger bist du. Unterschätze niemals dein „Vorleben". Woher kommst du? Welche Erfahrungen hast du gesammelt? Welchen Traum hattest du? Was liegt dir? Was macht dir richtig Spaß? Genau das gehört auf die Bühne. Eingebunden in die Themen, über die du sprechen möchtest. Es wäre alles so einfach, wenn du dir nur viel mehr selbst erlauben würdest! In unserer Ausbildung arbeiten wir Stück für Stück – auch mit inneren Prozessen – daran, dass du diesen sehr authentischen Weg gehen kannst. Jetzt schließt sich der Kreis zu deinem Vorleben. Nichts, aber auch gar nichts ist zufällig passiert im Leben.

Auch jede meiner vielen Methoden hat eine ganz eigene, starke Erlebniswelt. Menschen vergessen Inhalte, aber Erlebniswelten oder Geschichten vergessen sie nie. Mache deine Speech unvergesslich.

## Stehen oder tigern auf der Bühne?

Viele Experten raten dir, einen festen Standpunkt auf der Bühne zu haben, sicher zu stehen und sich kaum zu bewegen. Auch viele Veranstalter haben in der Regel einen festen Radius zum Beispiel in Form eines runden Teppichs oder anderen Markierungen, damit der oder die Speaker/in sehr gut ausgeleuchtet ist und die Licht- und Film-Techniker/innen keine Überraschungen erwarten müssen und alles gut vorbereiten und einstellen können.

Ich bin der Meinung, du kannst letztlich auf der Bühne machen, was du willst. Hauptsache, es hat eine wirklich gute Wirkung auf dein Publikum und du verwirrst sie nicht mit allzu viel nervösem Herumgehampel. Dein Vortrag ist kein Tennissatz, bei dem die Köpfe immer hin- und herwandern müssen.

Es gibt aber auch Kollegen, die die Bühne mit einem „Dreieck" strukturiert haben und sich dort sehr strategisch bewegen, zum Beispiel von der linken Seite, auf der sie alle sachlichen Inhalte kommunizieren und der rechten Seite, auf der sie alle emotionalen Parts bringen. Ganz vorne auf der Bühne sprechen sie das Publikum direkt an und transportieren auch die Abschlussbotschaft.

Ich persönlich glaube an eine gute und in sich stimmige Mischung. Bringe bloß keine gekünstelten Bewegungen mit ein. Es gibt nichts Schlimmeres, als wenn das Publikum merkt, dass du denkst: „Wo wollte ich noch mal stehen?". Alles sollte sehr natürlich und authentisch wirken. Je mehr du denken musst, desto schlechter wird dein Vortrag.

Aber die wirklich wichtigen Dinge, die du zu sagen hast, brauchen in der Tat eine starke Stimme, einen festen Standpunkt, eine starke

Energie im Körper und einen festen Blick ins Publikum. Genau das geht dann beim Publikum tief unter die Haut.

## Und jetzt: RAUF AUF DIE BÜHNE

# 7. Die Stage-Methode©

**Dein Ticket zum Erfolg!**

Eine Methode für einen Vortrag? Ja genau! Weil sie funktioniert! Denn es ist nur das Gerüst. Die Architektur. Das Skelett.

Jeder Mensch hat ein Skelett, welches immer gleich aufgebaut ist. Dennoch ist jeder Mensch absolut unterschiedlich. Genau so ist es bei Vorträgen. Die Seele des Vortrags hauchst du ihm erst mit deiner ganz eigenen Persönlichkeit und natürlich mit deinem Thema ein. Also *kann* ein Vortrag, der auf der STAGE-Methode© basiert, niemals immer gleich sein. Jeder Vortrag wird immer im höchsten Maße individuell.

Methoden sind Schritt-für-Schritt-Anleitungen. Sie beschreiben EINEN möglichen Weg, mit dem du einen Vortrag aufbauen kannst. Natürlich gibt es so viele Vortragsformen, wie es Menschen auf der Welt gibt. Jede Vortragsform ist völlig in Ordnung, wenn sie funktioniert. Je mehr Individualität, desto besser. Hier geht es jedoch darum, zumindest erst einmal EIN Gerüst zu finden, welches auch wirklich immer funktioniert, und es stabil in die Welt zu geben – damit du es leichter hast, auf der Bühne nicht „verhungerst" und deine Vorträge auch wirklich angenommen werden und funktionieren. Die STAGE-Methode© ist eine gute Leitplanke, die dir *einen* sicheren

Weg zeigt. Selbstverständlich kannst du sie jederzeit ändern und „freihändig" im eigenen Stil weiterentwickeln.

Das einzig wirkliche Erfolgskriterium bei deinem Vortrag ist und bleibt immer das Publikum. Ist es begeistert, ist alles erlaubt! Nur darum gehen wir auf eine Bühne, damit das Publikum einen wirklichen Mehrwert erfährt und dich bestenfalls immer wieder auf der Bühne sehen möchte. Dann hast du einen echt guten Job gemacht. Nur dann. Das Publikum wird immer (wie bei jedem/r Künstler/in) dein Seismograph sein. Nur es wird entscheiden, ob du wirklich gut bist. Kein anderer. Weder du selbst („Boah, war ich heute mega!") noch dein Partner („Schatz, du warst heute wieder spitzenklasse!") noch deine Mitarbeiter („Mega, du hast ja wieder richtig abgeräumt!"). Einzig und allein dein Publikum entscheidet, ob du wirklich gut warst.

Mein ganz persönliches Erfolgsmerkmal ist immer, ob sich am Ende meines Vortrags noch eine Traube von Menschen um mich herumscharrt, die noch irgendetwas von mir will, mich noch mehr fragen oder ob alle schnell gehen und sich zurückziehen, mir vielleicht gerade noch etwas beschämt zunicken. Glaube mir, ich kenne das Gefühl sehr gut, nicht gut gewesen zu sein. Meine ersten Jahre als Rednerin waren wirklich grauenvoll. ICH war grauenvoll. Ich habe tatsächlich alle Fehler gemacht, die du bitte nicht machen solltest. Ich habe immer nur über MEINEN Weg geredet und wie ICH mich entwickelt habe. Schlimmer noch: welche Erfolge ICH erzielt habe. Das ist wirklich die Vollkatastrophe als Rednerin. Das interessiert doch keine Socke. Erst nach und nach habe ich gemerkt, dass das Publikum überhaupt nicht begeistert war. Noch nicht mal interessiert. Netterweise sind sie noch sitzengeblieben, ich bin auch nie mit Tomaten beworfen worden und ich habe sogar auch noch einen Höflichkeitsapplaus bekommen. Aber die Einzige, die damals im Saal echt begeistert war, war ich! So traurig das auch war.

## Menschen mögen keine Belehrungen!

Schule war gestern. Es gibt immer wieder viele Speaker, die viel mit dem Wort „müssen und sollte" unterwegs sind. Sie sagen dann solche Sachen wie: „Du musst morgens um 5:30 Uhr aufstehen und laufen gehen, wenn du fit werden willst." Nein danke. Oder auch: „Wenn du diese Regeln nicht anwendest, dann wirst du nicht erfolgreich." Bühne ist kein Training! Menschen wollen nicht belehrt werden. Sie möchten inspiriert werden.

Deswegen: Schau bitte immer hin, wie dein Publikum reagiert. Besonders schon während deines Vortrags. Reagiere immer auf dein Publikum. Wenn du siehst, dass es anfängt, sich zu langweilen, unterbreche deinen derzeitigen Vortragspart und bringe zum Beispiel eine Anekdote, die gerade zum Thema passt. Wir sind alle voller Storys. Da passt immer eine. Dann kommst du wieder in dein Vortragsgerüst.

Ich mache dir ein positives Beispiel: Ich stand vor vielen Jahren für Feminess® auf der großen Bühne in Stuttgart. Der Höhepunkt meines Vortrags war, dass ich das Publikum tatsächlich zum fröhlichen, sinnvollen, choreografierten Tanzen gebracht, der wichtige Zielschritte symbolisierte (auch eine Kunst für sich, dass das Publikum da mitmacht.). Plötzlich merkt der Fotograf: Hui ... da geht's ja voll ab und stürmt zu mir auf die Bühne, um natürlich super Action-Fotos zu schießen (das lieben Fotografen). Die Einzige, die auf der Bühne war und ihm allerdings im Wege stand, war ich, die das ja alles inszeniert hatte. Obwohl das echt eine richtig große Bühne war. Da packt er mich doch tatsächlich am Arm und schiebt mich ziemlich rüde zur Seite, damit er frontal die guten Fotos machen kann. M O M E N T!!! War ich nicht diejenige, die den Saal erst zum Kochen gebracht hat? Unverschämtheit! Ich habe mich dann zur Freude aller auf der Bühne ein bisschen mit ihm gekabbelt, denn ich lasse mich als Rednerin doch nicht einfach von der Bühne schieben! Das kam natürlich megagut bei allen an. Das Publikum liebt Unerwartetes.

Diese oder andere kleine Storys erzähle ich immer dann, wenn ich merke, dass der Saal müde wird und ein Fotograf im Saal ist, der gerade Fotos macht. Ich sage dann immer: „Ooohhh ... ich sehe gerade: ein Fotograf im Saal... Immer wenn ich Fotografen sehe, bin ich sofort geneigt, die GSG-9 zu rufen, damit sie mich beschützen. Weißt du warum? Stell dir vor, eines Tages bin doch tatsächlich von einem Fotografen fast von der Bühne geworfen worden ... Das war eine Unverschämtheit ... Ich stehe da so auf der Bühne in Stuttgart und bringe den Saal zum Kochen, und plötzlich stürmt der Fotograf die Bühne und ..."

Eine kleine witzige Unterbrechung, die einige Lacher hervorruft. In diesem Fall auf Kosten des Fotografen, der natürlich nichts für seinen rüden Kollegen konnte. Aber schon ist das Publikum wieder wach und in einer anderen Energie. Eeiter geht's im Vortragstext.

**Wichtig: Das, was du auf der Bühne fühlst, fühlt auch das Publikum.**

Das ist die goldene Regel. Wenn du nicht voll bei der Sache bist, wird das Publikum auch nicht ganz da sein. Wenn du Angst hast und dich am liebsten zurückziehen möchtest, dann zieht sich das Publikum auch von dir zurück. Wenn du dich selbst in deinem Vortrag langweilst, langweilt sich auch das Publikum. Wenn du gehetzt auf der Bühne bist und flach atmest, macht es das Publikum auch.

Möchtest du deine Zuhörer/innen wachhalten oder wieder frisch bekommen, kannst du dich ins Publikum hineinbewegen und kurze Fragen stellen. Falls du kein Publikumsmikrofon zur Hand hast, wiederhole die Frage und natürlich auch die Antworten bitte für alle Gäste, damit sie niemandem entgehen. Interagiere viel mit dem Publikum. Das macht es nicht nur wach, sondern sorgt auch für Spannung und frische Energie.

Welche lustigen Kurz-Storys, die du erlebt hast, fallen dir ein? Welche waren wirklich witzig, kurios oder einfach nur spooky? Schreibe dir diese Geschichten jetzt schon kurz auf. Am besten legst du dir ein kleines Story-ARCHIV an, dann fallen sie dir auf der Bühne leichter ein, weil du sie dann präsent hast.

## MIT DIESEN 5 STEPS GELINGT DEIN VORTRAG IMMER!

Jetzt möchte ich dir endlich meine ganz persönliche Methode verraten, die bei mir immer gut funktioniert hat und auch weiterhin funktioniert. Wenn du diese Methode einmal beherrschst, kann ich dich zukünftig, egal um welche Uhrzeit, aus dem Schlaf wecken und du kannst noch im Nachthemd eine überzeugende, mitreißende und packende Rede halten. Ich könnte dir sogar ein völlig fremdes Thema geben und du würdest die Menschen begeistern. So einfach kann es gehen.

> Wer faul sein will muss schlau sein

Über die vielen praktischen Jahre auf der Bühne hat sich dann nach und nach die STAGE-Methode© herauskristallisiert. Sie hat sich mittlerweile mehrfach bewährt und ist auch die Grundlage unserer Feminess® Speaker School, nach der wir ausbilden. Mit dieser Methode wird dein Inhalt viel einfacher, aber vor allen Dingen noch nützlicher für das Publikum transportiert. Vergiss auch nie: Über Infotainment lernt es sich lieber. Und Infotainment beinhaltet auch Animation.

Bevor ich sie dir im Detail erkläre, findest du hier schon mal die Kurzform:

**Wie du eine starke Bühnenperformance entwickelst mit der STAGE-Methode©:**

1. DEIN START UND DEINE STORY

   Erzähle deine wahre SIGNATURE-STORY, die dein Leben verändert hat (Wendepunkt)! Oder eine Heldenstory, die das Leben deiner Klienten verändert hat! Aber bitte nur eine Szene daraus und nur maximal 20% der Gesamt-Vortragszeit! Aber bitte nur, wenn diese Story exemplarisch auf dein Thema einzahlt und es anschaulicher macht.

## 2. DEINE STATEMENTS UND DEINE LÖSUNGEN

Was hat jetzt das Publikum davon? Ziehe deine persönlichen und allgemeinen ERKENNTNISSE (Statements) aus der Story und präsentiere d/eine wirklich nützliche und innovativen LÖSUNG die Zuschauer! Erkenntnisse sind allgemeine Behauptungen, die das Gegenteil deines in diesem Vortrag aufgemachten Problem beschreiben. Daraus ergeben sich wirklich nützliche Tipps, die dein Publikum bestenfalls gleich morgen sofort umsetzen kann. Je konkreter, desto besser.

## 3. DEINE BEWEISE UND DEINE ÜBUNGEN

Untermauere deine Erkenntnisse mit ZDF – ZAHLEN, DATEN, FAKTEN (z.B. eine Studie oder interessante Medienberichte). So „beweist" du auch von anderer Seite, dass deine Thesen zu deinem Thema nicht nur relevant sind, sondern auch ein öffentliches Thema ist. Es ist immer hochinteressant, auch andere Meinungen zu hören. So werden deine Statements und deine Lösungen „indirekt" bestätigt.

## 4. DEINE INTERAKTION UND DEIN HUMOR

Finde deinen ureigenen „Mutterwitz" (Humor), sei authentisch und interagiere mit dem Publikum! Wie im richtigen Leben geht mit Humor alles besser und deutlich leichter. Das Publikum lacht und schmunzelt einfach gern. Das hält nicht nur wach, sondern steigert auch die Lust, etwas zu lernen. Und wenn du deinen Vortrag auch noch durch wirklich gute, einfache und innovative Übungen würzt, die ebenfalls auf dein

Thema einzahlen, aktivierst du alle Sinne und Ebenen im Publikum. So wirst du mit deinem Thema unvergesslich.

## 5. DEIN PRÄSENT UND DEINE BOTSCHAFT

Mach deinem Publikum ein nützliches GESCHENK und beende deinen Vortrag mit einer glasklaren und starken BOTSCHAFT! Durch dein Präsent bleibst du mit deinen Kunden langfristig in Kontakt, wenn du deren E-Mail-Adresse dadurch erhältst. Wichtig ist nur, dass du einen wirklichen Mehrwert mit deinem Präsent bietest und immer noch keine Werbung für deine Anschlussprodukte machst. Das baust du dir nach und nach in einem sympathischen Funnel-System auf. Und vergiss bitte niemals eine am Ende aufflammende und starke Botschaft, die als „letzte Worte" im Saal oder auf dem Sofa nachklingen. Das hinterlässt einen starken Eindruck. Und die Botschaft ist niemals ein „Danke" .

In meiner eigenen einjährigen Ausbildung zur Speakerin habe ich einmal während einer Übung ein Wort vorgegeben bekommen, über das ich jetzt und sofort einen Vortrag halten sollte. Das Wort war: „BLAU". Okay ... dann habe ich halt einen Vortrag über die Farbe BLAU gehalten. Unfassbar, was einem alles einfällt, wenn man erst einmal losgelegt hat. Ich hätte stundenlang weiterreden können. Damals allerdings noch ohne Methode. Ehrlich gesagt weiß ich gar nicht mehr genau, ob das ein gelungener Test-Vortrag war oder nicht. Wahrscheinlich war er nicht der beste, aber auch nicht der schlechteste. Damals noch frei nach meinem alten Schulmotto: „Nicht die Besten, aber die Lustigsten!" Die Übung hat mir gezeigt, ich kann reden! Grundsätzlich und immer. Es fällt einem immer etwas ein. Aber professionell wird es erst, wenn es Sinn macht, du etwas damit bezweckst und es eine Wirkung beim Publikum hat.

Hier ist vorab auch eine kleine Übung für dich: Bitte halte jetzt völlig unvorbereitet noch OHNE Methode einen kurzen Vortrag (drei Minuten) über die Farbe ROT. Nimm ihn auf deinem Handy über die „Sprachmemos" auf. Ganz spontan. Was immer dir dazu einfällt. Dann erst arbeite die STAGE-Methode© durch. Danach halte noch einmal den Vortrag über die Farbe ROT. Nimm auch diesen Kurzvortrag auf und du wirst den Qualitätsunterschied sofort erkennen und merken, wie gut du geworden bist.

Jetzt geht es los mit der ausführlichen STAGE-Methode©.

## STEP 1: DEIN START UND DEINE STORY

### Noch 5 Sekunden bis zum Auftritt

Jetzt wird es ernst! Wenn du im Backstage-Bereich stehst und hörst, wie du anmoderiert wirst, ist es endlich so weit. Puh ... tief atmen... tief atmen, tief atmen! Erinnere dich weiterhin an dein Zustandsmanagement. Denke nur an deinen Vortragseinstieg, nicht an den ganzen Vortrag. Schüttele noch einmal deinen Körper oder schaue an die Decke, damit sich dein Blick weiter öffnet, aber vor allen Dingen FREUE dich auf die Menschen. Achtung: Informiere bitte auch dein Gesicht, dass Freuen LÄCHELN bedeutet. Viele sind dermaßen angespannt, dass sie genau das vergessen. NEIN. Du bist fröhlich, egal wie ernst dein Thema ist.

„Bühne frei für ..."

Jetzt komme dynamisch auf die Bühne und GO!!!

THE SHOW BEGINS

## So gehst du auf die Bühne

Jetzt ist also der Moment, in dem du auf die Bühne kommst. Energiegeladen, aufgeregt, optimistisch, freundlich, lächelnd, motivierend und frohen Mutes. Ich persönlich bediene mich immer eines kleinen psychologischen Tricks, indem ich mir den Saal als ein sehr nettes Wohnzimmer vorstelle, in dem nur liebe Menschen sitzen, die mich mögen. Alles andere lasse ich gar nicht zu. Ich bestimme einfach für mich, dass die mich mögen. Egal, wie zurückhaltend sie alle aussehen. So bin ich immer der Meinung, ich werde herzlich willkommen geheißen. Toll. Das spiegelt sich gegenseitig. Insofern hast du es selbst in der Hand, ob du eher skeptisch empfangen wirst, ablehnend oder in herzlicher Erwartung. Alle freuen sich auf dich. Ja, das stelle dir bitte immer vor, dann ist es in der Regel auch so. Öffne deine Seele für das Publikum. Zeig dich verletzlich (aber nicht als Opfer). Zeig dich menschlich. Schütze dich nicht so sehr. Das brauchst du auf der Bühne nicht. Mache nicht zu, sondern auf. Auf diese Weise freue ich mich immer sehr auf mein Publikum. Alles liebe Menschen, die es nur gut mit mir meinen. Du kommst also „nach Hause", in einen sehr geschützten wohlwollenden und geborgenen Raum. Schon hast du eine ganz andere Energie.

Natürlich muss dein Vortrag jetzt auch halten, was du schon so energetisch versprochen hast. Ansonsten kann es schnell kippen.

## Die ersten Sekunden auf der Bühne

> Gib immer 100%! Außer, du spendest Blut

Bevor du auf der Bühne zu sprechen beginnst, stelle dich bitte erst einmal hin, nicht vor! Suche dir einen festen Standpunkt! Stelle dich mit beiden Füßen fest auf den Boden. Es gibt viele Kollegen und Kolleginnen, die bereits auf der Bühnentreppe anfangen zu reden. Fürchterlich. Das ist so, als ob du noch nicht in einem Raum wärst, aber schon in der Tür anfangen würdest, auf die Menschen einzureden. Nein. Das ist unhöflich und zeigt nur deine Unsicherheit.

Bitte komme erst einmal an.

Starte mit einer *energetischen (!) 3-Sekunden-Begrüßung.* Nimm erstmal Blickkontakt mit dem ganzen Saal auf. Schaue dir dein Publikum freundlich erwartend an. Stehe erst einmal fest auf der Bühne und lasse deinen Blick von rechts nach links oder umgekehrt schweifen. Schaue den Menschen möglichst in die Augen. Natürlich nicht allen. Meine es wirklich ernst, dass du jetzt froh bist, hier auf der Bühne zu sein und eine gute Zeit mit deinem Publikum verbringen zu können. Aber bitte auch nicht zu lang. Das alles geht innerhalb von maximal 3 Sekunden. In der Feminess® Speaker-Ausbildung üben wir immer und immer wieder, richtig auf eine Bühne zu gehen und auch wieder richtig herunterzugehen. So nimmst du energetischen Kontakt mit deinen Gästen auf. Ich finde das sehr respektvoll den Menschen im Publikum gegenüber. Wie war das noch? Das, was du auf der Bühne fühlst, fühlt auch dein Publikum. Ja, und dann geht es endlich los!

### Finde deinen gekonnten Einstieg

Es gibt verschiedene Möglichkeiten, deinen Vortrag zu beginnen. Wichtig und vor allen Dingen entscheidend ist die allererste Minute deines Vortrags. Je interessanter, spannender oder auch überraschender du deinen Vortrag beginnst, desto höher die Wahrscheinlichkeit, dass die Menschen auch wirklich LUST auf deinen Vortrag bekommen und sich für dich positiv und interessiert öffnen.

Wenn du im Hochstatus bist und du setzt noch einen drauf, indem du dich selbst auch noch hebst, wirkt es irgendwann überheblich. Überheblichkeit ist meist immer ein Zeichen von Unsicherheit. Außerdem macht Überheblichkeit die anderen Menschen symbolisch kleiner. Es kann keine echte Partnerschaft und Verbindung mit dem Publikum entstehen, wenn du dich so über sie erhebst. Echte Experten brauchen das nicht.

Bitte starte deinen Vortrag auch NIEMALS mit: „Herzlich willkommen. Wie schön, dass Sie alle so zahlreich erschienen sind!". Das gehört eher in einen Fachvortrag oder auf eine Tagung, aber niemals in einen Impuls-Vortrag.

Sage jetzt ein bis zwei aktuelle, einleitende Sätze, zum Beispiel zu dem Vorredner oder zum aktuellen Tag oder etwas anderes, was dir gerade passend erscheint. Aber bitte: Starte deinen Vortrag NIEMALS, ich wiederhole: NIEMALS mit einer Entschuldigung. Dashabe ich schon so oft gehört. „Hach, eigentlich wollte ich ja eine PowerPoint mit dabei haben .. " Oder „Tut mir leid, dass ich so spät dran bin." Mach dich auch niemals selbst klein: „Oje, so viele Menschen hier." Was auch immer. NEIN.

Starte ganz normal deinen Vortrag. Egal, was auch immer passiert ist. Okay, wenn du ohne Hose auf die Bühne gehst, solltest du eine witzige Story drum herum bauen. Wir sagen dann immer: BEGINNE MIT DEM OFFENSICHTLICHEN. Ansonsten ist das Publikum über den gesamten Zeitraum hinweg damit beschäftigt, was es sieht und ist weniger inhaltlich dabei. Löse es auf, damit die Luft rein ist.

Du hast eine Glatze? Finde einen witzigen Spruch dazu. Du kommst mit Krücken auf die Bühne? Lass dir auch dazu einen humorvollen Aufhänger einfallen. Ich mache immer gern ein paar nette Witzchen über mein Gewicht, damit das Publikum weiß: „Aha, ihr ist bewusst, dass sie dick ist. Und sie hat kein Problem damit, dass sie dick ist. Ein Glück. Na, dann kann es ja losgehen." Ansonsten wären sie ausschließlich damit beschäftigt, zu überlegen: „Wie kann man als Dicke nur erfolgreich sein und UNS etwas erzählen wollen?" Also - erst einmal auflösen, damit die Energien frei sind. Aber bitte nur kurz und auch wirklich charmant, eloquent und geschickt. Und niemals entschuldigend. Überlege dir einen wirklich guten Einstieg. Dieser Einstieg kann über deinen gesamten Vortragserfolg entscheiden.

### Niemals selbst vorstellen

Grundsätzlich gilt: Bitte stelle dich niemals selber vor, wenn du auf der Bühne stehst. In der Regel weiß das Publikum, wer du bist. Du wurdest ja entsprechend anmoderiert. Außerdem wirst du mit deinem Vortrag im Programm gestanden haben. Unterschätze niemals das Publikum. Es ist überwiegend vorbereitet. Ich weiß, verschiedene Redner-Schulen in Deutschland lehren das anders. Sie sagen: „Starte mit deiner Kern-Expertise, sag deinen eigenen Namen und mach glasklar deutlich, welche Expertin sie da vor sich haben." Ich persönlich sehe das anders. Gerade, weil du Expertin auf deinem Gebiet bist, brauchst du das nicht mehr. Als Referentin sind wir ja sowieso schon im Hochstatus. Wenn wir uns auch noch selber heben und erzählen, was wir schon alles erreicht haben, erzeugen wir beim Publikum eher eine Antipathie als eine sofortige Akzeptanz. Außerdem wurde die geballte Kompetenz bereits in der Anmoderation von jemand anderem verlesen, was eine viel größere Wirkung hat. Es ist immer leichter, wenn jemand anderes etwas Gutes über dich sagt, als wenn man es selber tut. Grundsätzlich ist natürlich alles erlaubt. Ich spreche hier nur Empfehlungen aus.

### Der Start mit einer unerwarteten Tief-Status-Story

Besser ist es, wenn du am Anfang deines Vortrags in einen TIEF-Status gehst. Das muss überhaupt nicht negativ sein, denn die meisten Scheiter-Storys sind in der Regel äußerst humorvoll. Das kannst du auf unterschiedlichen Wegen erreichen. Zum Beispiel indem du eine gute Geschichte erzählst, die dich eben nicht als Heldin darstellt, sondern vielleicht ganz im Gegenteil. Immerhin hast du ja einen Weg aus deinem Tief gefunden. Insofern bist du definitiv einen Schritt weiter als das Publikum. Oder du startest mit einer kleinen Anekdote, die dir gerade eben oder heute passiert ist, die genau das Gegenteil von dem verspricht, worüber du gleich einen Vortrag hältst. Du sollst dich natürlich nicht selbst schlecht machen. Es geht darum, dass du anhand einer passenden Story genau erzählst, dass du diese Problematik sehr wohl kennst. Eben nicht nur akademisch, sondern ganz praktisch. Die Menschen lieben es, wenn du dich als ausgewiesene Expertin ganz menschlich zeigst.

### Positive Klischees über Regionales

Regionales funktioniert sehr gut, denn die Menschen lieben ihre Heimat und mögen es sehr, wenn das auch erwähnt wird.

„Endlich kann ich hier in Bayern einen Vortrag halten. Ich habe als Norddeutsche auch extra einen Kurs für ‚Bayrisch für Anfänger' gebucht und Folgendes gelernt *(Dialekt nachmachen)*:

‚A SO A SCHMARRN!', ‚JA, MEI', ‚DO LEGST DI NIEDA!', ‚PACK MA'S!' Und? Wie war ich?" Ja, es ist so wichtig, dass wir uns alle richtig verstehen, denn sind es nicht die Missverständnisse in der Welt, die uns die ganzen Probleme bringen? Wenn eine Frau zum Beispiel zu ihrem Mann sagt: „Hör mal Schatz, die Grillen..." und er ihr antwortet: „Wo denn? Ich rieche nichts!".

Wäre die Welt nicht deutlich einfacher und sehr viel friedlicher, wenn wir uns alle besser und richtiger verstehen würden? Genau darüber möchte ich heute sprechen ... Da fällt mir gerade ein, dass ich mal ... *(Story fängt an).*

### Humorvoller Einstieg als Eisbrecher

Ich persönlich fange immer gern mit einem kurzen und knackigen Schmunzler an, der etwas Aktuelles aufnimmt und das ausspricht, was andere auch beschäftigt. Neulich habe ich meinen Vortrag über „Bewegende Vorträge halten" so begonnen:

„Was bin ich froh, wenn die Abstandsregeln *(wegen Corona)* wieder aufgehoben werden *(alle nicken zustimmend!)* und ich als Norddeutsche endlich wieder ganze 3 m Abstand halten darf." *(Alle lachen)*

Danach habe ich das Wort „Abstand" kurz aufgegriffen, welches auch gleichzeitig mein Einstieg in meinen Vortrag war, denn was ist das Gegenteil von Abstand? Richtig: NÄHE. Also war genau das mein Stichwort, um in meinen Vortrag zu kommen. Nähe ist eines der wichtigsten Voraussetzungen für eine gute Publikum-Speaker-Beziehung, die es braucht, damit der Vortrag auch wirklich bewegend wird.

**Start mit einer echten Neuigkeit**

Auch eine innovative Idee macht deinen Vortragsstart superinteressant. Beginne mit einer echten Nachricht, die du eben gehört hast. Oder die du gestern Abend noch im Hotel gegoogelt hast. „Der Trendforscher XYZ behauptet doch tatsächlich, dass bereits in 10 Jahren alle neu produzierten Fahrzeuge per einfachem Knopfdruck täglich die Farbe und das Muster ganz nach deiner persönlichen Wahl wechseln können. Ja ... wirklich wahr. Heute fährst du einen pink-grau-gepunkteten Wagen und morgen fährst du einen grün-gelb-gestreiften Wagen. Unfassbar, oder? Ja, so ist das mit der schnelllebigen Zeit und den Innovationen. Sie überrennen uns geradezu. Und deshalb ist es so wichtig, auch in deinem Business zu schauen, welche Innovationen in deiner Branche jetzt anstehen, damit sie dich ja nicht überholen. Und genau darüber möchte ich heute sprechen ... Findest du das Thema interessant?"

Jetzt entsteht im Inneren des Publikums ein großen JA... Das ist ein gutes Entrée für dich.

**Beginne gnadenlos ehrlich**

Meistens nehmen wir unseren ganzen Mut zusammen, um auf einer Bühne souverän, sicher und unerschrocken zu wirken. Wie es in unserer Seele in dem Moment aussieht, verstecken wir gut. Dennoch können wir es gerne ansprechen, wenn wir uns natürlich nicht selbst zum Opfer machen. Das Schlimmste, das passieren kann, ist, dass das Publikum Mitleid mit dir als Speakerin hat. Mache dich also niemals klein oder entschuldige dich. Niemals bitte. Dann ist deine Vortragszeit verfehlt und du hast deine Verantwortung nicht genutzt. Du bist dafür da, dass du den Menschen Lösungen bringst. Aber ehrlich und authentisch zu sein unterstreicht sogar deine Expertise. Du könntest zum Beispiel so anfangen *(Aber bitte immer ehrlich bleiben. Es muss wirklich so gewesen sein! Dies ist nur ein Beispiel):*

„Als ich heute morgen hier im Hotel aufgewacht bin, wollte ich am allerliebsten sofort wieder abreisen. Ich sage es ganz offen, ich habe regelrecht Schiss bekommen, hier und heute über dieses Thema zu sprechen. Nicht weil ich Angst vor der Bühne oder vor euch habe ..., okay, ein bisschen vielleicht ... Nein, eher weil ich in diesem Vortrag einige Kontroversen sagen möchte, die ich noch nicht so oft öffentlich gesagt habe. Und ich weiß nicht, wie ihr darauf reagieren werdet, denn es ist ein sehr spirituelles Thema. Ich glaube ja ganz fest an intuitive Gedanken und Gefühle und achte auch sehr darauf. Und vielleicht kennst du das ja auch mit den ersten Gedanken am frühen Morgen? Was war dein erster Gedanke heute früh, als du aufgestanden bist? Kannst du dich noch daran erinnern? Wie wachst du jeden Morgen auf? Gehen deinen Augen von alleine auf oder wirst du äußerst unsanft aus dem Schlaf gerissen? Hast du positive und liebevolle Gedanken oder denkst du schon mit Sorge und Druck an alles, was dich erwartet?" *(Und schon bist du mitten im Vortrag und hast eine ehrliche, authentische und schöne Energie im Saal geschaffen.)*

## Die 3-Fragen-Technik

Immer wieder und sehr beliebt ist die typische 3-Fragen-Einstiegs-Technik. Sie funktioniert immer nach einem gleichen System: Du stellst zwei kurze Fragen, die dein Thema betreffen und einleiten. Die dritte Frage BRICHT dann das System und enthält eine humorvolle Variante, wie zum Beispiel etwas völlig Unerwartetes oder etwas komplett Gegenteiliges:

Frage: Wie laufen Ihre Meetings in Ihrem Unternehmen so ab?

1. Konstruktiv?
2. Kooperativ?
3. Oder doch mit dem Chef?

Der Klassiker ist auch immer diese Fragen-Technik:

1. Wer von euch hat schon mal einen Vortrag gehalten?
2. Wer von euch möchte einen noch besseren Vortrag halten?
3. Und wer von euch hasst es, solche Fragen zu beantworten?

**Beginne mit einer rhetorischen Frage**

Eine rhetorische Frage verlangt keine direkte Antwort. Du stellst als Rednerin eine Frage in den Raum, die das Publikum im Herzen für sich beantwortet. Es ist ein Gedanke, über den du selbst nachdenkst – und damit auch das Publikum.

„Glaubst du auch, dass altmodische Begriffe wie ‚Anstand' und ‚gesunder Menschenverstand' in der heutigen Zeit noch oder wieder wichtig sind? Ich persönlich glaube aus meiner tiefsten Seele daran, denn ich habe eine starke Sehnsucht danach. Eine tiefe Sehnsucht nach den alten Werten. Eine tiefe Sehnsucht nach Würde und Ehre. Eine tiefe Sehnsucht nach Toleranz und Respekt. Und genau darüber möchte ich heute sprechen. Ich möchte heute mit dir darüber sprechen, was du explizit tun kannst, um am Ende selbst genau das zu bekommen, was du dir am meisten verdient hast: wahrhaftige Wertschätzung. Möchtest du das erfahren?"

**Kündige niemals eine Story an!**

Erzähle sie einfach! Gute Starts für authentische Geschichten könnten sein: „Das erinnert mich daran, wie ich neulich ..." oder „Vor kurzem habe ich in einem Fernsehbericht gesehen ..." Am besten nimmst du einen echten Aufhänger: „Vor drei Jahren stand im Handelsblatt folgender Artikel …". (Natürlich bezieht sich dieser auf das, was nun im Vortrag folgt.)

Ansonsten erzähle immer die eigenen Geschichten oder die deiner Kund/innen, Freund/innen oder Ähnlichem erzählen. Niemals aber etwas Konstruiertes oder eine Story, die du bei anderen gehört hast und jetzt als deine eigene ausgibst, nur weil es besser klingt oder zieht. Du wirst dem auf Dauer nicht standhalten können. Das kommt leider öfter vor, als man denkt.

Ganz schlimm ist auch: „Ich erzähle dir jetzt mal eine Geschichte." O GOTT ... Was nun wohl kommt! Erzähle sie bitte einfach und kündige sie nicht an! Auch schon gehört: „Ich möchte dir jetzt ein Märchen erzählen ..." Hilfe, wo bin ich denn hier? Bitte beleidige nicht meine Intelligenz. Wenn du deine Story tatsächlich in ein Märchen verpacken möchtest (das ist natürlich auch möglich, aber nur, wenn es echt gut gemacht ist), dann kündige es niemals an. Stattdessen findet sich das Publikum plötzlich in einer Märchenwelt wieder. Das wäre viel spannender.

Noch schlimmer finde ich solche Varianten, die Folgendes verkünden: „In den kommenden eineinhalb Stunden erzähle ich dir, wie dieses und jenes ..." O GOTT ... Ich fühle mich gefangen und wie in der Schule. Lege einfach mit deinem Vortrag los, bitte.

In Hollywood-Filmen gibt es auch keinen Ansager, der die Szenen während des Films ankündigt („Achtung, jetzt kommt eine Bettszene!") oder erzählt, was als Nächstes passieren wird. Dann wäre die ganze Spannung dahin. Da PASSIERT einfach eine HANDLUNG! So ist das auch in unseren Vorträgen. Fange einfach an! Ziehe mich als Publikum mit hinein in deine Welt. Mache es spannend. Lass mich staunen. Lasse mich emotional mitfiebern, bevor es in den Content-Teil geht. Lasse mich innerlich mit dir verbünden, weil ich das kenne, was du da gerade erzählst. Lass mich als Publikum in deinem Gesagten wiederfinden und mich mit dir identifizieren. Bau eine Fallhöhe auf und ich hänge mit meinen Augen an deinen Lippen. Gib mir eine Verheißung und eine Hoffnung, dass alles gut werden kann. Dass es eine Lösung für mein Problem gibt. Dass ich nicht allein bin mit meinen Problemen. Ja, mache mich heiß und gib mir etwas zum Nachdenken, damit ich mir meine eigene Meinung bilden kann. Dann erlöse mich mit deiner Lösung, die du mir erzählst. Puh ... danke ...

## Gute Überleitungen zwischen den Abschnitten finden

Geschmeidige Übergänge zwischen deinen einzelnen Vortragsabschnitten der STAGE-Methode© zu verbinden, machen deinen Vortrag erst so richtig rund. Sie sind das Schmiermittel, die alles zusammensetzen. Je unauffälliger du deine Slots zusammenfügst, desto besser wird dein Vortrag.

MERKE aber: Wir sind IMMER EHRLICH auf der Bühne! Nur diese kleinen Überleitungshelfer wie zum Beispiel „Neulich habe ich... " oder Ähnliches dürfen wir schon mal verwenden.

Ansonsten helfen immer solche einfachen Sätze, wie „Ich möchte dich daran erinnern, dass..." Oder auch: „Das erinnert mich daran, wie ..." Oder auch einfach mal eine Behauptung aufstellen: „Ich behaupte, dass..." Oder auch: „Stell dir mal vor, als ich vor 2 Wochen..." Eine gute Überleitung kann auch eine kleine Denkpause deinerseits sein. Du musst nicht die ganze Zeit „feuern". Du kannst dich auch mal sammeln und einen energetischen Wechsel auf der Bühne machen. Das wird besonders bei der bei der Einleitung für die Botschaft wichtig. Zwischenfragen, die du dir selber stellst, könnten ebenfalls eine gute Einleitung zum nächsten Part deines Vortrags kommen. „Aber wie schaffst du es jetzt, dein Business auf das nächste Level zu heben?" Oder auch: „Da habe ich mir selbst die Frage gestellt, ob ..." Auch Interaktionen mit dem Publikum sind wunderbare Überleitungen: „Danke für diese Frage, die mich gleich auf das nächste Thema bringt ..."

Denke aber immer dran: Je authentischer du bist, desto glaubwürdiger bist du.

## Die Story, die den Wendepunkt gebracht hat

Nachdem du ein tolles Intro gefunden hast, macht es Sinn sofort mit einer spannenden Story zu starten. Finde jetzt deinen gekonnten Einstieg und erzähle deine wahre Signature Story. Banne dein Publikum mit einer authentischen Story, die aber unbedingt auf dein Thema einzahlt. Nichts anderes. Storys sind nur dafür da, dass sie dein Thema unterhaltsam deutlich machen und über die aufgemachten Bilder verständliche und unvergessliche AHA-Effekte für die gleich zu lösenden Probleme erzeugen.

Beschränke dich bei deiner beispielhaften Story aber immer auf die eine „Schlüsselszene", die dein Leben wirklich verändert hat (Wendepunkt). Oder auf eine Heldenstory, die das Leben deiner Klient/innen verändert hat. Aber bitte nutze für dieses Storytelling maximal 20 % von der Zeit, die du für den gesamten Vortrag zur Verfügung hast. Der Rest ist Content, Content, Content für das Publikum. Wie sich der 80-%-Teil gelungen zusammensetzt, erfährst du auf den nächsten Seiten.

Viele kommen aus ihrer eigenen Story nicht mehr heraus und schon wird es eine EGO-Nummer. Nur wenn diese Story auf das einzahlt, was du im späteren Teil an Lösungen präsentieren möchtest, macht es Sinn, sie zu erzählen.

Erzähle diese Story im Präsens. Feile die Fallhöhen stark heraus, bleibe aber auf jeden Fall bei der Wahrheit. Reduziere sie auf das Allernötigste, aber mache sie spannend. Das Auditorium darf an deinen Lippen kleben, wenn du sie erzählst. Am allerbesten ist es, wenn deine Story einen AHA-Effekt beim Publikum auslöst. So wird dein Wendepunkt unvergesslich und bekommt schon von Anfang an einen hohen Nutzen für die Menschen.

Ich sage immer: Alles ist wie ein Spiegel. Die Menschen möchten sich in dir wiedererkennen. Du sprichst die Emotionen und Themen aus, die sie selbst in sich tragen. Das ist dein Job auf der Bühne. Natürlich gibst du später eine entsprechende Lösung an das Publikum weiter, welche wirklich einen hohen Nutzen für sie hat.

Deine Story zahlt immer auf dein Thema ein!

Bitte erzähle diese Story NIEMALS biografisch. „Und dann habe ich dies ... und dann habe ich das ... Als ich dann geheiratet hatte, dann .... Aber nach der Scheidung konnte ich endlich ... Und dann habe ich noch diese Ausbildung gemacht." Laaangweilig!!!

**Starte gleich mit der einen Szene!**

Bitte mache keine langen Erklärungen, die zu dieser einen Szene führen. Fange einfach mit einem kurzen Einleitungssatz an. Es ist nicht interessant oder wichtig, wie du in diese Situation gekommen bist. Im Zweifel kannst du es später auflösen. Aber bitte nicht vorher. Beschreibe die Szenerie, damit sich bei mir ein Bild im Kopf ergibt. Du holst mich jetzt als Publikum direkt in die Situation zurück, so dass ich sie miterleben kann.

Wenn du diese wichtigen Grundregeln beherzigst, wirst du niemals nur einen schalen Höflichkeits-Applaus ernten.

**Was ist eine Signature Story?**

Eine Signature Story trägt deine Signatur. Sie ist eine Geschichte, oder besser gesagt nur die eine SZENE, die nur du so erlebt hast – und an die sich jede/r erinnert und ausschließlich mir dir in Verbindung bringt, wenn er oder sie nur einen Begriff oder deinen Namen hört. Diese Story gibt es in dieser Form nur einmal. Diese SZENE sollte allerdings fest mit einem konkreten Thema verknüpft sein, wofür sie stellvertretend steht. Sie spricht das (anders) aus, was du eigentlich sagen möchtest.

In meinem Fall ist es meine „Boss-Story", weil er mir vor vielen Jahren wirklich das Leben gerettet hat, die ich dir auf den nächsten Seiten vorstelle.

**Wie findest auch du deine Signature Story?**

- Welche Schlüssel-Geschichte hast du?
- Welcher MOMENT war dein Wendepunkt im Leben?
- Hast du eine besonders kuriose oder humorvolle Story?
- Welche SEKUNDEN haben dein Leben verändert?
- Welche SITUATION hat dir etwas besonders klargemacht?
- Was war die größte LEHRE für dich? In welcher Situation warst du da?
- Wer oder was hat dich aus einer schlimmen Situation geholt?
- Welche konkrete Situation hat diesen Durchbruch gebracht?
- Welche Geschichte ist absolut typisch für dich? Welche Szenen lassen ein konkretes LEBENSMUSTER erkennen?
- Welche Geschichte ist so eng mit dir verknüpft, dass sie jeder mit dir identifiziert?
- An welche Geschichte, die du schon vor Jahren erzählt hast, erinnern sich die Menschen heute noch?

Wenn du eine Story erzählst, dann erzähle sie so, dass in den Köpfen der Menschen ein richtiges KOPFKINO entsteht. Ein regelrechter Film sollte in der Fantasie deines Publikums ablaufen. Dann wird deine Story unvergesslich sein. Beschreibe sie also sehr gut.

**BEISPIEL: Monicas Signature-Story mit Mr. Bruce Springsteen**

Eine Story aufzuschreiben ist natürlich noch etwas anderes, als sie auf einer Bühne zu erzählen. Schriftsprache ist nun mal anders als Sprechsprache, dennoch wirst du erkennen, wie ich meine Story aufgezogen habe. Ich erzähle sie so, wie ich sie auch auf der Bühne erzähle und erkläre dir, was ich dabei mache. In der Regel kommt diese Story sehr gut beim Publikum an, um nicht zu sagen, dass ich damit regelrechte Schenkelklopfer erzeuge. Sie steht natürlich nur als Beispiel. Du gestaltest deine Story bitte so, wie du es möchtest. Jeder hat seinen eigenen Stil. Bitte kopiere niemals die Art von anderen. Mache es so, wie es zu dir passt. Dennoch helfen manchmal Beispiele.

Wenn du denkst: Naja ... ich habe nicht so eine tolle Story ... STOPP. Doch, hast du. Hat jeder.

Auf geht's:

*{Ich gehe freudig erregt und strahlend auf die Bühne ... Ja, ich freue mich wirklich auf mein Publikum. Ich fange meinen Vortrag eigentlich immer recht beiläufig an, indem ich erzähle, was für ein schöner Tag heute ist, so wunderbare Menschen hier sind und alles insgesamt trotz der aktuellen Situation gut ist.}*

„Uns geht es wirklich gut. *{Hier baue ich noch den ein oder anderen Joke ein, wie zum Beispiel:}* Obwohl diese Stühle hier im Saal durchaus durch bequeme Massagesessel ausgetauscht werden könnten. Ich spreche mal mit dem Manager... *{... wenn das Publikum schon lange sitzt. Hier entsteht der Joke durch mein schmerzerfülltes und grummeliges Gesicht sowie meiner Geste an den schmerzenden Körper. Hier verbünde ich mich mit dem Publikum „gegen" den Veranstalter auf charmante Art und Weise. Aber Achtung: Das klappt nicht immer mit diesem Spruch. Meine Jokes am Anfang sind immer situationsabhängig.}* Nein, aber ehrlich: Was geht es uns gut. Trotz der ganzen Krisen in letzter Zeit. Ich erinnere mich aber auch an Zeiten, wo es mir durchaus nicht so gut ging wie heute. Und das war sogar noch vor Corona-Zeiten. Wer kann sich noch an die Zeit VOR Corona erinnern? *{Interaktion mit dem Publikum.}* Ja, die gab es tatsächlich. Für alle jungen Menschen im Saal: Damit ist <u>nicht</u> der zweite Weltkrieg gemeint. *{Kleiner Joke, den ich ziemlich stark betone.}* Es waren 70 Jahre voller Ruhe, Frieden und Wohlstand. *{Meine Stimme wird sanft}* Und dennoch waren sie nicht leicht. Unfassbar eigentlich, oder? *{An das Publikum gerichtet.}*

Ich erinnere mich noch genau, wie ich eines Tages auf meinem Jammer-Sofa saß, nachdem ich tatsächlich so einige ‚heilige Arschtritte' habe einstecken müssen. *{Viele schmunzeln jetzt über den von mir erfundenen etwas mutigen, aber treffenden Begriff.}*

Ich liebe Jammer-Sofas. Wer hat auch so eins zu Hause? Wer kennt Bridget Jones aus dem Film: „Schokolade zum Frühstück"? *{Schon wieder eine Frage ans Publikum und ich zeige ein Bild von dem Sofa aus dem Film.}* Die hat original so ein Sofa wie ich auch zu Hause. Das sieht genau so aus. Ja, ich habe es mir dort so richtig gemütlich gemacht.

Und wer hatte schon mal einen oder mehrere ‚heilige Arschtritte' im Leben, also Schicksalsschläge? *{Sehr viele melden sich.}* Boah ... ja genau. Fast alle. Unfassbar. *{Bitte immer die ungefähre Anzahl aussprechen für alle, die vorne sitzen, damit sich nicht alle umdrehen müssen.}*

Ich selbst werde nie vergessen, wie sich jedoch ganz plötzlich mein Leben innerhalb von einer Sekunde auf diesem Jammer-Sofa komplett verändert hat. 1 Sekunde! *{Ich gebe dem noch mal eine Bedeutung, weil es wirklich so war!}* Innerhalb von einer Sekunde kann sich das ganze Leben komplett verändern. Kannst du dir das vorstellen? *{Sie müssen sich nicht immer melden. Nicken reicht auch. Hier erzeuge ich Spannung. Ich schaue auch ganz genau ins Publikum und sehe, wer nickt und wer nicht. Ich bin also im direkten Kontakt mit dem Publikum.}*

Ich sitze *{Präsens}* also bei mir auf meinem „Jammer-Sofa", habe meine Füße auf den Tisch gelegt und das Notebook liegt auf meinen Knien, um ein bisschen wahllos im Internet zu surfen. *{Ich beschreibe die genaue Szenerie und stelle die Situation auf der Bühne so gut es geht nach.}*

Rechts von mir steht auf dem Tisch die Apfelsaft-Schorle und links von mir liegt die Tüte Chips. Heute habe ich im Übrigen mein Leben umgestellt und die Tüte Chips steht rechts von mir. *{Haha ... kleiner Joke am Rande.}* Im Hintergrund läuft der Fernseher. *{Das ist die SZENEN-Beschreibung. Und ich spiele körperlich alles nach.}* Und plötzlich *{lautere Stimme}* sehe ich etwas im Fernsehen, was mich komplett packt. Komplett.

Es ist ein Mann, der da vor einem Mikrofon steht und der sich so unfassbar hässlich von unten blau anstrahlen lässt. Das hat meine Aufmerksamkeit erregt und ich denke noch: ‚Meine Güte ... kann man sich nicht etwas vorteilhafter ausleuchten lassen, wenn man schon mal im Fernsehen ist? Naja ...' *{abwertende Geste}* Doch dieser Mann steht vor diesem Mikrofon in einer Intensität, die mich plötzlich vollends umhaut. {*Hier zeige ein Foto von ihm im Hintergrund, wie er blau angestrahlt wird.*} Ich bin komplett gebannt und dann fängt er an zu singen, und ich weiß nicht, was da mit mir passiert ist. Ich liege *{zeigen}* mittlerweile auf allen Vieren vor dem Fernseher, um so dicht wie möglich dabei zu sein. Was ist das? Wer ist das? Er performt einen Song, der da heißt: ‚The Rising' *{große Geste}*, wo es wirklich darum ging, wieder aufzustehen. The Rising. Das heißt so viel wie: ‚Wieder raus aus dem Quark' als kleine norddeutsche Übersetzung. *{kleiner Joke}* Es war ... *{kein Präsens mehr}* Bruce Springsteen. Der absolute Weltstar mit heutigem Elvis-Status. Wer von euch kennt Bruce Springsteen? *{In der Regel gehen jetzt viele Hände hoch. Ja, ich bin noch mit meinem Publikum verbunden, auch oder gerade wenn ich meine Story erzähle.}*

Boah ... super ... ja, hier bin ich richtig. Ihr seid MEIN Publikum. Für die, die ihn nicht kennen *{wieder alle abholen}*, er hat früher ‚Born in the USA' oder auch „Streets of Philadelphia" gesungen und schafft es auch heute noch (zumindest vor Corona) mit seinen 70 Jahren, die ganz großen Stadien auf der ganzen Welt zu füllen. Das schaffen nur die allerwenigsten großen Künstler. Damals wusste ich das aber alles noch nicht. Mein damaliger Mann war zwar ein Riesen-Fan von ihm, aber ich nicht. Doch in diesem Moment hat er mich komplett gepackt. Es hat mich so tief in meiner Seele getroffen, dass auch ich plötzlich wieder absoluten Lebenssinn empfunden habe. Ganz tief in mir. Plötzlich war sie wieder da meine Kraft! Plötzlich wollte auch ich wieder aufstehen! Plötzlich hatte ich wieder Hoffnung! Monatelang hatte ich Stillstand. Ich hatte alles verloren im Leben. *{Hier kann ein bisschen Biografie kommen. Aber erst hier.}*

Ich habe wirklich sehr viel in kürzester Zeit einstecken müssen. Es kam eins nach dem anderen. Erst die Kündigung bei meinem Lieblingsarbeitgeber, bei dem ich 12 Jahre gearbeitet habe. Dann die nächste Kündigung, bei denen ich auch sehr gerne gearbeitet habe. Die beiden Unternehmen waren wie meine Familie. Und ICH musste gehen ... *{Hier bin ich richtig wütend und enttäuscht. Ich fühle das noch mal intensiv! Und dann Pause – Emotion geht wieder runter.}* Hier war es wieder, mein Thema mit der Ablehnung. *{Pause}* Dann ist in der Zeit auch noch meine zweite Mama gestorben, und etwas später ist mein Papa gestorben, und meine Katzen sind gestorben, und mein Mann hat mich verlassen, und mein Traum vom Kinderkriegen ist gestorben. *{Pause und noch mal fühlen.}* Alles innerhalb von 2 Jahren. Bam, Bam, Bam, Bam, Bam. *{Zeigen, wie es immer weiter abwärts ging.}* Und dann sitze ich plötzlich da als ehemalige Schicki-Micki-Vorstandsassistentin mit Chauffeur-Sonderrechten und eigener Kantine auf der schicken Vorstandsetage und war kurz davor, sogar auch noch meine Wohnung zu verlieren. ICH??? Ich war doch immer eine der Besten. Ich war doch immer eine der Engagiertesten. Ich war plötzlich im Leben einfach ... ÜBER. Keiner wollte mich. *{Pause}*

Plötzlich hatte ich keine Perspektive mehr im Leben. Keinen Lebenssinn mehr. Und auch keine Hoffnung mehr. Alle meine Ziele haben sich nicht erfüllt. *{Merkst du, wie die Emotion runtergeht? Es war wirklich genau so!}* Mich will doch scheinbar keiner. Scheinbar bin ich überhaupt nichts wert. *{Absoluter Tiefpunkt meiner Story. Hier habe ich durchaus oftmals Tränen in den Augen. Aber nicht, weil ich es produziere, sondern weil ich wirklich noch mal fühle. Und jetzt: noch mal eine Pause. Ich schaue immer wieder die Menschen im Publikum an und sehe, dass sie sich in der Story wiedererkennen. Endlich spricht es mal jemand aus. Normalerweise spricht man über diese Momente im Leben nicht.}*

DOCH PLÖTZLICH ... *{Pause – Spannungsaufbau – laut werden - Hoffnung keimt im Publikum auf.}*, innerhalb von einer Sekunde ... *{Pause}* hat sich mein gesamtes Leben total verändert. *{Pause. Positive und äußerst optimistische Stimmung.}* Jetzt war ich wieder DA! *{Energie-Level steigt und* *steigt. Meine ganze Körperspannung verändert sich. Ich spiele die Szene nach, wie sie wirklich war.}* Der Song hat mich rausgeholt aus der Lethargie und vom Jammer-Sofa. Ja, ich will auch wieder aufstehen. *{Entschlossenheit!}* Ja, ich will wieder mitmachen. Ja, ich will auch noch was tun. Ja, ich bin doch noch was wert für die Gesellschaft. *{Heldenreise beginnt mit diesem Moment des eigenen Selbstversprechens. Es war original genau so!}* Und dieser Song, genau diese eine Sekunde hat mein ganzes Leben verändert. Dies war mein absoluter Wendepunkt. Dies war das Ende meines Fallens. Von diesem Moment an hat sich alles in meinem Leben gedreht.

Ich sage immer, das war mein ‚Scarlett-O'Har- Moment'. Kennst du Scarlett O'Hara? Aus dem alten Film ‚Vom Winde verweht'? Der alte Hollywood-Südstaaten-Schinken? In der einen Szene, in der ihre ganze Farm mit dem schönen Anwesen abgebrannt war und sie in tiefster Verletzung die Erde mit ihrer Hand gegriffen hat und diese voller Schmerz in den Himmel gehoben hat und einen dramatischen Schwur ausgerufen hat: ‚Nie wieder Hungern!' *{Ich spiele die ganze dramatische Szene nach und jetzt kommt eine typische Fallhöhe, in dem ich aus dem Schwur körpersprachlich wieder rausgehe:}* Okay... das habe ich jetzt nun nicht eingehalten... *{und zeige auf meinen Körper. Alle lachen.}*

Aber ... ich habe in dieser Nacht ein tiefes Selbstgespräch mit mir geführt. In diesem Moment. Das war der Wendepunkt. Nicht der Song. Ja, ich bin doch noch etwas wert. Und ich werde mein Leben wieder aufbauen. Ich mache weiter. Ich komme zurück. Und wenn mich keiner haben will, dann mache ich eben mein eigenes Ding. *{Hier kommt in der Regel Applaus, denn das war die absolute STERNSTUNDE meines Lebens in Eigenverantwortung. Und das spüren die Menschen, weil ich emotional noch mal alles durchlebt habe. Die Bühne ist ein Spiegel.}*

*{Jetzt kommt ein BREAK in meiner Story. Ich wechsle den Platz auf der Bühne und richte mich aktiv und vertrauensvoll an das Publikum, als ob ich nur ihnen das erzähle, was jetzt kommt:}*

Jetzt kommt das Highlight:

Sieben Jahre später ... *{Pause – Spannung}*, ich bin natürlich mittlerweile ein riesiger BOSS-Fan geworden, wie man ihn auch nennt, bin wieder mal zu einem seiner Konzerte auf seiner Welttournee gefahren und zwar nach Mönchengladbach. Ja, mein Held, mein Retter, mein Vorbild. Ich musste natürlich gaaanz nach vorne an den Steg, um ihn ganz nah zu sehen. Das ist nicht immer ganz einfach, dort hinzukommen, spezielle Tickets kaufen, 2 Tage anstehen usw. Aber man ist mit 50 manchmal auch wieder wie mit 15 ... EGAL ... Ich wollte gaaanz vorne stehen. Und das tat ich auch. Fast direkt am Bühnensteg. Und dann kam er. Mein Retter, mein Held, mein Vorbild. Natürlich hat er ein megatolles Konzert hingelegt. Seine Konzerte gehen durchaus sehr intensiv minimum drei Stunden lang. *{Je nach Zeit fülle ich die Story noch mit mehr witzigen Details, die ich da erlebt habe. Aber ich halte die Story jetzt kürzer.}*

Und dann, stell dir vor ... *{Spannungsaufbau – jetzt kommt der Höhepunkt der Story}* kam dieser eine Moment ..., er steht *{wieder Präsens}* ganz oben auf der Bühne und ich sehe, dass er in meine Richtung schaut. Ich denke, er meint die drei Holländerinnen neben mir, mit denen er schon die ganze Zeit geflirtet hatte, und die ich mittlerweile abgrundtief hasse, aber nein ... er schaut wirklich in meine Richtung ... Ich denke noch, das kann doch gar nicht sein. Doch doch ... dann kommt er näher auf mich zu ..., er wirft seine Gitarre auf den Rücken, was auch noch total cool aussieht, und kommt immer näher auf mich zu und ich sehe, wie er mir direkt und fest in die Augen schaut.

Oh mein Gott ... Ich schaue mich um und denke, er meint jemand anderen von den 40.000 Zuschauern, doch nein ... er meint wirklich mich. Ich denke noch, wieso schaut er mich nur an, bis ich plötzlich realisiere, dass ich ja noch ein Schild hochhalte, auf dem steht: ‚DANCE WITH THE CHUBBY GIRL!' – ‚Tanz mit dem dicken Mädchen'. Ach, stimmt ja ... ich halte ja noch dieses Schild in den Händen. Auweia. Er kommt weiter auf mich zu, schaut mich immer noch fest an und nimmt mein Schild in seine Hände und hielt es so in die Kamera, dass wirklich jeder im Stadion das lesen konnte. Und dann guckte er seine Band an. „Soll ich das wirklich machen?" Und die so: „Ja Alter, mach mal ..."

Plötzlich wirft er mein Schild weg. Und dann ZACK ... hält er mir seine Hand nach unten ins Publikum, und ja ... und ich gebe ihm meine Hand. Unsere Hände verkeilen sich. Und dann zog er, um mich hinaufzuziehen ... und zog ... und zog *{hier geht meine Stimme und Stimmung immer weiter runter, weil er mich ja nicht auf die Bühne bekommen hat.}* ... und nichts passiert. Auweia ... Es stand ja auf dem Schild ... ich bin ein Chubby Girl ... Und es gab ja keinen Tritt oder so etwas, um grazil auf die Bühne zu hüpfen. Nein, die Bühne war in Kopfhöhe. Er musste mich da jetzt irgendwie nach oben bekommen. Mit Ziehen war es ja nicht getan. Ich weiß noch genau und spüre noch seine Hand, wie wir uns immer fester ineinander verkeilt hatten und plötzlich sah ich eine weltweite Schlagzeile vor meinen Augen vorbeiziehen: „Deutscher dicker Fan bricht die berühmteste Gitarrenhand der Welt!" Oje ... ich hatte wirklich Angst um seine Handknochen. Peinlich, peinlich.

Irgendwann hat dann auch die Security von Bruce gemerkt: Oh ... Bruce hat ein Problem. Hallo? Bruce hat ein Problem? ICH habe ein Problem. Dann kam der erst Security-Mann dazu und fasste mich etwas unzart an meinem Oberarm, um mich hochzuhieven. Auch das klappte nicht. Auweia ... Dann kommt noch der zweite Security-Mann dazu und packte mich am anderen Arm. Und Bruce und ich waren ebenfalls noch miteinander verkeilt. Auch das klappte immer noch nicht. Dann realisierten die Fans: Oh Gott, Bruce hat ein Problem! Hallo? ICH hatte ein Problem. Und dann fingen auch noch die Fans vorne an, mich an meinem Hintern hochzuschieben. *{Das spiele ich immer nach... alle lachen.}*

Oh Gott ... Es wurde immer schlimmer. Bruce sah auch schon ganz angestrengt aus, aber plötzlich klappte es. Ich bewegte mich nach oben und plötzlich lag ich nach vorne übergebeugt ziemlich unsexy auf der Bühne. Die Kamerafrau hielt mit der Kamera voll auf meinen dicken Hintern, weil sie auch dachte, dass das alle viel geschmeidiger läuft. So haben alle 40.000 Zuschauer diese Mega-Aktion mitbekommen und ich kann nur sagen, dass ganze Stadion hat insgesamt merklich aufgeatmet, als ich endlich oben war. Puhhh, sie ist oben!

Aber verdammte Naht ... ich war oben. Und dann habe ich 1 Minute und 8 Sekunden mit ihm getanzt. *{PAUSE – Ich bin erleichtert und es gibt in der Regel immer einen Mega-Applaus und Lacher ohne Ende}.*

*{Aber es geht weiter:}* Glaubst du nicht? Schau mal hier: *{Und jetzt zeige ich das ganze Video- und Bildmaterial. Auch der Tanz und die peinlichen Hochhiev-Szenen sind darauf zu sehen. Hier werfen sich die Zuschauer vollends weg vor Lachen. Ist wirklich lustig. Aber was ist eigentlich so lustig? Dass ich mich selbst auf die Schippe nehme.)*

*{Jetzt kommt noch ein heiterer dramatischer Nachsatz, den ich als erstes STATEMENT entsprechend lanciere, indem ich mich ganz vorne an den Bühnenrand stelle und ins Publikum rufe:}* Manchmal ist es egal, WIE du auf eine Bühne kommst: Hauptsache, du kommst auf die Bühne!"

Jetzt leite ich in meinen eigentlichen Vortrag über. Meistens erzähle ich, wie du professionell auf Bühnen kommst oder wie du selbst deinen Reifeprozess beschleunigen kannst.

„Mein Lebensretter. Mein Held. Mein Vorbild. Ja ... 7 Jahre nach der ganz besonderen Nacht in meinem Wohnzimmer hatte ich das Gefühl, dass er mir den Ritterschlag gegeben hatte, was ich da geleistet hatte. Ich hatte in der Zeit nach dem Scarlett-O Hara-Moment wirklich mein ganzes Leben verändert. Natürlich war es nicht ER, der das gemacht hatte. Das Jammer-Sofa war ein echter Reifeprozess für mich. Und er war nur der Auslöser, der mir das damals klargemacht hat.

Danach fing ich mein neues Leben an. Ich habe noch mal studiert, mir ein Business aufgebaut, mir ein ganz neues Leben erschaffen. Unter den schwierigsten Bedingungen. Wie das so ist bei ‚Häutungen'. Das war absolut MAGIC, dass er ausgerechnet MICH ausgesucht hat. Jeder Fan hat seine eigene Geschichte mit ihm. Ich danke ihm noch heute dafür, dass das alles geschehen ist. Meine Wunde war geheilt. Und das ist auch unser Thema heute. Wie kannst auch DU wieder einen Neustart machen, wenn du heilige Arschtritte hast einstecken müssen? *{Wenn das mein Vortragsthema ist. Oder:}* Wie kannst auch du auf große Bühnen kommen, ohne, dass es so dramatisch ist?" *{Wenn das mein Vortragsthema ist. Du siehst... diese Signature Story funktioniert für mehrere Themen.}*

Wie hat dir die Story gefallen? Gut, oder? Mir gefällt sie noch immer, weil sie zu 100 % wahr ist und mein ganzes Leben verändert hat. Noch heute erzähle ich sie gerne und schaue mir das Video dazu an. Was glaubst du, wie viel E-Mails ich immer bekomme, wenn der Boss mal wieder in den Medien war? Unvergesslich für die Menschen. Und die Story wird gerne zu Hause wiedererzählt. Jetzt ist sie mit meinem Thema „Aufstehen" eng verbunden.

Jetzt denkst du vielleicht ... Mist, ich habe aber nicht so eine tolle Story. Da kann ich dich aber komplett beruhigen. JEDE, ich wiederhole, JEDE Wendepunkt-Story ist eine große Story. Erinnere dich an deine Wendepunkte, oder aber an die Wendepunkte deiner Klient/innen und du wirst ebenfalls eine Mega-Story haben. Das Geheimnis liegt in den Sekunden, in denen sich ein Leben oder ein Business wirklich verändert. Wenn du diese Szene im Detail beschreibst und groß machst, hast du ebenfalls eine sehr starke Signature Story. Wichtig ist immer nur: Sie muss IMMER WAHR sein.

Doch jetzt Achtung: JETZT DREHE ICH DEN GANZEN VORTRAG. Ab jetzt geht es überhaupt nicht mehr um mich. Jetzt gehe ich komplett ins DU. Jetzt kommen die Erkenntnisse, die ich aus der ganzen Story gezogen habe. Für meinen Vortrag „Ich bin nicht perfekt und arbeite auch nicht daran" habe ich folgende Erkenntnisse entwickelt, die immer allgemein formuliert sind. Das waren jetzt bisher nur 20 % meines Gesamtvortrags.

Jetzt wende ich die weiteren Schritte der 5-Schritte-Theorie der STAGE-Methode© an. Im nächsten Step erfährst du mehr darüber!

Hebe jetzt deine eigene Geschichte hervor, die ebenfalls den Sinn verdeutlicht, warum du auf eine Bühne gehen willst. Bestenfalls machst du sogar eine Marke daraus. Je unverwechselbarer Marken sind, desto besser. Warum halte ich immer Schilder in die Kamera? Na, weil ich damit schon einmal sehr erfolgreich beim „Boss", also Mr. Springsteen. So wird alles in sich stimmig und rund. Das spürt auch das Publikum. Deshalb müssen Storys IMMER WAHR SEIN. Niemals ein Fake, bitte. Das Publikum spürt das energetisch sofort, und du wirst langfristig niemals erfolgreich sein können. Das hast du gar nicht nötig, denn jeder Mensch hat unfassbar viele Storys in petto.

Es müssen übrigens auch nicht immer die ganz großen Storys sein. Kleine Szenen, die entweder lustig waren oder dein Leben komplett verändert haben, vielleicht auch Szenen, die einfach nur eine Sache beispielhaft zeigen, sind genau richtig. Manchmal sind die unbedeutsamsten, ja, fast unscheinbaren Geschichten die, die am tiefsten gehen. Menschen mögen Tiefe.

Wenn du sie oft genug erzählt hast, kommt folgender Effekt: „Die mit dem Boss." Oder: „Die mit der Wassermelone." Hast du es geschafft, dass die Menschen vielleicht nicht mehr deinen Namen wissen, dir aber ein „Die mit ..." angehängt haben, bist du schon ganz weit vorn. Das ist die Erinnerung, die es braucht. Das ist die spitze Speerspitze, nach der wir im Marketing immer suchen. Das ist ein sehr guter Start für deine eigene Marke.

Sei mutig und finde deine eigene Story, die beispielhaft für dein

Thema ist. Sie sollte natürlich unbedingt eine Bedeutung haben und dein Thema stellvertretend und plakativ (also anders) darstellen, ansonsten funktioniert sie nicht.

Deine Signature Story kann auf diese Art dein eigentliches Thema sehr eindrucksvoll auf der Bühne einleiten. Je mehr diese Story aus deinem Alltag stammt, desto besser. Genau damit können sich Menschen am besten identifizieren, weil sie das selbst kennen. Ich liebe zum Beispiel Alltagsvergleiche aus meinem Haushalt. Sie bekommen eine besondere Fallhöhe und finden darin auch gern ihren Humor. Zum Beispiel: „Fühle dich öfter erfolgreich. Jedes Mal wenn ich meinen Müll rausbringe, fühle ich mich auf dem Rückweg sehr erfolgreich."

Merkst du jetzt den Unterschied zu dem „Stelle dich am Anfang deines Vortrags erst einmal selber vor"? Möchtest du nicht selbst viel lieber mit so einer Story zum eigentlichen Thema hingeführt werden? Mit einer Story, die tief geht, die einen Sinn hat oder die einfach nur herzerfrischend lustig ist? Na, dann gib auch du deinem Publikum dieses schöne Geschenk.

### Wie erzählst du deine Story?

Wir starten in der Regel nach einem kurzen Warmwerden und einem Einleitungssatz sofort mit der Story, die stellvertretend dein Vortragsthema einleitet. Diese Story muss aber zu 100 % auf dein Thema abzielen. Niemals, ich wiederhole: NIEMALS sollte es ein biografischer Ablauf deiner Karriere oder deines Lebens sein. Starte nach einem kurzen Einführungssatz sofort mit der Schlüsselszene. Beschreibe sie intensiv. Sprich im Präsens, als ob es gerade wieder passiert. Bereite deinem Publikum ein Kopfkino. Beschreibe jetzt die SZENE (und wirklich nur die Szene), in der es zu deinem WENDEPUNKT im Leben kam, ganz genau. Schildere besonders deine Emotionen. WIE hast du dich gefühlt? Fühle es noch einmal auf der Bühne. Jetzt weißt du ja: Das, was du fühlst, fühlt auch das Publikum.

Das Publikum wird sich darin wiedererkennen. Es wird sich mit dir identifizieren, und zwar so sehr, wie es dir mit theoretischen Worten nie gelingen würde.

Wenn ein Rocksänger oder meinetwegen auch eine Schlagersängerin zu einem traurigen Lied die ganze Zeit lächeln würde, stimmt etwas nicht. Schau dir die Künstler/innen genau an. Sie gehen emotional in ihrem Song auf. Egal, welche Emotion gerade bespielt wird. Bruce Springsteen hat schon tausendmal den Song „The River" gesungen, in dem er beschreibt, dass seine Schwester schon sehr früh und ohne große Feier heiraten musste und wie sie sich dabei gefühlt hat. Jedes Mal, wenn er ihn singt, hat er Tränen in den Augen. Natürlich ist er emotional schon lange durch mit dem Thema. Aber als er den Song vor ungefähr 40 Jahren geschrieben hat, waren die Emotionen noch frisch. Natürlich steckt auch eine Bühnenshow dahinter. Aber wie jeder gute Schauspieler geht Springsteen immer wieder in die Emotionen hinein und lebt sie im besagten Moment noch einmal.

Genau das ist auch dein Job! Fühle das, was du damals gefühlt hast, noch einmal. Egal ob traurig, aufgeregt, eingeschüchtert, fröhlich, erschüttert oder was auch immer du gerade bespielst. A B E R: bitte nur in der Szene. Komm danach schnell wieder in deinen Auftrittsmodus. Hole die Menschen wieder hoch. Du führst sie auch emotional. Ich habe schon mehrere Male erlebt, dass das Publikum am Ende depressiv aus einem Vortrag gekommen ist. Das geht überhaupt nicht. Es braucht erst die Hoffnung und dann die LÖSUNG!

DU bist in dem Moment, in dem du auf einer Bühne stehst, die Kapitänin im Saal, die für die Energie und die Emotionen verantwortlich ist. DU kannst und musst auch das Publikum entsprechend führen. DU!

Du hast in dem Moment also die klare Verantwortung dafür, wie sich dein Publikum fühlt. Also bitte übernimm auch eindeutig die FÜHRUNG! Eine Kapitänin gibt ganz klar und sicher den Kurs an. Deswegen ist es auch so wichtig, das Publikum immer fest im Blick zu haben, sich häufig energetisch mit ihm auszutauschen. Nur dann kannst du verhindern, dass es dir entgleitet.

Erzähle diese Szene bitte immer nur im PRÄSENS, also nie in der Vergangenheitsform. Immerhin nimmst du dein Publikum jetzt gerade mit in deine Welt. Das passiert AKTUELL. („Ich gehe also zu meinem Chef in sein Büro und sage zu ihm: ...")

Ganz wichtig: Bitte gib keine langen Erklärungen ab, warum es überhaupt zu dieser Szene gekommen ist. NEIN! Einfach machen.

Warum das alles? Menschen lieben Storys. Menschen vergessen keine Storys. Menschen öffnen ihr emotionales Herz über Storys.

**Gute Impuls-Vorträge sprechen immer mehrere Ebenen an:**

- Die emotionale Ebene (Menschen wollen fühlen)
- Die kognitive Ebene (Menschen wollen lernen)
- Die physische Ebene (Menschen wollen erleben)

**Keine Story ohne echte Krise**

Jetzt bist du mitten in der Szene, die zu der zu erwartenden Krise hinführen soll. Es gibt kein Happy End, ohne dass es vorher eine Krise gab. Es gibt KEINEN Hollywood-Film ohne Krise. Jeder Mensch kennt Krisen. Hätten wir keine Krisen, bräuchten wir keine Lösungen. Aber du stehst auf der Bühne, um deine Lösungen zu verraten. Also muss es vorher auch mindestens eine Krise gegeben haben. Bei dir oder bei einem deiner Kund/innen.

Natürlich darf die Stimmung jetzt auch emotional heruntergehen, aber ACHTUNG: Sorge dafür, dass du am Ende dein Publikum wieder in eine sehr hohe Energie bringst. Ansonsten richtest du mehr

Schaden an, als dass dein Vortrag nützt. Jetzt sollten relativ schnell die anderen Ebenen der Menschen im Publikum angesprochen werden. Raus aus dem Fühlen! Nur dafür gehen die Zuschauer nicht in unsere Vorträge. Einige reisen von weit her, nur um mit dabei zu sein. Und dann so etwas. Wie lautete nochmal dieser Spruch? „Wenn das die Lösung ist, will ich mein Problem zurück!"

In der Regel ist es eine einfache Kurve: Du startest mit sehr hoher und frischer Energie in deinen Vortrag. Dann steuerst du langsam auf die Krise zu, indem du die Story von dir oder deinem/r Kund/in erzählst. Ein kleiner Tipp noch: Sei bitte nicht schon vorher „down", weil du schon weißt, dass eine Krise kommt. Das Publikum weiß das schließlich noch nicht. Zuvor ist in deiner Geschichte alles in Ordnung, und so fühlst du dich bitte auch. Alles ist gut. Je näher du dich dann auf die Krise zubewegst, desto stärker wirken die Emotionen. Dann ist er da, der Moment, der eine Änderung im Leben oder im Business erfordert. Der WENDEPUNKT. Jetzt helfen dir P A U S E N sehr gut. Lass die Emotionen wirken. Doch dann reißt du alles wieder hoch!

**Merke: Beschreibe niemals Emotionen auf der Bühne, sondern fühle sie echt!**

PAUSEN sind ohnehin ein gutes Stichwort. Der Weg der Schallwellen von der Bühne bis hin zum Publikum ist lang. Dann muss das Gesagte noch im Gehör ankommen. Aber vor allen Dingen muss das Gesagte in der Seele ankommen. Dazu braucht es auch die Zeit des emotionalen Verstehens. Du siehst – gib den Menschen viel mehr Zeit, um mit deinem Vortrag Schritt zu halten, ihn auch auf allen Ebenen verstehen zu können. Die meisten Speaker/innen hecheln dermaßen durch ihren Vortrag durch, dass sich eine Wirkung erst gar nicht ausbreiten kann. Das ist einfach zu schade.

Grundsätzlich möchte ich dir noch den Tipp geben, dass du deine Story vorher sehr gut übst. Übe sie so, dass sie immer pointierter wird, dass du starke Fallhöhen einbauen, aber auch viel Überflüssiges streichen kannst. Je weniger Füllwörter, desto klarer und prägnanter wird die Story. „Reduce it to the max", empfehlen wir immer. Ich sage es mal so: Du kannst die Hälfte deiner Story, so wie du sie jetzt erzählst, streichen. Die Hälfte? Ja, genau – die Hälfte. Probiere das mal aus. Du wirst sehen ... Deine Story gewinnt enorm an Profil.

Bitte vergiss das Präsens wieder nicht. Ich fange in der Vergangenheit an zu erzählen und mache dann ausschließlich im Präsens weiter: „Ich saß da so nichtsahnend an meinem Schreibtisch, als plötzlich mein Chef wutentbrannt ins Büro stürmt. Ich springe sofort auf, um nicht direkt in seiner Schusslinie zu stehen. Und plötzlich ..."

Sprich in einer aktiven Sprache. Keine Schachtelsätze. Benutze viele Verben und auch viele Adjektive. Wenig Substantive. Rede einfach und spannend. Spiele mit Betonungen. Gehe mit deiner Stimme rauf und runter. Höre dir bitte mal gute Radiosprecher an. Sie beherrschen das sehr gut, haben sie doch nur ihre Stimme, um zu unterhalten und keine Mimik und Gestik zur Verfügung. Sie sind intensiv darauf geschult, spannend und lebendig zu sprechen. Wir haben auf der Bühne den Vorteil, dass wir so viel mehr Varianten und Möglichkeiten einsetzen können wie Körpersprache, Stimme, Mimik und Gestik, Requisiten und vieles mehr. Bitte mache aber immer wieder PAUSEN.

Viele kommen auf eine Bühne, stellen sich an einen bestimmten Punkt auf dieser Bühne und bleiben dort die ganze Zeit wie angewurzelt stehen. Nein. Bitte NUTZE die gesamte Bühne. Das ist deine Spielwiese. In der Regel gibt es immer einen gut ausgeleuchteten Bereich auf der Bühne, der oftmals mit einem runden Teppich deklariert ist, damit die Videos oder Fotos optimal wirken. Aber grundsätzlich kannst du die gesamte Bühne nutzen. Die Menschen lieben es, wenn ein bisschen Action auf der Bühne ist. Die meisten Speaker/innen, die ich kenne, sind leider viel zu zaghaft.

Ich empfehle dir auch, mehr Metaphern (drückt mit einem anderen Bild das aus, was du sagen willst) und Analogien (Vergleiche) in deine Sprache einzuflechten. Je mehr du in einer Bildsprache sprichst, desto mehr entstehen klare Bilder in den Köpfen der Zuschauer. Das Leichteste, was sich Menschen wirklich gut merken können, sind Geschichten, Metaphern und Analogien.

Eine gute Metapher ist zum Beispiel die kleine Froschgeschichte. Ich erzähle diese Geschichte immer gern, wenn die Menschen zu tief in der kognitiven Ebene stecken und sich immer öfter die Stirn kräuselt, weil sie so viel nachdenken. Ein Impuls-Vortrag ist wie gesagt kein Fachvortrag und kein Training. Ich erzähle diese Story immer dann, wenn sich das Publikum zu theoretisch mit „Freiheit" beschäftigt. „Frei sein" ist ein Gefühl. „Frei zu sein" ist ein Umstand. Freiheit funktioniert nicht theoretisch. Diese Story eignet sich also immer dann, wenn es darum geht, Menschen zu zeigen, dass Freiheit selbstbestimmt ist und sie durchaus alle Möglichkeiten der Welt haben, wenn sie es nur weiter und weiter probieren und niemals aufgeben. Diese kleine Geschichte geht so:

„Kennst du die Story mit dem kleinen Frosch? Da wurde mal ein Frosch in einen Glasbehälter gesetzt. Dort war es für ihn superschön eingerichtet mit frischen Blättern, einer kleinen Wasserstelle, einer Leiter und anderen Dingen, die Frösche gern haben. Doch der Frosch wollte eigentlich wieder heraus und fing an zu springen und zu springen. Leider gab es aber einen Glasdeckel, gegen den er immer wieder gesprungen ist. Er war gefangen und konnte nicht mehr heraus. Er ist noch oft und immer wieder gegen den Glasdeckel gesprungen, bis er es irgendwann aufgegeben hat und sich mit dem arrangiert hat, was er im Glasbehälter vorgefunden hat. Eines Tages jedoch wurde der Glasdeckel wieder abgenommen und der Frosch war quasi frei. Aber er ist nie wieder gesprungen. PAUSE. Vielleicht bist auch du viel freier, als du denkst?" Schon bin ich im Thema der Selbstbefreiung.

Merkst du, dass diese Geschichte emotional etwas mit einem macht? „Springe auch du wieder. Lege wieder los. Gib niemals auf. Die Freiheit wartet auch auf dich. Vielleicht gibt es ja gar keinen Glasdeckel mehr in deinem Leben!" Motivation pur.

Eine Analogie ist zum Beispiel: „Der Schmerz war so groß wie die Allianz-Arena." Also ein Vergleich. Diese werden auch immer gern genommen, um komplexe Themen anschaulicher zu machen.

Natürlich muss es zu dir als Person passen. Wenn du eher eine ruhige Rednerin bist, dann passt es nicht, wenn du plötzlich wie aus dem Nichts einen dramatischen Flickflack auf der Bühne hinlegst. Oder vielleicht gerade doch. Jedenfalls wäre der ganze Saal wieder wach. Schau einfach, was dir liegt. Was du gerne machen würdest. Und taste dich immer weiter heran. Werde über die Jahre immer mutiger. Entwickle dich auf der Bühne, wie du dich in vielen anderen Bereichen auch entwickelt hast.

Ich kenne professionelle Redner/innen, die vor dem Auftritt verschiedene Plätze auf der Bühne mit unterschiedlichen Themen belegen. Immer, wenn es um Storytelling geht, stellen sie sich auf den einen linken Punkt. Wenn es um Zahlen, Daten, Fakten geht, stellen sie sich auf den rechten Punkt der Bühne. Wenn es um Motivation geht, in die Mitte. Das kann man so machen, das ist sogar sehr gut und richtig. Hauptsache, es funktioniert professionell, sodass das Publikum es gar nicht merkt. Überhaupt ist es wichtig, auf der Bühne nicht mit sich selbst beschäftigt zu sein. Bitte beschäftige dich ausschließlich mit dem Publikum und nicht mit deinem Konzept, deinem Text, deiner Körpersprache, deinen Requisiten oder Ähnlichem. Ich werde dir noch viele Tipps und Tricks verraten, mit denen du immer sicherer auf der Bühne wirst und einen ganz und gar guten Job für die Menschen hinlegen kannst.

Deshalb ist es auch wichtig, dass du sehr viel Praxis bekommst. Hole dir so viel Bühnen wie möglich – besonders am Anfang. Sprich dich frei. Je mehr du auf Bühnen sprichst, desto schneller wirst du merken, was gut ankommt und was nicht. Noch heute wundere ich mich, dass mein Publikum meine Fehler damals so stoisch ertragen hat. Sie haben sicherlich nicht genau gewusst, was ich falsch gemacht habe, aber begeistert war am Anfang keiner. Nur ich. Je stärker du dich aber mit deinem Publikum verbündest, desto mehr wirst du spüren, was sich die Menschen von dir wünschen. Du kannst immer zielorientierter arbeiten. Eines Tages sind sie dann wirklich komplett begeistert. Das macht einen Heidenspaß, kann ich dir sagen!

Ich habe es bisher nur ein einziges Mal erlebt, dass ich bei meinem „BOSS-Vortrag" tatsächlich eine regelrechte DRUCKWELLE an Begeisterung vom Publikum erhalten habe. Es war so heftig, was vom Publikum wieder auf die Bühne zurückkam, dass ich mich regelrecht erschrocken habe. Normale Begeisterung kenne ich mittlerweile schon sehr gut. Aber das war der Hammer! Für einen Moment war ich richtig „lost" und sehr verunsichert. So etwas hatte ich vorher noch nie erlebt. Es war eine massive, gebündelte, kollektive Kraft an herzlich lachenden Menschen und einem wilden Applaus, dass ich fast von der Bühne gekippt wäre. Es kam tatsächlich wie eine Druckwelle auf mich zu. Auch das muss man lernen, diese auszuhalten. Was für ein wunderschönes Gefühl, für das ich noch heute dankbar bin. Hier kannst du es sehen:

### Der Wendepunkt ist der Höhepunkt

Wenn du dein Publikum durch eine eigene oder fremde Krise geführt hast, wird eine Stimmung im Saal entstehen, die folgendermaßen aussehen könnte:

„Wow ... ja, das kenne ich. Das habe ich auch schon erlebt!" Oder: „Boah, ist das gemein, was der getan hat. Ja, das kenne ich auch!"

Du merkst, das Publikum hat sich mit dir oder mit der Kundenproblematik, von der du erzählt hast, <u>identifiziert</u>. Sie sind jetzt ganz bei dir. Jetzt ist es wichtig, die Stimmung wieder hochzureißen. Eine Verheißung, Zuversicht, Hoffnung zu geben. Jetzt ist der Moment, in dem eine Erlösung kommen muss. Nämlich DEINE Lösung. Oder die Lösung, die geholfen hat. Jetzt kommt die Einleitung des Happy Ends. WIE habt ihr das geschafft? Wie hast DU es geschafft? Wie hat es dein/e Kund/in geschafft, aus diesem Problem wieder herauszukommen? JETZT kommt der WENDEPUNKT der Story. Der Wendepunkt ist immer der Höhepunkt vom Happy End, also leite ihn entsprechend ein. Gib ihm Energie und Aufmerksamkeit. Mache glasklar, dass sich jetzt etwas verändert hat. Ein Entschluss ist gefasst. Oder es ist eine Entscheidung gefallen. Oder eine Handlung wurde vollzogen. Jetzt bist du oder dein/e Kund/in raus aus der Krise. Wie hat er oder das geschafft? Mithilfe der Tipps, die du gleich verraten wirst.

> Es ist gar nicht so schwer, sich selbst zu finden. Manchmal stehst du einfach nur neben dir...

Bitte bedenke, dass wir uns immer noch in den nur 20 % deiner gesamten Vortragszeit befinden. Kalkuliere deine Zeit so, dass du wirklich niemals einen größeren Anteil für die Story in Anspruch nimmst. Ganz klar ausgedrückt: Wenn dein Vortrag 10 Minuten geht, hast du nur 2 Minuten Zeit für deine Story inklusive Wendepunkt. Wenn du 60 Minuten sprichst, hast du ganze 12 Minuten Zeit. Mache es aber nie zu lang. Es geht in deinem Vortrag immer um etwas anderes, nämlich um deine Lösungen, die du dem Publikum mitgeben möchtest und auf die sie die ganze Zeit intuitiv warten. Würze deinen Vortrag lieber immer wieder mit kleinen Anekdoten, die frischen Wind hineinbringen.

Die Story steht nur stellvertretend für dein Thema. Sie ist nur die EINLEITUNG zu deinem Thema. Jetzt haben sich die Menschen dir gegenüber geöffnet. Jetzt sind sie bei dir und möchten alles von dir hören. Jetzt haben sie ihre Seele und ihr Herz geöffnet. Sie sind bereit für die Lösungen! Bitte gib sie ihnen. Die nächsten 80 % deiner Vortragszeit beschäftigen sich ausschließlich mit Tipps und Tricks, wie die Menschen im Publikum aus ihren Blockaden, Ängsten, Sorgen, Zweifeln, Nöten wieder herauskommen. DU kannst dabei behilflich sein. Jetzt geht es erst los mit deinem Vortrag. Aber du hast dich mit dem Publikum verbündet. Sie sind nun bereit, ihre Themen anzugehen.

### Raus aus der Story → Rein in den Content!

Achtung: JETZT musst du das ganze Ruder herumreißen. Jetzt verlässt du die gesamte Storywelt und wendest dich komplett dem Publikum zu. Du kommst in die Du- bzw. Sie-Form (wie auch immer du deine potenziellen Kund/innen ansprechen willst) Es geht NUR NOCH um den Nutzen für das Publikum. KEIN „ICH" MEHR! Sprich bitte auch nicht in der WIR-Form. „Wir kennen das doch alle ..." Nein, sag lieber: „Vielleicht kennst du das auch ..."

Verrate deinem Publikum, was du aus deiner Story gelernt hast. Was ist die Konklusion? Was ist das Fazit? Du setzt einen Schlussstrich unter deine Story. Erst jetzt startest du in den eigentlichen Vortrag. Anhand dieser Erkenntnisse hast du natürlich eine akademische Grundlage, die nun folgt.

Lass uns das ganz konkret anschauen. Stell dir vor, dein Vortrag dauert 60 Minuten. Dann wäre es schlau, wenn du deine Story nicht länger als 12 Minuten hältst. Auf unserem Inspiration Day dürfen unsere Absolventinnen ihren ganzen Vortrag in nur 10 Minuten halten. Das bedeutet, dass sie nicht mehr als 2 Minuten für ihre Story haben.

Und weißt du was? Es geht!

Ich sage dir ganz ehrlich, dass **die größten Fehler von Speakerinnen, aber auch Speakern** darin liegen, dass sie aus ihren Storys nicht wieder herauskommen. Sie reden und reden und reden über sich selbst, und plötzlich sind ganze eineinhalb Stunden herum. Das Publikum hat KEINEN einzigen Nutzen, keine Tipps oder Erkenntnisse für sich herausziehen können. Diese Art von Speaker/innen kann man durchaus als „Selbstdarsteller/innen" bezeichnen, denn sie stellen sich oder auch ihre Story dar, ohne an das Publikum zu denken. Ich habe am Anfang des Buches über die Verantwortung von Speakern und Speakerinnen dem Publikum gegenüber gesprochen. Es geht nicht um den Redner oder die Rednerin, sondern immer nur um Lösungen für das Publikum, die der Referent oder die Referentin mitgebracht hat. Bitte komme jetzt RAUS AUS DEINER STORY! REIN IN DEN CONTENT!

## STEP 2: DEINE STATEMENTS UND DEINE LÖSUNGEN

Ziehe deine persönlichen, allgemeinen Erkenntnisse (Statements) aus der Story, die sich immer auf die Probleme der Menschen beziehen und leite dann damit über zu deinen Lösungen. Dadurch gibst du ihnen eine echte Verheißung, dass „Land in Sicht" ist. Damit leitest du deine LÖSUNG für das aufgemachte Problem ein. Was hat das Publikum davon, dass es in deinem Vortrag sitzt? Stelle Behauptungen auf und präsentiere DEINE LÖSUNG für das Problem, welches du in deinem Vortrag aufgemacht hast. Genau DAS ist der Kern deines Vortrags. Je umsetzbarer deine Lösungen sind, umso besser. Je neuer deine Lösungen sind, umso besser. Je nützlicher deine Lösungen sind, umso besser. Bitte bringe unbedingt einen wirklich neuen Content mit ein! Nur dann wirst du eine echte positive Reaktion vom Publikum ernten.

### STEP 2: Deine Erkenntnisse und Lösungen

**Mache kluge Statements. Was hat das Publikum davon, dass es in deinem Vortrag sitzt?**

Dies ist eine sehr wichtige Frage, denn nachdem du die ersten 20 % deines Vortrags mit der emotionalen Einleitung verbracht hast, ist das Publikum nun bereit, guten Content aufnehmen zu WOLLEN. Den zu liefern ist jetzt genau dein Job. Hier kommt die WENDE. Hier gehst du bitte heraus aus dem ICH und hinein in das DU (oder Sie, wenn es dir lieber ist). Jetzt dreht sich alles in Richtung Publikum. Wenn du diesen Moment verpasst, wird dein Vortrag nicht funktionieren. Ein guter Übergang sind zum Beispiel „Statements" oder auch Erkenntnisse. Statements sind nichts anderes als Behauptungen. Klare Aussagen mit einem Ausrufungszeichen dahinter! Formuliere deine Erkenntnisse aus deiner Story als klares – Achtung – ALLGEMEINES Statement.

Zum Beispiel so:

„Meine Erkenntnis, die ich aus der ganzen Sache gezogen habe, ist: Je besser eine Unternehmerin in ihrem Business positioniert ist, desto mehr wird sie von ihrer Zielgruppe gesehen {Ich habe mich im Konzert auch strategisch gut positioniert und gut gestanden, damit Bruce Springsteen mich auch wirklich sehen und aussuchen kann.}

Meine zweite Erkenntnis, die ich aus meinem Vortrag gewonnen habe, ist: Je einzigartiger und andersartiger eine Unternehmerin ist, desto mehr fällt sie auf. {Ich habe einen lustigen Spruch auf das Schild geschrieben.}

Und die dritte Erkenntnis, die ich gewonnen habe, ist: Handknochen halten mehr aus, als man denkt." {Kleiner Joke, der sich auf meine Story bezieht und einen Lacher provoziert.}

Jetzt ist das Publikum emotional offen für meine Inhalte. Im Grunde ist diese Story nur eine gute Einleitung zu meinem Thema. ACHTUNG: Die ganze Story nimmt wirklich immer nur 20 % meines gesamten Vortrages ein, auch wenn sie lang erscheint. Jetzt drehe ich alles komplett weg von mir und benutze das Wort ICH nicht mehr. Ich komme ausschließlich in das Wort DU (oder Sie). Jetzt kommen meine LÖSUNGEN, wie auch DU es schaffen kannst, nicht mehr perfekt sein zu wollen, sondern professionell, um ein starkes Business aufzubauen. Denn genau das ist der Inhalt dieses Vortrags.

Hier sind weitere Statement-Beispiele: „Wenn ich eines gelernt habe, dann Folgendes: Manchmal ist es egal, wie man auf eine Bühne kommt! Hauptsache, du kommst auf eine Bühne!" {Kurz allgemein ausführen, NICHT mehr in der Ich-Form! Hier machst du das Problem auf: Wie kommen Frauen leichter auf die Bühne.}

Nächstes Statement-Beispiel:

„Frauen sind viel zu zaghaft, wenn es um ihre Karriere-Umsetzung geht!" {Kurz allgemein ausführen, NICHT mehr in der Ich-Form! Hier machst du das Problem auf: Wie machen Frauen leichter Karriere?}

Nächstes Statement-Beispiel: „Wenn sich mehr Menschen von ihrem Jammer-Sofa erheben würden, hätte die Welt viel weniger Probleme." {Kurz allgemein ausführen, NICHT mehr in der Ich-Form! Hier machst du das Problem auf: Wie kommen Frauen oder auch Männer leichter raus aus dem Quark, um etwas zu verändern?}

Du kannst gern so viele Statements machen, wie du möchtest. Ich würde mich aber an dieser Stelle nicht zu weit auslassen, weil das eigentlich nur der Übergang zu deinen Lösungen ist. Sozusagen die Einleitung. HIER FORMULIERST DU QUASI DAS PROBLEM deines Vortragsthemas bzw. das Problem der anwesenden Menschen im Publikum!

### So formulierst du „Statements"

Statements sind glasklare Aussagen, eindeutige Behauptungen. Journalist/innen lieben Statements, weil man sich daran reiben kann. Statements sind immer subjektiv, wenn sie nicht wissenschaftlich verifiziert sind. Dies sind deine Erkenntnisse, die DU aus verschiedensten Informationen oder Situationen gezogen hast. Hier kannst du richtig „einen raushauen". Ja, deine Statements dürfen dann konstruktiv diskutiert werden. Du wirst sehen: Viele Menschen nicken fleißig mit den Köpfen. „Ja, da hat sie recht!" Es wird aber auch einige geben, die sagen: „Wie kann sie so etwas nur behaupten? Das stimmt doch gar nicht!" Richtig ... jeder hat seine eigene Meinung.

In dem Moment, in dem du eine klare HALTUNG einnimmst, gewinnst du an Format. Du gewinnst an Respekt, weil du zumindest eine eigene Meinung hast und sie auch noch sagst. Die meisten Menschen sind so rundgeschliffen, dass sie entweder nur Mainstream-Meinungen haben oder sich gar nicht erst trauen, eine eigene Meinung zu haben, geschweige denn zu äußern. Du gehst aber als Speakerin auf eine Bühne. Eine Speakerin hat immer eine klare Meinung, Haltung und Know-how zu einem ganz bestimmten (bestenfalls Nischen-)Thema. Du bist die Expertin für dein Thema auf der Bühne. Wenn du dich noch nicht als Expertin fühlst, dann arbeite daran, dass du es entweder inhaltlich wirst oder aber deine Glaubenssätze und Minderwertigkeitsgefühle loswirst.

Statements haben IMMER ein Ausrufungszeichen am Ende des Satzes, niemals ein Fragezeichen oder nur einen Punkt. Statements sind Behauptungen, die DU aufstellst. Bitte gehe am Ende der Aussage unbedingt mit deiner Stimme herunter. Viele Menschen, besonders Frauen, heben ihre Stimme am Ende eines Satzes. Achte mal darauf. Die meisten sprechen also eher eine Frage aus als eine Behauptung. Übe das regelmäßig, zum Beispiel auf dem Wochenmarkt. „Ich hätte gern ein Kilogramm Tomaten." Auch da geht oft die Stimme am Ende des Satzes hoch. Je stärker du darauf achtest, desto häufiger wird dir bei anderen, aber auch bei dir selbst auffallen, dass viele „Fragen" in den Raum gestellt werden und weniger Aussagen. Dann sprich es noch einmal neu. Du wirst sehen, es ist ein Unterschied wie Tag und Nacht.

### Habe mehr Mut zu starken Behauptungen

Wir brauchen starke Führungspersönlichkeiten in der Welt! Starke Frauen oder Männer, die eine sichere Orientierung geben. Natürlich keine Menschen, die klare Ansagen machen, um nur ihre eigenen Interessen umzusetzen oder zu manipulieren. Das sind keine Vorbilder, sondern einfach nur egoistische Narzissten. Nein, wir brauchen und wollen Führungspersönlichkeiten, die die Menschlichkeit fördern und leben. Keine Machtmenschen, die aus Ego-Gründen handeln.

Der Mensch hat verschiedenste Grundängste. Eine der größten und stärksten Emotionen ist die der Angst vor Ablehnung. Genau das ist eigentlich immer der Grund dafür, dass wir alle lieber „weichgespült" durch die Welt gehen, als klare Kante zu zeigen. Besonders Frauen wurde seit Jahrtausenden das Wort oder auch der Beruf und natürlich auch die eigene Meinung verboten! Jetzt kommen wir von Feminess® und fordern von dir: Stelle dich hin und sage deine eigene Meinung, auch auf die Gefahr hin, dass die Menschen dich dann ablehnen werden. Ja! Genau so! Die eigene Meinung zu sagen, ist sogar die beste Art, Marketing zu machen. Aber bitte sage NIE, dass deine Meinung die ist, die gilt. Wir haben so viele Meinungen wie Menschen auf der Welt, und jede hat ihre Berechtigung. Biete deine Meinung nur an. Das Publikum bildet sich dann selbst eine eigene Meinung.

Alle starken Marken haben eines gemeinsam: Sie werden nicht von allen gemocht. Sie haben ihre „Hater" und ihre „Lover". Sie beziehen eine klare Meinung bzw. bedienen eine klare Zielgruppe. Hier darf kontrovers diskutiert werden. Je kontroverser die Meinung ist, desto leichter die Markenbildung. Schau dir Dieter Bohlen an. Schau dir Oliver Pocher an. Merkst du, dass du zu jedem eine Meinung hast? Aber wer ist jeden Tag im TV zu sehen? Genau die!

Das Wichtigste ist dabei, dass du IMMER, wirklich immer, authentisch bleibst. Für mich war es das Allerschwerste zu lernen, auf der Bühne ich selbst zu sein. Glaubst du nicht? Doch. Als ich die ersten Male auf eine Bühne ging, hatte ich alles im Ohr, was ich jemals gelernt hatte: „Stelle dich gerade hin. Falle nicht auf. Immer schön lächeln und winken." Meine wahre Persönlichkeit konnte und wollte ich nicht zeigen. Zu groß war meine Angst vor Ablehnung. Wer meine Methoden verfolgt, weiß, dass ich genau mit diesem Thema ein Riesenproblem habe, fühlte ich mich schon früh von meiner eigenen lieben Mutter abgelehnt, weil sie gestorben war, als ich erst fünf Jahre alt war. Das Thema Ablehnung hat sich dann immer und immer wieder durch mein ganzes Leben gezogen. Bis ich mich eines Tages dem Thema gestellt habe, es mir emotional sowie energetisch angeschaut habe, es therapiert habe und es sogar akademisch aufgearbeitet habe. Noch immer bin ich in vielen Punkten sehr empfindlich, was dieses Thema anbelangt. Dennoch habe ich verstanden, dass du nur eine echte Chance auf dem Markt hast, wenn du wirklich authentisch bist und dich mit deinen Wunden so zeigst, wie sie sind. Solange du eine Lösung für das Thema mitgebracht hast, ist alles gut. Wenn du keine Lösung für dein Thema hast oder mit Teilen davon noch nicht „innerlich durch oder stabil bist": Gehe NICHT auf die Bühne, um über diese Themen zu sprechen. Ich habe es schon häufiger erleben müssen, dass das Publikum Mitleid für die Rednerin oder den Redner hatte. Das Publikum ist dann zwar auch berührt, aber nur, weil es mit dir fühlt. Das kann und darf aber nicht die Lösung sein. Gehe nur auf die Bühne, wenn du gute LÖSUNGEN für das Publikum hast. Ansonsten lasse es bitte sein.

Im Publikum wirst du selten wirklich ALLE Menschen begeistern können, wenn es öffentliche Veranstaltungen sind. Ich sage immer: 10 % „hassen" dich, 10 % bist du egal, 10 % haben sich noch nicht entschieden, aber 70 % lieben dich bzw. feiern das, was du sagst! Hey ... das ist doch ein super Schnitt, mit dem du absolut gut leben kannst, oder? Was passiert aber bei den meisten Kolleginnen? Sie konzentrieren sich ausschließlich auf die 10 %, die sie „hassen". Unfassbar, wie viel Energie da hineingelegt wird. „Die müssen doch zu überzeugen sein. Jeder soll mich gut finden." Das wirst du NIE schaffen. Glaube mir. Hör auf, die anderen überzeugen zu wollen. Konzentriere dich lieber auf deine wahren Fans im Saal. Die feiern dich und du siehst sie gar nicht. Wie schade. Deine selektive Wahrnehmung ist nur auf die gerichtet, die dich miesgelaunt mit verschränkten Armen anschauen oder sogar mit ihrem Handy spielen. Spare dir diese negative Energie, die dich nur hinunterzieht.

Der Trick ist, sich im Publikum links und rechts und in der Mitte ein paar Frauen oder Männer herauszupicken, die dich sichtbar gut finden. Oder das gut finden, was du sagst. Dann lass deinen Blick zwischen genau diesen Menschen hin- und herwandern. So wirst du dich immer bestärkt fühlen, wenn es dir am Anfang noch nicht gelingt, mit allen im Publikum guten Blickkontakt zu halten. Wie im richtigen Leben: Meide die Miesepeter. Suche die Verstärker. So wirst du immer sicherer und immer mutiger. Je selbstbewusster du auf der Bühne bist, desto mehr finden dich gut.

### Deine LÖSUNG ist der Kern deines Vortrags

Jetzt sind wir beim Kernthema deines Vortrags angekommen. Jetzt wollen die Menschen Lösungen für die aufgemachten Probleme – und zwar ganz konkret. Je detaillierter, desto besser. Je aktiver, desto besser. Je mehr aus dem puren Leben, desto besser.

Jetzt drehe bitte komplett von dir selbst ab. Es gibt nur noch Content – Content – Content. Es gibt nur noch Nutzen – Nutzen – Nutzen. Jetzt gibt es nur noch eine DU- (oder SIE-)Ansprache. Bitte auch kein WIR. Es geht nur noch um das Publikum. Gib alles, was du weißt, an sie weiter. Aber bitte mache es strukturiert, indem du zum Beispiel sagst: „Ich habe dir heute fünf Tipps mitgebracht, wie auch DU es schaffen kannst, ..." Wiederhole ständig, in welchem Vortrag das Publikum sitzt. Ganz ehrlich, das vergessen sie ganz oft. Wie heißt dein Vortrag? Was ist dein Thema? Wiederhole es immer wieder während deines Vortrags. Über die Zeit kann man als Publikum durchaus schon mal den Faden verlieren. Es liegt an DIR, alles immer wieder zu rahmen und die Menschen motivierend mitzunehmen.

## Strukturiere deine Tipps

Wenn du zum Beispiel sagst: „Ich habe dir soundsoviel Tipps mitgebracht", dann benutze lieber ungerade Zahlen. Schlaue Köpfe haben einmal herausgefunden, dass Menschen diese leichter lernen wollen als gerade Zahlen. Es sei denn, du hast es so wie ich in meiner DANCE-Methode© mit entsprechenden rhythmischen Takten zu tun. Da habe ich natürlich acht Takte als Tipps zu vergeben. Klaro. Das passt in die entsprechende Erlebniswelt.

Diese Tipps sollten dann aber auch wirklich sehr konkret sein. Mache eine Problemstellung auf und präsentiere eine supereinfache und geniale Lösung dazu. Das beste Ergebnis siehst du immer sofort, wenn alle ihre Handys zücken und Fotos von deiner LÖSUNG machen, die du mit PowerPoint und äußerst wenigen Worten oder einem spannenden Modell präsentierst, wie im Kapitel 6 schon beschrieben. Das eine oder andere interessante Schaubild darf gern sein, denn die Menschen brauchen auch etwas für ihr Gehirn und ihre Synapsen. Alle emotionalen, kognitiven und physischen Ebenen werden im Impuls-Vortrag angesprochen und damit selbstverständlich auch die akademischen.

## Bringe unbedingt wirklich neuen Content mit ein!

Es gibt nichts Schlimmeres, als wenn ich als Publikum immer wieder die gleichen lahmen Lösungen „da vorne" höre, die ich schon hundertmal gehört habe und die ich in den Massenmedien regelmäßig sowieso serviert bekomme. Bitte wiederhole nicht das, was bereits seit Jahren im Markt seinen Platz gefunden hat. Bitte bringe ganz neue Ansätze. Zeige ganz neue Theorien. Recherchiere gute Formeln. Finde gute Studien (siehe nächstes Kapitel). Entwickle selbst interessante Methoden. Am Ende erfinden wir alle das Rad nicht neu, aber die Art und Weise bringt neue AHA-Erkenntnisse und die Aufmerksamkeit.

Widme diesem Content-Teil in deinem Vortrag ganz besondere Aufmerksamkeit – auch zeitlich. Dieser Part deines Vortrags kann durchaus 50 % der gesamten Zeit einnehmen. Aus diesem Grund sind die Menschen in deinen Vortrag gekommen. Hier geht es ausschließlich um das WIE GEHT DAS? Unterbrich den theoretischen Teil aber immer wieder mit sehr viel Praxis, zum Beispiel mit kleinen Anekdoten, Erfolgsstorys und Leistungsbeispielen von deinen Klient/innen, die natürlich immer auf dein Thema einzahlen. Das macht das Publikum wieder wach und ist zudem sehr unterhaltsam und veranschaulicht deine vorgestellten Lösungen. Erzähle aber nicht, wie toll du gecoacht hast. Darum geht es nicht. Das merken die Zuschauer/innen schon ganz von allein. Vergiss auch nicht, deine bereits getätigten Statements immer wieder einzubinden und dich darauf zu beziehen.

Habe auch keine Angst, dass du zu viel kostenfrei herausgibst. Wir leben allerdings heutzutage in einer Wissensgesellschaft, in der JEDES WISSEN über das Internet frei zugänglich ist. Vor noch nicht allzu langer Zeit hieß es noch: „Wissen ist Macht", doch diese Zeiten sind vorbei. Wissen ist überall abrufbar. Was also kannst du den Menschen noch Neues sagen, was sie noch nicht wissen oder abrufen können? Du kannst ihnen DEINEN Ansatz verraten. Wie DU es geschafft hast. Welche Lösung DU ihnen empfiehlst. Du merkst schon: Auf einer Bühne geht es um dich als Expertin.

Wenn du auf einer Bühne stehst, erwarten die Menschen Lösungen von dir, die wirklich funktionieren. Deswegen ist es so wichtig, nicht nur darüber zu reden, wie wichtig dein Thema ist, sondern was das Publikum ganz konkret tun kann, damit es sein Problem gelöst bekommt. Das WIE ist entscheidend.

### Menschen buchen Menschen

Je mehr du dich für deine Lieblingskund/innen entscheidest, desto mehr möchtest du dich auch um sie kümmern. Genau das ist es, was die Menschen brauchen. Sie möchten nicht einfach anonym ihr Wissen aus dem Internet ziehen. Dazu haben sie viel zu viele individuelle Fragen auf ihre explizite Situation. Da kommst du ins Spiel. Auf der Bühne. ABER: Die Menschen brauchen ein starkes Vertrauen, bevor sie Menschen oder Institutionen buchen. In der Online-Welt sogar noch mehr, als wenn sie dich persönlich treffen würden. Also ist es jetzt dein vorherrschender Job, ihnen genau dieses Vertrauen zu geben. Richte also ein „Vertrauenskonto" ein und zahle ständig darauf ein. Gib ihnen durch das offene Verraten deiner Lösungen das gute Gefühl, dass genau DU die Richtige bist, die für sie in Frage kommt. Es sollte dir persönlich ein echtes Anliegen sein, dass du eine gewisse Fürsorge für deine Lieblingskund/innen in die Welt gibst. „Mir ist es wichtig, dass du funktionierende Lösungen für dein Problem bekommst, deswegen habe ich dir hier etwas mitgebracht ..." Merke: Je mehr du kostenfrei herausgibst, desto stärker wächst das Vertrauenskonto und desto schneller kannst du von deinen Wunschkund/innen gebucht werden.

### Deine Haltung entscheidet deinen Erfolg

Jetzt ist es wirklich eine gute Zeit, als Speakerin „rauszugehen". Deutschland fängt nach der Krise wieder an, frisch aufzublühen. Die Menschen sehnen sich nach einem Neustart. Sie sehnen sich nach einem Aufbruch, nach einer neuen Welt. Und jetzt kommst DU!

### Bitte sei kein Guru

Beharre aber bitte nicht darauf, dass DEINE Lösung DIE Lösung schlechthin ist. Ich habe am Anfang des Buches schon erwähnt, dass wir auf der Bühne keine Guru-Nummer abziehen und auch keine narzisstischen Neigungen fördern. In keinster Weise. Wir haben auf einer Bühne eine wichtige Verantwortung und auch eine gewisse Macht. Umso wichtiger ist es, dass du sehr bedacht mit Meinungsmachen umgehst.

Die Lösung, die du anbietest, ist nur EINE mögliche Lösung. Es gibt viele weitere mögliche Lösungen. Die Lösung, die du vorstellst, präferierst du oder du hast sie aus deiner eigenen Biografie entwickelt. Vielleicht hat deine Lösung auch grundsätzlich eine hohe Akzeptanz auf dem Markt, weil sie qualitativ hochwertig ist oder weil sie schlicht ist und einfach gut funktioniert. Dein Publikum ist auch viel mehr dazu bereit, diese Lösung anzunehmen, wenn es nicht in den Propaganda-Schwitzkasten genommen wird. Das Publikum kann frei entscheiden, ob es die Lösung annehmen möchte oder nicht. In dem Moment, in dem sie frei gelassen werden, fangen die Menschen an, über das von dir Gesagte nachzudenken. „Okay, so habe ich das noch nie gesehen." „Ach, das ist ja auch eine gute Idee." Aber wenn du gesagt bekommst: „Du MUSST das jetzt so und so machen, damit du das Problem nicht mehr hast, ansonsten ...!" bin ich als Publikum komplett raus. Ich muss schon mal GAR NICHTS! Da schalte ich sofort auf bockig und stur! Rein prinzipiell.

> Manche Menschen wollen glänzen, obwohl sie keinen Schimmer haben.

Bitte betone immer wieder in deinen Vorträgen, dass alles freiwillig ist. Gibt es etwas Schöneres, als wenn das Publikum anfängt, wirklich für sich selbst nachzudenken und deine Lösung eventuell den Durchbruch bringt? Sage lieber etwas wie „Ich lade dich dazu ein, dir diese Lösung mal anzuschauen." Oder: „Ich möchte dich daran erinnern, dass ..." Wir können auf dem „Wochenmarkt der Branche" immer nur unsere Lösungen anbieten. Alle anderen dürfen auch da sein. Die Menschen suchen sich dann die leckersten Früchte selbst aus.

### Sei auch mal provokant im Thema

Jetzt ist mal Schluss mit BRAVsein. Komme auch mal heraus aus deinem „Liebes-Mädchen-Modus". Du darfst auch gern provokant sein. Hau doch mal einen raus. Du wirst sehen ... Die Menschen werden denken: „Die traut sich aber was!" Ja genau. Trau dich etwas.

Du stehst stellvertretend für das Publikum da vorne. Du bist jetzt ein Vorbild. Predige nicht Wasser, sondern Wein. Sei keine Theoretikerin, sondern eine Praktikerin. Mache selbst das, was du ihnen erzählst. Auch das sehe ich leider nicht so oft im Markt

Trau dir mehr zu. Gehe auch über deine Hemmschwelle, deine Komfortzone hinweg. Nur eins bitte: Beschimpfe NIEMALS das Publikum (auch schon erlebt!). Im Gegenteil: Verbünde dich mit ihm und ihr seid „Best Buddies Forever". Du willst nur das Beste für sie. Du kümmerst dich um sie. Wie in einer guten Freundschaft. Tu ihnen was Gutes. Dafür braucht es manchmal auch sehr klare Worte.

## STEP 3: DEINE BEWEISE UND DEINE ÜBUNGEN

Jetzt hast du viele Lösungen in die Welt gegeben. Was immer wieder wunderbar zu einer noch höheren Akzeptanz beiträgt, ist jetzt die Untermauerung deiner Erkenntnisse mit ZDF – Zahlen, Daten, Fakten. Finde entsprechende aussagekräftige Studien, seriöse Zeitungsartikel oder repräsentative Umfragen, damit auch von anderer Seite bestätigt wird, was du behauptest. Überzeuge mit echten Fakten. Je überraschender oder auch plakativer diese sind, umso besser. Recherchiere zu deinem Thema in gesonderten Studien-Portalen, Zeitungsarchiven, Suchmaschinen, Büchern oder Universitäten. Vereinfache komplexe Sachverhalte. Bringe die Menschen damit zum Staunen und überzeuge sie so für die hohe Relevanz, über die du sprichst.

> Zu viel des Guten kann wundervoll sein.

### Finde valide Beweisstudien oder repräsentative Umfragen

Mit Studien und Umfragen bestätigst du auch von einer anderen Seite, was du behauptest! Bis jetzt hast du selbst in deinem Vortrag eine ganze Menge gesprochen. Sehr gut. Nun lass mal andere ran. Nämlich weitere Experten, Studien, Trendforscher, Prognosen oder interessante Fakten, die natürlich genau das untermauern, was du da gerade gesagt hast. Das ist deshalb so wichtig, weil jetzt eine andere Dynamik in deinen Vortrag kommt. Andere bestätigen quasi indirekt offiziell, dass du gar nicht so verkehrt liegen kannst mit deinen Annahmen. Außerdem ist es immer interessant, was die Wissenschaft dazu sagt oder die Medien oder aktuelle Umfragen. So kann sich das Publikum selbst ein Bild machen und sich eine eigene Meinung bilden.

Was bedeuten konkrete Zahlen, Daten, Fakten? Bis jetzt war dein Vortrag recht emotional und mit spannenden, aber subjektiven Lösungen gespickt. Vergiss aber nie, dass du immer ein sehr intelligentes Publikum vor dir sitzen hast. So möchte es auch behandelt werden. Es hat schon viel von dir gelernt, aber jetzt kommt noch zusätzliche Substanz dazu. Bitte recherchiere sehr genau, was es für neue Erkenntnisse gibt. Was hat die Wissenschaft wieder Interessantes herausgefunden? Welche neuen Strömungen sind zu erkennen? Welche Umfragen hat es kürzlich gegeben? Gibt es brandneue Studien aus dem Ausland? Du merkst schon: Wir sind mittendrin in den unterschiedlichsten Varianten, wie du den ZDF-Teil bestücken kannst.

Grundsätzlich gilt: Du musst nicht die Reihenfolge einhalten, die ich dir hier vorstelle. Wenn du schon ganz am Anfang eine Studie präsentieren möchtest, dann mache das gern. Du kannst auch eine spontane Umfrage im Publikum machen und dich immer wieder darauf beziehen. Die Möglichkeiten sind unbegrenzt. Solange immer alles einen Nutzen für den/die Zuschauer/in hat. Insgesamt kannst du alle Vortragsabschnitte switchen, wie du möchtest. Solange alles zielführend und logisch aufgebaut ist. Du weißt jetzt, das einzige Erfolgskriterium ist immer, ob dein Publikum wirklich begeistert ist oder nicht.

## So findest du gute und neue Studien

Selbstverständlich helfen heutzutage die gängigen Suchmaschinen enorm bei der Suche nach interessanten News. Schaue bitte auch direkt in die „News" dieser Suchmaschinen wie Google oder Bing. Da bekommst du geballte und wirkliche Neuigkeiten zu deinem Thema. Entdecke auch Bachelor-, Masterarbeiten oder Fach-Habilitationen zu deinem Thema. Nutze auch klassische und gute oder Universitätsbibliotheken. Auch in Social Media findest du interessante News über dein Thema. Du solltest insgesamt immer ein Ohr am Markt haben, um nichts zu verpassen. Die Welt ist so schnelllebig, dass du auch schnell „out" bist mit deinen Themen.

Unabhängig davon gibt es viele weitere Recherchemöglichkeiten. Allen voran gibt es die Website von STATISTA, auf der eine Menge aktueller Statistiken und Umfragen hinterlegt sind. Studiere auch entsprechende Ratgeber- oder Fach- und Sachbücher über dein Thema. Hier findest du eine Menge Material, das dein Thema vervollkommnet. Aber noch mal der Hinweis: Schreibe niemals ab! Kopiere niemals etwas. Wenn du dort etwas Interessantes findest, gib IMMER die Quelle mit an. Ansonsten ist es „mit fremden Federn schmücken" und das ist nicht nur unkollegial, sondern sogar strafbar.

### Finde interessante Medien-Artikel

Es lohnt sich auch immer, entsprechende Fachzeitungen oder -zeitschriften zu durchsuchen. Insgesamt sind journalistische Medien eine gute und interessante Quelle tiefgehender Informationen. Besonders aus dem investigativen Journalismus.

Das Einfachste wird in der Regel am meisten unterschätzt: gute seriöse Medien-Artikel. Natürlich vertreten die verschiedenen Verlagshäuser auch unterschiedliche gesellschaftspolitische Meinungen. Eine unabhängige Presse gibt es nicht. Genauso wenig, wie es keine

Objektivität geben kann. Viele bemühen sich aber, so neutral wie möglich zu sein. Und es gibt Seriosität. Das bedeutet, dass gute Journalisten bestrebt sind, Themen von vielen verschiedenen Bereichen aus zu betrachten und darüber hinaus so sachlich und unabhängig wie möglich zu behandeln. Es gibt natürlich Medien, die sich auf konkrete Themen oder Ressorts spezialisiert haben. Es gibt die wirtschaftsgeprägten Medien, die politikgeprägten Medien, die unterhaltungsgeprägten Medien, die fachgeprägten Medien und viele mehr. Grundsätzlich gilt: Journalist/innen lieben Recherchieren. Das ist ihr Job. Was sie herausfinden wollen, finden sie heraus. Es gibt so viele so gute Journalist/innen und besonders die Investigativ-Journalist/innenen, dass es eine wahre Freude ist, gute Artikel von ihnen zu finden und zu verwenden. Selbstverständlich ebenfalls IMMER mit Angabe der Quelle. Journalist/innen nehmen uns sehr viel Arbeit ab und gerne erwähnen wir sie dafür. Also bitte: Recherchiere mit deinen Keywords gute Artikel in den Suchmaschinen oder direkt in den von dir bevorzugten Medien oder in der Fachliteratur. Harvard Business zum Beispiel wird immer gern zitiert. Dort gibt es interessante Artikel zu finden. Aber auch im Handelsblatt, in der Zeit, in der Wirtschaftswoche, in der Süddeutschen Zeitung, im Fokus, im Manager-Magazin, in der FAZ, in BRAND1 und viele mehr, um nur einige aus der Tages- und Wirtschaftspresse zu nennen. Ich bin sicher, dass die meisten im Publikum diese Neuigkeiten noch nicht kennen, die du dann präsentierst.

Grundsätzlich gilt aber: Suchen – Suchen – Suchen – und du wirst finden! Aber bitte IMMER die Quelle mit angeben.

### Lass andere Expert/innen zu Wort kommen

Wenn wir schon dabei sind, andere zu Wort kommen zu lassen: Finde auch spannende Kolleg/innen, die ebenfalls deine Meinung vertreten oder die schon echte Ergebnisse vorweisen können. Es gibt eine Menge sogenannter „Best-Practice-Beispielen", die nur darauf warten, in die Öffentlichkeit zu kommen. Nutze das viel mehr.

Spiele auch gern ein (sehr kurzes) Video mit einem Statement oder Kurz-Interview in deinen Vortrag mit ein. Du kannst auch eine kleine Straßenumfrage machen und diese einspielen. Nutze die verschiedenen Medien für deinen Vortrag. Zeige auch den Artikel, den du gelesen hast. Nimm ihn mit auf die Bühne und klapp ihn dort auf. Oder zeige ihn auf PowerPoint, dann sieht das Publikum ihn direkt. Das ist immer eine schöne Abwechslung und in der Regel auch sehr interessant. Außerdem macht es deinen Vortrag sehr lebendig. Es gibt so viele Möglichkeiten. Nutze sie!

### Übungen sind das SILBER der Interaktion

Die Menschen lieben es, wenn sie in den Vortrag einbezogen werden. Auch ich liebe Übungen. Aber ich hasse Übungen, die ich schon hundertmal machen musste. Bitte auch hier: Bringe etwas ganz Neues. Etwas, das Spaß bringt. Etwas, mit dem ich mir nicht veralbert vorkomme. Etwas, das mir einen AHA-Effekt bringt. Wenn ich noch einmal die Übung machen muss: „Verschränke bitte mal deine beiden Hände ineinander. Und jetzt wechsele einfach mal die Finger-Verkeilung. Hui ... fühlt sich komisch an, oder? So ist das mit Veränderungen. Erst komisch, dann völlig normal." Okay ... schöne Übung, aber ganz ehrlich: Ich habe sie schon hundertmal machen müssen. Ich bin müde. Ich will das nicht mehr.

Übungen, die tatsächlich einen AHA-Moment auslösen, findet das Publikum wirklich gut. Übungen, die einen auch mal bewegen lassen, mag das Publikum auch. Sie verändern die Energie im Raum. Sei kreativ. Schau bitte, was zu deinem Vortrag passt. Überlege dir einfache Übungen, die die Menschen an ihrem Platz machen können. Mache keine zu schweren Choreografien. Ich persönlich bin kein Fan von den „Andere-anfass-Übungen" oder „Tief-in-die-Augen-schau-Übungen". Nach Corona ist das ja eh passé. Was passt zu deinem Thema? Ich lasse sie tanzen. Ich habe 8 Schritte entwickelt, wie sie besser durchs Leben tanzen können. Jeder Tanzschritt ist mit einer Lösung verbunden. Aber auch das ist eher etwas für fortgeschrittene Speaker/innen, denn kein Publikum fängt an zu tanzen, nur weil man es ihnen sagt. Gib ihnen immer einen Grund, den sie verstehen und den sie wollen, und sie machen alles mit. Das bedeutet: Führe sie langsam dorthin und bestimme das nicht einfach. Auch wenn du die Bestimmerin im Saal bist, funktioniert das so nicht.

**So funktionieren Übungen**

Oftmals erlebe ich es, dass eine Übung mit den Worten angekündigt wird: „Bitte steht mal alle auf." Äh ... warum? Warum soll ich aufstehen? Bitte sei viel freundlicher zum Publikum und lade es doch erstmal ein. Menschen wollen verführt werden. Auch zu irgendwelchen Übungen. Sie sind keine Befehlsempfänger/innen. So könnte es besser gehen:

„Ich habe zu meinem Tipp (*den ich gerade vorgestellt habe*) eine kleine Übung entwickelt und ich möchte dich sehr herzlich dazu einladen, kurz mitzumachen. Hast du Lust?" Das hört sich doch ganz anders an, oder? „Ja, dazu habe ich Lust!" Okay. Jetzt du als Rednerin wieder: „Ich erkläre sie dir kurz, und dann machen wir es zusammen, okay?" Okay.

Viele Redner/innen machen jetzt den Fehler, dass sie das Publikum erst einmal aufstehen lassen und dann die Übung erklären. Dann stehen die Menschen dumm herum und haben nichts zu tun. Schon ist die Stimmung im Eimer. Sie verhungern. Nein. Erkläre die Übung vorher und erst dann bittest du sie aufzustehen. „Okay. Bist du bereit? Hast du die Übung verstanden? Dann stehe doch jetzt gerne mal auf." Und sie werden aufstehen. Nun wiederholst du deine Anleitung, WÄHREND sie schon anfangen. Dann habt Spaß. ABER: nicht vergessen, die Menschen sich wieder hinsetzen zu lassen. Das musst du bitte wieder rahmen. Oftmals wird das vergessen und dann stehen noch die Hälfte an Menschen. Du bist die Bestimmerin im Saal. Du bist die Kapitänin im Saal. Also gib auch klare Anweisungen. Aber bitte sehr freundlich. Sag ihnen, was zu tun ist. Sie hören gern auf dich.

Du kannst die Menschen auch kurz mit den Nachbar/innen sprechen lassen. Diese Übung ist aber eher für geübte Speaker/innen gedacht, weil sie einige Gefahren birgt. Einige Menschen im Publikum könnten diese „Pause" als Pinkel-Pause verstehen und gehen, andere überlegen sich, überhaupt zu gehen, andere reden über alles Mögliche, nur nicht über die Übung und wieder andere hören einfach nicht wieder auf zu reden, und du hast große Probleme den Saal nachher wieder ruhig zu bekommen. Wenn du eine hohe Akzeptanz bei den Zuschauer/innen hast, dann geht das. Diese Übung ist besonders gut bei längeren Vorträgen.

Grundsätzlich kannst du viele verschiedene Übungen in deinen Vortrag einbauen, die etwas Bewegung in den Saal bringen. Auch tiefe „Vorstell-Übungen" funktionieren sehr gut, wenn sie gut angeleitet sind und die Menschen wieder in eine gute und wache Energie geführt werden.

**Wichtig ist nur, dass diese Übungen immer auf dein Thema einzahlen, es jetzt auch auf der physischen Ebene anschaulich machen und für einen weiteren AHA-Moment sorgen.**

Welche Übungen fallen dir für deinen Vortrag ein? Denke dir etwas Nettes aus, wozu auch ich Lust hätte mitzumachen. ;-)

## STEP 4: DEINE INTERAKTION UND DEIN HUMOR

### Interaktion mit dem Publikum ist das Salz in der Suppe

Ähnlich wie bei den Übungen sind die Interaktion und auch der Humor mit dem Publikum eine wunderbare Vortragswürze. Alles anderen sind feste Zutaten, aber die Übungen, der Humor und die Interaktion machen alles ganz besonders schmackhaft und würzig. Ohne diese drei Verstärker kann ein Vortrag schnell fad werden. Die ganze Energie im Saal ändert sich sofort. Alle werden wieder wach. Es passiert etwas da vorne. Spannend. Durch diese Mischung der verschiedenen Vortragsanteile entsteht der Wechsel der Ansprache von Körper (physisch), Geist (kognitiv) und Seele (emotional). Also ... dann nutzen wir sie doch.

### Verbünde dich mit den Menschen

Die Interaktion ist nichts anderes als die Aktivierung und Miteinbeziehung des Publikums. Warum sollst du die ganze Arbeit alleine machen? Die Menschen lieben es, mitzumachen, wenn es etwas Gutes zum Mitmachen gibt. Sie hassen es, wenn sie immer nur die Hand heben müssten, um mitzumachen. Die Abwechslung macht's. Überrasche dein Publikum immer wieder. Veranstalte unerwartete Dinge. Beglücke sie mit erfrischenden Übungen, die Spaß und Abwechslung in die Bude bringen – auch und gerade bei einem hochkonservativen und seriösen Auditorium (oft wird gerade bei denen nur die kognitive Ebene angesprochen, wie schade).

Ich muss da immer an die Rocky-Horror-Picture-Show denken, bei der du als Zuschauer ständig dabei ist, entweder die Texte mitzusprechen, den Regenschirm herauszuholen, mit Reis oder Klopapierrollen zu werfen. Was für eine Gaudi. Das Publikum liebt Mitmach-Vorträge, wenn sie nicht zu platt sind und die Aktion immer (anders) auf dein Thema einzahlt.

Bitte sprich mit dem Publikum. Lerne es kennen. Interaktion heißt, auch immer wieder Fragen zu stellen, in einen „Dialog" mit ihnen zu gehen. Das machen die meisten Speaker/innen in der Regel viel zu wenig. Viele Kolleginnen sprechen auf das Publikum ein wie auf einen kranken Gaul. Die totale Frontalbeschallung. Wie schade.

Merke: Je mehr du dein Publikum ansprichst, desto besser fühlt es sich angesprochen.

## Du oder Sie?

Besonders in dem oben genannten Kapitel über Storys habe ich immer wieder erwähnt, ins DU zu gehen. Damit war natürlich nicht gemeint, dass du dein Publikum immer duzen sollst. Nein, du sollst es direkt ansprechen. Egal, ob Du oder Sie. Die Frage ist einfach: Wer ist dein/ Kund/in? Aber auch: Wie ist deine Marke? Oder auch: Was ist dein Thema?

Wenn deine Kund/innen Entscheider/innen und CEOs sind, dann ist es eher unüblich zu duzen. Es sein denn, du bist eine Bergführerin und möchtest diese elitäre Zielgruppe zu einer Mount-Everest-Besteigung verführen, damit sie an ihr wahres Potenzial erinnert und noch zielorientierter in ihrem Business werden. Dann macht es als Marke durchaus Sinn, sie ganz anders anzusprechen, nämlich mit dem Du. Sie sind ja letztlich auch noch Menschen, habe ich in meiner jahrzehntelangen Arbeit auf gehobenen Vorstandsetagen lernen dürfen, als ich noch im Angestelltenverhältnis war. Wenn du allerdings ein ganz „normales" Weiterentwicklungsthema auf die Bühne bringst und später diese Zielgruppe, wenn du sie im High-Level-Coaching hast, auch siezt, dann duze sie nicht während deines Vortrags. Das wäre für die meisten im Saal sicherlich ein Störfaktor.

Du alleine entscheidest, wie du dein Publikum ansprechen möchtest. Denke immer daran: Erst NACH deinem Vortrag gehen die Aufträge los. Ein Teil der Menschen, die jetzt im Publikum sitzen, werden in jedem Fall deine Kund/innen, wenn du einen guten Job da vorne machst. Das ist das Ziel der ganzen Show.

Merke: Sprich dein Publikum so an, wie du sie später im Auftrag auch ansprechen wirst. Entweder mit Du oder mit Sie.

## Fragen sind das GOLD der Interaktion

Du kannst auch einzelne Menschen im Publikum direkt befragen. Schau aber, dass du immer ein (desinfiziertes oder behandschuhtes)

Publikumsmikrofon zur Hand hast, damit alle alles verstehen. Ansonsten wiederholst du die Frage (und auch die Antwort) mit deinem eigenen Mikrofon, damit sie auch jeder im Saal versteht.

Habe keine Angst vor unangenehmen Kommentaren. Falls du tatsächlich mal an ein faules Ei im Publikum gerätst, kannst du es immer noch geschickt wieder auffangen. Denke an die 70 % deiner Fans im Saal. Wenn eine Stimme nicht positiv ist, wird das nichts an der Gesamtstimmung ändern. Im Gegenteil: Die anderen beziehen eine klare Meinung und halten noch viel mehr zu dir. Aber in der Regel sind die Stimmen positiv – gerade weil du einen echt guten Vortrag hältst. Die Menschen wollen mitmachen. Sie lieben es, mitzumachen.

Lass dir bitte auch andere Dinge einfallen, wie das Publikum dir antworten kann, ohne immer die Hand zu heben. Du kannst das fröhlich rahmen, indem du die schon erwähnte 3-fach-Formel des Humors anwendest:

- Wer hat auch keine Lust mehr, immer nur den Arm zu heben, wenn er etwas gefragt wird?
- Wer möchte gern etwas anderes machen, als immer nur diesen Arm zu heben?
- Dann habe ich eine Idee für dich: {Spannung aufbauen:} Hebe einfach den anderen Arm. {jaja ... etwas müde, aber lustig}

Ja, man darf sich auch mal ein bisschen neckisch kabbeln. Das mögen sie. Du weißt ja: „Was sich neckt, das liebt sich." Jetzt löse es aber bitte weiter auf und mache mit dem Publikum aktiv ein neues Zeichen aus, wenn sie das nächste Mal von dir gefragt werden. Wie wäre es mit „Füße stampfen"? Oder mit „Grunzen"? Auch witzig, wenn der ganze Saal anfängt grunzt. Vor allen Dingen, wenn jemand zu spät zum Vortrag kommt und plötzlich fängt der ganze Saal an hemmungslos zu grunzen. Herrlich! Es gibt aber auch nettere Dinge wie ganz einfaches Aufstehen. Oder Pfeifen. Oder mit dem linken

Ohr wackeln (wieder ein kleiner Kicher-Gluckser). Oder mit dem Kopf nicken. Oder oder oder …

Es gibt viele Möglichkeiten des gegenseitigen Kennenlernens. Frage sie ruhig die ein oder andere Frage zu deinem Thema.

- „Kennst du das auch, dass Menschen immer …"
- „Wie viele von euch haben schon mal …"
- „Wem geht es noch auf die Nerven, dass …"

Schön sind auch kleine Rätsel-und Knobel-Übungen. Menschen lieben es zu quizzen. Wirf ihnen zum Beispiel „Schätzfragen" zu und lasse sie die Antworten in den Raum rufen.

Mach auch gerne einen kleinen Wettbewerb innerhalb des Publikums. Teile das Publikum in zwei Hälften und lasse zum Beispiel über einen „Applausometer" abstimmen.

Denke aber immer daran: Je größer dein Publikum, desto schwieriger wird die Interaktion. Zum einen, weil du dann wahrscheinlich auf einer sehr großen Bühne stehen wirst und weit weg vom Publikum bist. Zum anderen, weil du dein Publikum durch die Mega-Scheinwerfer gar nicht mehr siehst. Aber auch dann bleibe im Kontakt mit deinem Publikum. Ich mache das immer so, dass ich mir mein Publikum überwiegend vorstelle. Ich spreche umso herzlicher mit ihnen, auch wenn ich sie nicht richtig sehen kann.

Seid ihr alle gut drauf? Das wird sich gleich ändern!

**Erfrische dein Publikum mit Humor**

Erlerne die Grundlagen deines Bühnen-Humors und die Menschen werden dich lieben. Das bedeutet zwar nicht, dass du unbedingt Humor brauchst. Du kannst auch einen sehr guten Vortrag komplett ohne Humor halten. Aber: Humor hilft. Humor macht alles lebendig und kann das schaffen, was manchmal stundenlanges Reden und Überzeugen nicht schaffen kann. Und zwar innerhalb kürzester Zeit.

Was wären wir ohne Humor? Humor hilft ungemein. Aber Achtung: Bitte erzähle KEINE Witze auf der Bühne. Hier geht es ausschließlich um deinen ureigenen „Mutterwitz". Viele verstehen das Wort „Mutterwitz" nicht. Damit ist dein ganz eigener von zu Hause mitgegebener Humor gemeint. In diesem Kapitel erzähle ich dir, wie Humor auf der Bühne funktioniert und wie du mit den einfachsten Mitteln die Menschen zum Schmunzeln oder sogar zum herzerfrischenden Lachen bringen kannst.

**Woran erkennst du deinen eigenen Humor?**

Wenn du Humor in deine Vorträge bringen möchtest, dann erkenne in erster Linie deinen ganz persönlichen Humor. Das geht am besten, indem du dich selbst gut wahrnimmst, beobachtest und so deinen Humor auf diesem Weg immer näher kennenlernst. Hier kommen jetzt ein paar Fragen, mit denen du deinen Humor wahrnehmen und somit auch in Zukunft viel gezielter einsetzen kannst.

- Was bringt dich selbst persönlich in deinem Umfeld zum Lachen? Worüber lachst oder kicherst du am liebsten?
- Wie erzeugst du Humor in deinem Alltag? Wann glucksen oder lachen deine Freunde, Nachbarn oder Familie? Was hast du dafür getan? Wie hast du es getan?
- Wenn du schon mal einen Vortrag gehalten hast, an welchen Stellen hat das Publikum positiv reagiert bzw. herzlich gelacht? Wenn du demnächst weitere Vorträge hältst, beobachte das ab jetzt genau und verstärke das Humorvolle in Zukunft. Nimm deinen Vortrag auf, schau ihn dir im Nachhinein nochmal an und finde das Humor-Potenzial deiner Speech.

Seziere und analysiere deinen Humor in Zukunft. Nur so entdeckst du immer mehr deinen Mutterwitz. Du wirst dich wundern, wie viel Humor du eigentlich hast.

Humor wird in der Regel unterschätzt. Natürlich musst du keine

Schenkelklopfer bringen, aber ein gut pointierter Gag an der ein oder anderen Stelle hat schon so manchen schlechten Vortrag gerettet. Bitte konstruiere nichts, wenn du es nicht perfekt beherrscht. Setze lieber auf Situationskomik, aber nur wenn sich wirklich etwas anbietet.

**Humor ist eine ernste Sache.** Deswegen lass uns darüber reden. Es gibt nichts Humorloseres, als über Humor zu reden. Besonders auf einer Bühne solltest du sehr behutsam mit Humor umgehen, denn schlecht eingesetzt kann er voll nach hinten losgehen. Lerne hier, wie Humor wirklich funktioniert. Theoretisch, aber natürlich auch praktisch.

### Sei in jedem Fall wirklich authentisch!

Wichtig ist nur, dass der Humor definitiv zu dir passt. Hast du eher einen leisen, feinen und sanften Humor? Dann setze ihn genau so ein. Bist du eher mit richtig schönem und heftig schwarzem Humor im Leben unterwegs? Dann setze ihn genau so ein. Magst du fröhliche Schenkelklopfer? Dann setze sie genau so ein.

Du bist die Marke. Du bist bitte auf der Bühne genau so, wie du auch privat bist. Nur dann akzeptieren dich die Menschen vollends, weil du echt bist und es stimmig ist. Egal, wie du aussiehst. Egal, wie alt du bist. Egal, wo du herkommst. Das spüren die Menschen einfach. Am Anfang kann man noch nicht so locker sein, wie man möchte. Das war ich auch nicht. Aber mit der Zeit wird es immer leichter. Wenn du die Tipps, die ich dir in Kapitel 6 verraten habe (Angst auf der Bühne) beherzigst, wirst du deine Angst immer mehr und mehr verlieren. Du wirst immer ruhiger und entspannter und kannst dich immer mehr so zeigen, wie du wirklich bist.

Richtig authentisch bist du dann, wenn alles in dir übereinstimmt. Körpersprache, innere Haltung, Werte, Lust, Stimme, Freude. Schau also, dass du überwiegend nur auf solchen Events sprichst, auf denen du dich auch wirklich wohlfühlst. Ich selbst bin irgendwann nicht mehr in Konzerne gegangen, weil ich mich daran abgearbeitet hatte. Irgendwann konnte ich dort nichts Neues mehr lernen. Auf mich wartete noch eine andere Aufgabe. Alles andere hätte mich und somit auch die anderen gequält. Das Publikum merkt es, wenn ein/e Speaker/in keine Lust mehr hat. Das Publikum merkt das auch Sänger/innen an, wenn sie keine Lust mehr haben. Auch wenn man sich sehr viel Mühe gibt. Menschen werden immer feinfühliger und spüren die negativen Energien, die unterschwellig mitschwingen. Bitte mache dann etwas anderes. Du kannst nur dann strahlen, wenn du echt happy bist mit dem, was du da machst. Ansonsten mache dich bitte auf den weiteren Weg, denn da wartet scheinbar noch etwas auf dich!

### Humor löst Energien

Kennst du das Phänomen auf Beerdigungen? Die ganze Zeit ist eine tragende düstere Stimmung und plötzlich lässt Onkel Alfred einen fahren und alle lachen sich kaputt? Genau so funktioniert das auf der Bühne. Also nicht dass du jetzt einen fahren lässt ... Bloß nicht falsch verstehen. Herrscht die ganze Zeit eine angespannte und konzentrierte Stimmung in deinem Vortrag, hilft es, an unerwarteter Stelle, einen heiteren Spruch oder einen kleinen Schenkelklopfer einzubauen und schon ist die Energie wieder entladen. Alles ist wieder auf Normal-Energie geschaltet. Alles ist wieder neutralisiert. Die Anspannung löst sich. Das ist gut so, besonders in längeren Vorträgen. Was für eine Erleichterung. Menschen lachen gern und möchten unterhalten werden. Menschen lernen leichter durch Lachen, weil sie sich das besser merken können und weil es einfach Spaß bringt. Also würze deinen Vortrag mit einigen Prisen Humor und die Menschen werden dich (noch mehr) lieben.

Humor hat auch eine wichtige Funktion in der Resilienz-Forschung. Humor gibt Kraft, Halt und Entspannung. Besonders, wenn du über schwere und tiefe Themen auf der Bühne sprichst, macht Humor alles viel leichter annehmbar. Ich persönlich spreche viel über sehr belastende Themen, damit sich Menschen davon befreien können. Das ist mein persönliches Herzensthema. Menschen in ein unbeschwertes Leben (ver-)führen. Hier ist Humor besonders wichtig, damit die Menschen nicht nur Lust bekommen, sich zu befreien, sondern es auch ihnen leichter gemacht wird, sich mit den Themen zu beschäftigen.

### So funktioniert Bühnen-Humor

**Humor ist reine Technik.** Es gibt ein paar einfache theoretische Tricks, die praktisch immer funktionieren und die ich dir hier gerne kurz vorstelle. Probiere sie aus. Stück für Stück. Am besten erst einmal in harmlosen Alltagssituationen. Analysiere auch im Nachhinein bestimmte Situationen. Was hättest du sagen können, damit es noch humorvoller rübergekommen wäre? Auch das hilft, den Humor immer weiter zu trainieren.

### Finde einfache „Kicher-Gluckser"

Einer meiner Lieblingssprüche auf der Bühne ist: „Was mich glücklich macht? Manchmal braucht es einfach nur eine Umarmung ... oder 50.000,- Euro in BAR!" (Bitte Pause nicht vergessen!) Nur als kleines Beispiel. Es kommt natürlich immer auf die Betonung an. Bei dem Wort „Umarmung" bin ich natürlich voll im „spirituellen" Modus. {Ja, menschliche Nähe ist so wichtig...} Bei dem Nachsatz: „oder 50.000,- Euro in BAR!" setze ich ein gieriges, forderndes und fieses Lächeln auf. Das finden die Menschen immer richtig lustig, weil: „Das sagt man doch nicht!" Doch ... Ich schon. Auf der Bühne ist vieles erlaubt. Du darfst Dinge sagen, die sich das Publikum selbst niemals zu sagen trauen würde. Es sind die kleinen Dinge

> Kennst du das, wenn du morgens hochmotiviert zur Arbeit fährst? Ich auch nicht!

wie lustige Sprüche, die die kleinen „Kicher-Gluckser", wie ich sie nenne, erzeugen. Es müssen nicht immer die großen Schenkelklopfer sein. Und immer wieder die Erinnerung: Es muss zu dir passen. Sonst geht es daneben. Wie findest du heraus, welcher Humor zu dir passt? Wenn du dich mit deinem Humor wohlfühlst. Ansonsten lass es bitte.

### Übertreibe oder untertreibe maßlos

Übertreibungen und Untertreibungen funktionieren in der Regel sehr gut. Probiere das auch im Alltag aus. Werde immer mutiger. Übertreibe hemmungslos. Finde Superlative für eine ganz kleine Alltagssache. Im Kopf der Menschen entstehen dann eigene Bilder und das finden sie zum Schießen komisch. Sie erzeugen also selbst den Lacher in sich. Ich sage beim Thema „Entspannung" immer den einfachen kleinen Satz: „Beeindrucke eine Schnecke!" Schon schmunzeln alle und verstehen, was ich meine. Wenn ich in der Anmoderation als besonders humorvoll und lebendig anmoderiert werde, fange ich manchmal meinen Vortrag so an: „Ja, ich freue mich auf die nächsten dreieinhalb Stunden und die 356 PowerPoint-Folien, die ich für Sie vorbereitet habe." Schon ist ein Bruch da und ich nehme mir selbst den Druck megahumorvoll sein zu müssen.

### Auf das Timing kommt es an!

Eines Tages erzählte mir mal ein lieber Speaker-Kollege, dass er immer wieder eine sehr humorvolle Story auf der Bühne präsentiert hat, die immer superlustig war und immer megagut angekommen ist. Eine richtig gute Schenkelklopfer-Geschichte. Doch eines Tages hat er sie wieder auf einer Bühne erzählt und Achtung: KEINER hat gelacht. Er war komplett irritiert, denn diese Geschichte hat doch wirklich immer gezogen. Schlussendlich hat er irgendwann den Tipp bekommen, dass er einfach zu schnell über die Pointe hinweggeschossen ist und dem Publikum letztlich keine Gelegenheit zum Verstehen gegeben hatte. Er ist über die Jahre in dem Part des Vortrags

– ohne es selbst zu merken – immer schneller geworden. Er hatte die Story ja schon verstanden. Aber das Publikum eben nicht. Ich habe schon in Step 1 (Wie erzählst du deine Story) über die Dauer von Schallwellen gesprochen, die es braucht, bis alles beim Publikum physisch, aber auch psychisch ankommt. Es braucht Zeit. Jetzt macht mein Kollege einfach wieder eine längere Pause und der Schenkelklopfer ist stärker denn je. Also bitte gib dem Publikum ZEIT! Dann kann es auch reagieren. Insofern sind PAUSEN an den richtigen Stellen enorm wichtig, damit das Publikum den Joke verstehen und entsprechend reagiert kann.

### Unerwartetes auf die Bühne bringen

Ich liebe es, wenn unerwartete Dinge im Saal passieren. Daran kann ich mich so richtig schön abarbeiten. Spontanität ist hier ein großer Helfer. Alles, was unerwartet ist, ist gut. Erinnerst du dich noch an meine „Kellner-Story"? Der so laut serviert hat, dass er tatsächlich meinen Vortrag immer wieder gestört hat? Was glaubst du, was habe ich mit dem armen Mann gemacht? Er wurde für kurze Zeit der Mittelpunkt der Speech. Immer wieder habe ich mich auf ihn bezogen. Immer wieder wurde er mein kleines Vortragsopfer. Immer herzlich und humorvoll natürlich. Niemals wirklich negativ. Er musste am Ende selbst lachen, und fand es, glaube ich, ganz spannend, auch mal im Mittelpunkt zu stehen. Und ich hatte ständig verständnisvolle Lacher. Glaubst du, dass er bei der nächsten Veranstaltung anders serviert? Ich glaube schon. Zack ... zwei Fliegen mit einer Klappe geschlagen.

### Die 3-Satz-Formel

Ein absoluter Klassiker und von vielen Speakern immer wieder gern bei der Begrüßung eingesetzt ist die „3-Satz-Formel", die ich schon erwähnt habe. Diese Formel funktioniert immer, wenn sie eine wirklich hohe Fallhöhe hat – und nur dann. Die letzte Frage muss immer einen BREAK haben, damit sie einen Lacher erzeugt. Wenn du einen

Vortrag hältst, in dem es über Partnerschaft geht, wäre das hier zum Beispiel ein schöner Einstieg:

- Wer von euch ist verheiratet?
- Wer von euch ist geschieden?
- Und wer von euch wäre jetzt gern wieder geschieden?

*{Haha... natürlich meldet sich jetzt in der Regel keiner, weil der Partner daneben sitzt. Manchmal meldet sich doch jemand, und dann ist es noch ein größerer Lacher.}*

### Mit Selbstironie und Situationskomik die Herzen gewinnen

Storys, in denen du selbst peinliche Fehler zum Vortragsthema, gemacht hast, erzeugen immer eine Mischung aus Schadenfreude, Erstaunen, Bewunderung, Mitleid und große Heiterkeit. Es endet aber in hohem Respekt für dich, dass du so souverän bist, dich selbst auf die Schippe zu nehmen. Du endest immer als Gewinnerin.

Das ist auch mein Klassiker. In meiner Boss-Story mache ich nichts anderes, als dass ich die ganze Story witzig nacherzähle und mich die ganze Zeit selbst aufs Korn nehme. Durch das aktive Nachspielen erzeuge ich eine hohe Situationskomik, welche die Menschen lieben. Nun habe ich persönlich auch das Glück, noch eine Menge Bild- und Videomaterial von meinem großen Tag zu haben. So kann ich das immer wieder dramaturgisch sehr gut inszenieren. In der Regel werfen sich alle weg vor Lachen, wenn ich meine Story so erzähle, wie ich sie erzähle. Hier bin ich selbst das Opfer, das am Ende aber die absolute Gewinnerin ist. Was kannst du nacherzählen? Wo kannst du dich selbst aufs Korn nehmen? Probiere es mal. Solange du am Ende die Gewinnerin bist, kommt es super an.

> *„Genug von mir geredet... reden wir von Ihnen: Wie finden Sie mich?"*

## Spitznamen geben

Wenn du deinen Vortrag hältst, kannst du deinen Protagonist/innen auch lustige Spitznamen geben. Gerne werden bei Führungskräfte-Vorträgen in plakativen Beispielen auch gerne mal die Synonyme genutzt: „Wenn Mutti (oder Papi) *{als Vorgesetzte}* zu dir sagt ..., dann ..." Oder auch, wenn jemand aus dem Publikum einem Hollywood-star ähnlich sieht, kannst du ihn auch so ansprechen: „Ja, das Mikrofon bitte zu Robert Redford". „ Oder auch: Für den Vorstandsvorsitzenden: „Der Silberrücken..." Aber Achtung: Es passt nicht immer. Es könnten sich dadurch auch einige auf den Schlips getreten fühlen. Die Stimmung und die Art und Weise, wie du es sagst, spielen eine enorme Rolle. Charmant, sympathisch, wohlwollend, herzlich, liebevoll und charismatisch sind hier gute Stichwörter, um so eine Taktik anzuwenden.

## Erzeuge Kopfkino

Erzeuge mit deinen Storys ein Bild in den Köpfen des Publikums. Beschreibe es sehr detailliert, damit die Menschen sich alles real vorstellen können. Oftmals bringt sie die eigene Fantasie viel mehr zum Lachen, als du es schaffen könntest. So etwas nennen wir auch Kopfkino. Lasse dein Publikum sich selbst das humorvolle Ende vorstellen. Auch dafür braucht es Zeit. Wenn du zum Beispiel einen Vortrag über das Thema „Loslassen" hältst, könntest du sagen: „Ich habe das Thema ‚Wegwerfen' für mich entdeckt. Man soll ja immer mehr loslassen heutzutage. Und ja, es geht leichter, als du denkst. Was könntest du alles wegwerfen?" und es erscheint eine Liste mit Dingen NACHEINANDER auf PowerPoint, die du entsorgen könntest:

- Alte Dinge aus dem Keller, die nur herumstehen
- Alte Möbel auf dem Speicher, die nur herumstehen
- Alte Männer in der Küche, die nur herumstehen *{Pause}*

## Jemanden im Publikum aufs Korn nehmen

Das klappt besonders gut mit Vorständen oder Führungskräften, die bei Firmenveranstaltungen, für die ich gebucht wurde, überwiegend in der ersten Reihe sitzen. Hach, ich habe es geliebt, sie immer wieder zur allgemeinen Erheiterung herzlich, aber durchaus frotzelnd aufs Korn zu nehmen. Sie können sich in dem Moment ja nicht wehren. Natürlich habe ich nichts Schlimmes mit ihnen angestellt, aber ich habe sie so angesprochen, wie kein/e Mitarbeiter/in sich trauen würde, sie anzusprechen. Das ist natürlich der Vorteil, wenn du nicht in dem Beziehungsgeflecht drinsteckst. Außerdem habe ich über 20 Jahre auf Vorstandsebene und mit vielen der Jungs (und leider selten Mädels) gearbeitet und weiß, mit wem ich was machen und wie weit ich gehen kann. Da gab es dann schon mal ein sehr kumpelhaftes und verärgertes: „Hallo Chef, was ich Ihnen schon immer mal sagen wollte: Ihr Führungsstil ist wirklich unter aller Kanone!" Natürlich folgt sofort ein an die Mitarbeiter/innen gerichtetes: „Das würden Sie ja NIEMALS zu ihrer Führungskraft sagen, oder?" Aber zack – ich hatte es gesagt und in dem Moment kichern schon Hunderte Mitarbeiter in aufgeregter Spannung, ob er wohl gleich platzt oder nicht. In der Regel umgarne ich ihn danach noch ein bisschen mit Zuckerwasser, so dass er mir nicht wirklich böse sein kann. Natürlich habe ich den Mitarbeiter/innen danach erzählt, wie sie deutlich respektvoller und taktvoller mit Führungskräften umgehen. Bisher hat es jede/r, manchmal ein bisschen schwer lächelnd, mitgemacht, aber mitgemacht! Dennoch: The Joke was on me!

## Nutze guten Wortwitz

Verändere zum Beispiel alte Sprichwörter mit etwas Unerwartetem. „Immer wenn du denkst es geht nicht mehr, öffnet sich irgendwo eine Kühlschranktür." Oder auch: „Zu viel des Guten kann wunderbar sein." Oder auch: „Glitzer auf mein Haupt". Es sorgt immer wieder für kleine Kicher-Gluckser und das heitert allgemein die Stimmung auf. Je nachdem wo es passt natürlich nur.

### Vergleiche große Weltthemen mit kleinen Alltagsbeispielen

Ich war jahrelang Kolumnistin einer großen Frauenzeitschrift, in der ich monatlich eine ganze Seite über relevante Ratgeberthemen schreiben konnte. Hier habe ich es geliebt, die ganz großen Themen der Welt mit meiner kleinen Alltagswelt zu vergleichen, wie zum Beispiel: „Zeitmanagement ist wie Keller aufräumen" Alles mal herausholen und wieder neu zusammensetzen. Oder auch das Thema: „Erfolg ist trainierbar. Fang im Kleinen an: Fühle dich viel öfter wirklich erfolgreich." Dann gebe ich immer die Übung auf, die ich schon im Step 1 der STAGE-Methode© erwähnt hatte: „Wenn du das nächste Mal den Müll rausbringst, dann fühle dich auf dem Rückweg so richtig erfolgreich. Zelebriere es und es wird sich mehr Erfolg einstellen." Das funktioniert super auf der Bühne.

### Sprich über Tabuthemen oder benutze Tabuwörter

Es ist immer wieder erstaunlich, wie einfach Menschen zum Lachen zu bringen sind. Mit Tabuwörtern geht es immer noch am einfachsten. Sage nur einmal das Wort „Pupsen" und schon giggern alle los ... „Das sagt man doch nicht!" Kicher kicher. Oder auch irgendetwas mit Sex. „Oooohhh, darüber redet man doch nicht öffentlich!"

Wir machen bei uns bei Feminess auf unseren legendären „Speaker Days" immer auch eine Speaker-Karaoke, in der fünf unserer Zuschauer/innen zwei Minuten Zeit bekommen, über ein wahllos ausgesuchtes Thema einen Spontan-Vortrag zu halten. Die Begriffe darf dann vorher immer Robert, Marinas Mann, aussuchen. Diese schreiben wir dann morgens auf dem Hinweg zu der Veranstaltung auf die Moderationskarten und beömmeln uns in freudiger Erwartung im Auto darüber. Der Robert ist bei der Auswahl viel mutiger als wir, und dann kommen auch schon mal solche Begriffe vor wie: Orgasmus. Oder auch Menstruation. Und was glaubst du, welche Vorträge die meisten Lacher bekommen? Richtig ... Super Vorträge, aber mit einem echten Tabu-Thema... Darüber sollte viel öfter offen gesprochen! „Oooohhh, das macht man doch nicht!" Doch! Die Frauen auf der Bühne schon. Super. Und die Menschen im Publikum lieben es.

### Vertraue auf deine Spontanität

Spontanität muss sorgfältig geplant sein, heißt ein humorvoller Spruch. Nämlich gar nicht! Ich liebe Unerwartetes, weil es in meinen Augen das meiste Potenzial für humorvolle und unerwartete Situationen hat, die man so nicht planen kann. Jetzt ist Improvisieren gefragt. Vertraue auf deine Spontanität. Du wirst immer eine gute Antwort haben. Egal, was kommt. Greife Dinge auf, die passieren. Freue dich über Zwischenfälle. Beziehe dich immer wieder während deines Vortrags darauf. So werden bestimmte Situationen oder Begriffe zum Running Gag.

> Wie soll ich wissen was ich denke, bevor ich höre, was ich sage?

### Finde einen Running Gag

Vielleicht findest du einen „Running Gag" in deinem Vortrag? Das witzige bei einem Running Gag ist, dass jeder denkt, dass die humorvolle Situation vorbei ist. Dann werden die Menschen unerwarteterweise wieder daran erinnert. Greife immer wieder eine humorvolle Situation auf und bespiele sie in guten Abständen neu. Erinnerst du dich noch an meine Kellner-Störer-Geschichte? Das hat sich zum absoluten Running Gag entwickelt, sie wurde mit der Zeit immer witziger und wird auch in der Regel nicht vergessen. Ganz zum Schluss bei der Verabschiedung habe ich den Kellner noch einmal erwähnt, indem ich mich bei ihm für die super Unterstützung bedankt habe. Das war natürlich alles nicht geplant und das wusste das Publikum auch. Ein guter Running Gag wird mit der Zeit immer witziger, je länger du ihn bespielst. ABER: Überreize ihn auch nicht. Du wirst spüren, wenn der Zenit überschritten ist. Dann höre sofort damit auf.

## Beschreibe ein Gegenteil-Szenario

Besonders humorvoll ist es auch, wenn du ein vollumfängliches Szenario von dem entwirfst, was du eigentlich an positiver Lösung in die Welt bringen möchtest. Welche Auswirkungen hätte das Gegenteil? Beschreibe das mit Worten und erzeuge ein Kopfkino bei den Menschen. Beschreibe es in jedem Detail und die Menschen werden lachen und den Kopf schütteln. Auch das ist ein wirksames Mittel des Humors.

Extra-Tipp: Wenn dich das Thema Humor mehr interessiert, dann schau doch mal in die Fachbücher. Es gibt sehr viele gute Bücher über Humor-Techniken.

## Humor ist überall

Studiere ihn. Versuche ihn zu kategorisieren und zu analysieren. Beobachte Humor in deiner Umgebung. Worüber lachen oder schmunzeln die Menschen? Im Fernsehen? Im Radio? Im Supermarkt? In meiner Nachbarschaft zum Beispiel ist unfassbar viel Humor. Ich staune immer wieder. Da wird überall nach Herzenslust gefrotzelt. Herrlich.

Worüber lachen die Menschen bei DIR? Wenn du etwas sagst. Was hast du gesagt? Wie hast du es gesagt. Beobachte dich selbst. Du wirst sehen, dir wird der Humor immer leichter über die Lippen gehen. Finde deinen eigenen Humor-Stil heraus, der dir wirklich leicht fällt und liegt. Den baust du dann immer weiter aus.

## So funktioniert Bühnen-Humor NICHT

Mir ist es an dieser Stelle ganz besonders wichtig, auch über die Themen zu sprechen, die wirklich überhaupt nicht witzig sind.

## Keine Politik und keine Religion

Bitte vermeide als professionelle Rednerin grundsätzlich immer die Themen Politik und Religion. Es sein denn, du bist Politikerin oder Pastorin. Du kannst aber nur verlieren, wenn du in der Wirtschaft unterwegs bist. Zu unterschiedlich sind die Meinungen.

## Kein Fußball

Auch Fußball ist so eine Sache, es sei denn, du machst es wirklich humorvoll. Ich beende manchmal meinen Vortrag (nicht in der Botschaft) mit dem Spruch: „Jetzt haben wir so viele Lösungen gefunden, da bleibt nur noch die Sorge um den HSV!" Das sorgt auch immer gern für Lacher, weil sie dann wissen, dass ich aus Hamburg komme und es etwas Unerwartetes ist.

## Kein Kolleg/innen-Bashing

Bitte ziehe auch niemals über andere Menschen oder Kolleg/innen her. Ich habe schon richtig schlimme Kolleg/innen-Bashing-Geschichten sogar mit Namenserwähnungen von sehr bekannten Speaker/innen auf der großen Bühne gehört und mich absolut fremdgeschämt bzw. erbost den Kopf geschüttelt. Das macht man nicht!!! Das ist die billigste Art, Applaus zu bekommen!

Wo bitte ist die Gerüchteküche? Gleich beim Geredeschuppen

## Keine Witze erzählen

Ich habe es schon mehrfach erwähnt: Bitte erzähle keine Witze auf der Bühne, es sei denn, du kannst es wirklich! Diese kommen in der Regel nicht gut an. So funktioniert Humor für Speaker nicht. Es sein denn, du baust es als eine Besonderheit ein.

### Keine Humorankündigung

Bitte kündige keinen Humor an. „Jetzt kommt was total Witziges. Haha..." Äh ja ... und wo ist jetzt der Witz? Das kann nie gut gehen, weil du das Unerwartete schon vorweggenommen hast, was jammerschade wäre.

### Keine frühere Situationskomik erzählen

Bitte erzähle auch keine Situationskomik, die ausschließlich nur für dich witzig war. Wenn kein anderer den Humor darin finden kann, weil niemand dabei war, lasse es lieber ganz.

Bitte beobachte in Zukunft die Reaktionen auf dein Gesagtes. Diese verstärkst du zukünftig sukzessiv. Nur so wirst du immer besser. Gute Vorträge zu halten ist immer eine ENTWICKLUNG. Bitte erlaube dir Entwicklung und vermeide von Anfang zu hohe eigene Ansprüche an dich selbst. Ehrgeiz und starkes Engagement ist wichtig, aber bitte keine Perfektionsansprüche. Bitte schreibe dir also ab jetzt nach jedem Vortrag das Humor-Potenzial deines Vortrags auf und optimiere es von Vortrag zu Vortrag. Viel Erfolg dabei!

## STEP 5: DEIN PRÄSENT UND DEINE BOTSCHAFT

Mache deinem Publikum ein nützliches Präsent und ende mit einer starken, auffordernden und unvergesslichen Botschaft.

### Der Trick mit dem Geschenk

Hach, ist die Zeit schnell verflogen. Dein Vortrag ist schon fast zu Ende. Die Menschen sind begeistert. Doch jetzt kommt fast das Wichtigste: Du leitest deinen Abschluss ein. Doch bevor du das machst, mache den Menschen noch ein nettes Geschenk. So schafft man sich Freunde und nachhaltige Kontakte. Wie oft habe ich in meiner Anfangszeit einen Vortrag gehalten und danach nie wieder etwas von den Menschen gehört oder gesehen. Ich bin in irgendeine Stadt in Deutschland gefahren und als der Vortrag vorbei war, war Schluss. Funkstille. Over and out. Mein Vortrag ist super angekommen, ich habe mein Honorar bekommen und alle waren happy. Naja ... bis auf mich, denn ich konnte mit meinem Publikum nicht in Kontakt bleiben, was ich immer sehr schade fand. Das habe ich natürlich auch am Umsatz gemerkt.

Miteinander in Kontakt zu bleiben finde ich aus mehreren Perspektiven sehr wichtig: Zum einen, weil mich die Menschen wirklich interessieren und zum anderen, weil ich auch geschäftlich mit ihnen in Kontakt bleiben möchte. Ist doch klar. Wir haben heutzutage alle Möglichkeiten durch das Online-Marketings, dann wollen wir das auch nutzen. Es war noch nie so einfach wie heute! So kannst du dir nachhaltig eine gute Liste aufbauen, und keiner geht verloren, der an deinen Themen interessiert ist. Allerdings möchte niemand etwas verkauft bekommen.

> Ich verspreche nichts... Und das halte ich auch!

Bevor es jetzt langsam zum Abschluss deines Vortrags kommt, ist es schlau, auch langfristig mit den Menschen in Kontakt zu bleiben. Wie bekommst du das hin? Bitte verkaufe auf gar keinen Fall deine PRODUKTE auf der Bühne! Niemals! Die Menschen verschließen sich energetisch wieder, wenn ihnen etwas verkauft werden soll. Es sei denn, du rahmst es, holst dir die Erlaubnis vom Publikum oder bist eine geborene Verkäuferin, aber sich sage dir: LASS ES! Mache es viel geschickter.

Ich liebe es, wenn ich beim Bäcker bin oder beim Türken nebenan einkaufen gehe und kleine kostenfreie Leckereien zum Kosten bekomme. Ich nasche dann gerne das ein oder andere weg und wenn es mir gut schmeckt, kaufe ich in der Regel auch etwas davon. Genau so funktioniert dieser gute alte und sympathische Kaufmannstrick. Schenke den Menschen etwas Leckeres und sie wollen mehr davon und kaufen. Du kennst jetzt schon meinen Spruch:

- Baue Vertrauen auf.
- Aus Vertrauen wird Überzeugung.
- Und aus Überzeugung wird Buchung.

Genau so ist es, wenn du ein Präsent auf der Bühne für die Menschen versprichst. Schenke ihnen etwas wirklich Nützliches. Etwas Sinnvolles. Etwas, das die Menschen wirklich haben wollen. A B E R: Verknüpfe es natürlich mit deiner Website oder einer Extra-Website, so dass sie über den Dopple-Opt-In (Eintragemaske) ihre E-Mail-Adresse eingeben müssen. So kannst du einen sympathischen „Verkaufs-Funnel" starten, der die Menschen auf angenehme Art und Weise weiter begleitet.

**So gewinnst du mit deinem Vortrag neue Kunden/innen**

Die Menschen lieben Geschenke. Sie geben von Herzen gern ihre E-Mail-Adresse, wenn sie etwas wirklich Gutes dafür bekommen. Es sollte natürlich etwas mit deinem Vortrag zu tun haben. Was könnte das sein? Hier eine kleine Auswahl von Online-Präsenten:

- Ein Test, der zeigt, ob du ... (je nach deinem Thema)
- Eine wirklich nützliche Checkliste für dein Thema
- Eine unterstützende geführte Meditation
- Eine gute Übersichtsliste von Veranstaltern
- Die 5 besten Tipps, wie du ...
- Ein Test, der zeigt, welcher Persönlichkeitstyp du bist
- Einen kalendarischen Übersichtsplan über alle deutschen und internationalen Aktionstage (Tag der Jogginghose)
- Die größten Fehler, die Menschen machen, wenn sie ...
- Die heute gezeigte PowerPoint-Präsentation
- Die 7 besten Schritte zu ...

- Wenn du gerne wissen möchtest, welcher Motivationstyp du bist, kannst du das hier erfahren.

Je nützlicher dein Präsent ist, desto mehr wird es GEWOLLT.

Wie geht so ein Verkaufsfunnel weiter? Du begleitest deine noch Interessent/innen auf angenehme Art und Weise und machst noch ein oder zwei wirklich nützliche Geschenke. Wie schön wäre es, wenn ich in deinem Vortrag wäre und ich bekomme noch am gleichen Abend eine nette E-Mail von dir, in der du dich bei mir bedankst, dass ich in deinem Vortrag war, und du mir mitteilst, dass dein Präsent morgen früh wie versprochen „geliefert" wird. Nicht mehr. Wie angenehm ist das denn? Toll. Am nächsten Morgen kommt dann das Präsent mit wieder mit einer netten E-Mail. Dann könntest du 3 Tage nach der Veranstaltung noch ein kleines Präsent machen. („Schau mal, was ich zu unserem Thema (des Vortrags) noch gefunden habe. Das kann dir helfen ...). Oh, wie nett, dass du an mich denkst. Eine Woche später gibt es noch mal etwas, aber jetzt mit einem konkreten Angebot (kein Produkt) für ein kostenfreies Beratungsgespräch von 20 Minuten bei dir, um gezielt in einem Punkt weiterzukommen. Dann bist du gut mit deiner Interessentin oder deinem Interessenten in Kontakt und hast ihr oder ihm eine Brücke gebaut. Wenn sie oder er dich im persönlichen Gespräch kennengelernt hat, wird sie oder er dich auch bald buchen (können). Es ist eine Frage des Vertrauens.

So einen Funnel kannst du ganz nach Bedarf selbst gestalten und anpassen. Aber solche E-Mails bekommt man lieber als Werbemails, oder?

**Mache niemals einen Pitch auf der Bühne, es sei denn ...**

Bitte verschenke auch keine „kostenfreien Coaching-Stunden" auf der Bühne. Sage auch niemals: „Bitte kommt auf meine Website, da könnt ihr mich buchen." MERKE: Wir machen NIEMALS, ich wiederhole NIEMALS Werbung für uns oder unsere Produkte auf der Bühne. NIEMALS. Mache auch niemals einen Verkaufspitch auf der Bühne. Die Menschen hassen das mittlerweile. Sie möchten nichts verkauft bekommen. Sie möchten überzeugt werden. Sie möchten verführt werden. Sie möchten begeistert und inspiriert werden. Das schafft ein schlechter Verkaufspitch mit den eigenen Produkten auf der Bühne niemals. Die Menschen ziehen sich energetisch blitzschnell zurück. Wie schade, das war es mit deinem tollen Vortrag.

Mache es viel verheißungsvoller wie oben beschrieben, indem du etwas verschenkst, was sie wirklich haben WOLLEN. Das ist das, was wirklich am besten funktioniert. Vergiss nie, dass du wirklich gut in deinem Fach sein solltest. Dann wirst du auch gebucht! Also überzeuge mit Lösungen und nicht mit Produkten.

Du kannst zum Beispiel einen QR-Code auf eine PowerPoint-Folie setzen. Du kannst etwas in die Goodie-Bag packen, wenn es eine gibt. Egal wie, sorge dafür, dass sie sich irgendwo eintragen müssen. Wenn du jetzt merkst, dass die Menschen nicht wirklich heiß darauf sind und sich kaum jemand einträgt, dann optimiere deinen Vortrag. Je weniger Nachfrage, desto weniger Sogwirkung hast du erzeugt.

Alles, was nur nach Verkaufen riecht, ist für die meisten Menschen ein absoluter Energiekiller. Also kein Verkaufen auf der Bühne. NIEMALS. Verschenke stattdessen etwas Verheißungsvolles.

**Es sein denn**, du rahmst es einfach. Wir von Feminess® machen durchaus einen Pitch auf der Bühne, aber der ist immer angekündigt. Wir holen uns ganz direkt das Einverständnis des Publikums, welches wir in der Regel auch bekommen, weil wir schon den ganzen Tag wertvollen Nutzen gebracht haben. Wir machen das immer nur im Rahmen unserer großen Tagesveranstaltungen und haben dann einen ganzen Tag dafür Zeit. Ich mache das niemals in einem einfachen Vortrag. Ich warne davor, das in deinen normalen Vortrag einzubauen.

Du siehst, es geht so viel charmanter, als verzweifelt seine Produkte anzupreisen. Nein. Bitte tue das nicht. Du verschreckst damit die Menschen, was wirklich schade wäre. Immerhin hast du dir im Laufe deines Vortrages schon ein sehr gutes Vertrauen aufgebaut. Zerstöre das jetzt nicht.

### Die Abschluss-Botschaft ist das Wichtigste

Wenn du jetzt auch noch ein schönes Geschenk gemacht hast, kommt langsam der Moment des Abschieds. In meinen Augen ist das der Höhepunkt deines Vortrags. Du hast jetzt 10, 20, 45 Minuten oder 1 ½ Stunden gesprochen und deinen Vortrag gehalten, je nachdem wie lange du gebucht wurdest oder selbst dein Programm gestaltet hast. Dann kommt der Moment, der den eigentlichen Impuls-Vortrag ausmacht: DEINE BOTSCHAFT!

Die Botschaft leitest du bitte energetisch und auch physisch ein. Das Publikum weiß ja noch nicht, dass jetzt die Abschluss-Botschaft kommt. Für mich ist das immer ein fast heiliger Moment, denn es ist etwas ganz Besonderes. Darum verändere bitte auch körperlich erstmal deine Position auf der Bühne, nachdem du den Hauptpart fertiggestellt hast. Ich mache das immer so, dass ich tatsächlich eine längere Pause mache (Pausen schaffen wieder Aufmerksamkeit). Ich schaue zu Boden, um mich kurz zu sammeln und noch mal kurz nachzudenken, was ich gerade auf der Bühne alles gesagt habe (und ich mache das wirklich!). Dann schlendere ich ganz nach vorne an den Bühnenrand, um ganz bewusst in die Augen des Publikums zu schauen. Noch immer ohne zu reden.

Jetzt kommt eine ganz kurze „Conclusion", also Zusammenfassung von meinem Vortrag. Bitte sage aber nicht klassisch: „Ich fasse noch mal alles zusammen." Nein, mache es gedankenverloren. Mach es aufrichtig. Beschäftige dich wirklich noch mal mit dem, was du die ganze Zeit gesagt hast. Gib deinem Gesagten noch mal eine starke Bedeutung. Komm noch mal sehr eng mit dem Publikum zusammen.

Und dann... erst dann... gibst du deine Abschluss-Botschaft heraus. Die kann ruhig ein bisschen knallen. Mach es energetisch. Mach es stark. Mach es kurz. Je nachdem, was für ein Typ du bist. Sie kann auch leise sein, aber bitte intensiv. Es geht immer um die Intensität. Wie schafft man Intensität? Indem du deine ganzen Energien bündelst und konzentriert aus dir herauslässt.

**Was könnte eine gute Abschlussbotschaft sein?**

Es sind NIEMALS die Worte: „Vielen Dank für Ihre Aufmerksamkeit". Bitte bedanke dich NIEMALS am Ende deines Vortrages. Deine letzten Worte auf der Bühne bleiben im Saal hängen. Die letzten Worte sollten IMMER deine Abschluss-Botschaft sein. Am besten sollte das letzte Wort von deinem Vortrag etwas mit deiner Kern-Kompetenz, also mit deinem Expertenwissen zu tun haben. Die Botschaft ist das, was am meisten (nach der Story) bei den Menschen hängenbleibt.

Ich selbst habe das in meinem Vortrag, den du hier sehen kannst, falsch gemacht. Ich habe doch glatt „Vielen Dank" gesagt. Zu meiner Ehrenrettung kann ich aber sagen, dass ich selbst Mitveranstalterin und auch Moderatorin der großen Feminess® Success Days war. Mein Job an dem Tag war, mit meinem Vortrag ein bisschen Stimmung zu erzeugen und keinen Content zu bringen, denn dafür waren die vielen anderen Speaker/innen an dem Tag gebucht. Da habe ich mich doch echt zu einem „Vielen Dank" am Ende hinreißen lassen. Fehler. Zum Glück waren dennoch alle happy und ich habe sogar Standing Ovations erhalten. Puh ... noch mal Glück gehabt.

Deine Abschluss-Botschaft bleibt noch lange in den Köpfen oder

Herzen der Menschen. Hier geht es um deine Handlungsaufforderung für das, was du gerade alles erzählt hast. Bringe die Menschen jetzt zum Handeln. Du hast viele Impulse gesetzt: Jetzt sind sie dran, das umzusetzen.

Sage aber auch nicht: „Jetzt bist du dran!", sondern sag das, was sie jetzt umsetzen sollen. Aber Achtung: In nur EINEM sehr kurzen Satz! „Verlabere" dich nicht in deiner Botschaft. Leite vorher diese Botschaft körperlich ein, indem du dich energetisch auf diesen besonderen Moment deiner Speech einstellst, sage aber niemals am Ende: „Danke".

Ich strukturiere meine Abschluss-Botschaft meistens in einem zuerst einleitenden verallgemeinerten Satz (weg vom „Du" oder „Sie") und dann mit einer ganz klaren Aufforderung, wo du das „Du" oder „Sie" wieder einsetzt. Nachdem du gedankenverloren auf den Boden geschaut hast, kannst du die Abschluss-Botschaft folgendermaßen einleiten: „Menschen sind wirklich in der Lage, weit über sich hinauszuwachsen! Du hast gesehen, was alles möglich ist, um die eigenen Ketten zu sprengen. Wenn du dich innerlich befreist, dann bist du FREI *{ besondere Betonung}*. Frei für deine Talente. Frei für dein Potenzial. Frei für deinen Sinn des Lebens. Und wenn DU das auch willst *{intensiv ins Publikum schauen}*, dann *{jetzt gerne lauter werden}*: „BEFREIE DICH VON DEM GANZEN BALLAST, STARTE JETZT DEIN UNBESCHWERTES LEBEN UND RICHTE DEIN LEBEN JETZT NEU EIN!" *{Denk dran: am Ende die Stimme unbedingt runter!}* Welches Wort sollte bestenfalls am Ende deines Vortrags im Saal nachhallen? Genau. Dein Thema! Und mein Thema ist das „Leben neu einrichten". Jetzt fühlen und denken sie: JA, DAS WILL ICH!

Das Publikum muss merken, dass das jetzt das Ende ist. Dies ist eine richtige AUFFORDERUNG. Das ist wichtig. Am Ende steht ein Ausrufungszeichen. Das ist der Abschluss-IMPULS, den du als Rednerin setzt. Ende aus! Finitio! Das Publikum sollte jetzt bestenfalls denken:

JAAA, DAS WILL ICH AUCH!! Ein „Vielen Dank für Ihre Aufmerksamkeit" würde die ganze Wirkung zerstören!

Zwischen deiner Abschluss-Botschaft und dem Applaus des Publikums entsteht immer eine kleine Pause. Es hat jetzt realisiert, dass dein Vortrag zu Ende ist. Nun müssen sie noch die Hände heben und anfangen zu klatschen. Außerdem müssen sie noch das von dir Gesagte tief in sich realisieren. Vergiss nicht, sie sind emotional berührt. Dann geht es los. Sie klatschen ... Sie sind begeistert. Je länger diese kleine Pause ist, umso berührter sind sie. Ganz wichtig: Halte vorher diese kleine Pause aus. Erinnerst du dich? Du bist die Bestimmerin im Saal. Wenn jetzt Ende ist, ist Ende. Du hältst das so lange aus, bis auch der/die Letzte verstanden hat: „Ah ... jetzt ist Ende." Schau die ganze Zeit ins Publikum und WARTE! Der Applaus kommt. Immer! Selbst wenn dein Vortrag nur durchschnittlich war ... In Deutschland gibt es immer Applaus. Wir sind ein höfliches Volk. Also halte diese kurze Stille aus. In der Feminess® Speaker-Ausbildung üben wir diesen Abschluss immer und immer wieder auf der Probe-Bühne und du glaubst gar nicht, wie schwer so ein Abschluss sein kann. Unterstütze deine Botschaft mit einem bedeutungsschwangeren Blick in die Menge und halte den Applaus aus, den du dir redlich verdient hast.

## Pünktliches Aufhören ist ein MUSS

Eine/n gute/n Speaker/in erkennt man daran, dass er oder sie immer pünktlich aufhört. Das ist in der Tat so. Ich finde es respektlos, wenn der Vortrag um 10, 20 oder sogar 30 Minuten überzogen wird. Dem Publikum gegenüber, dem Veranstalter oder der Veranstalterin gegenüber, aber auch dem/r Folge-Speaker/in gegenüber. Das macht man einfach nicht. Du weißt von vornherein, wie viel Zeit du zur Verfügung hast. Egal wie weit die Zeit fortgeschritten ist, wenn die Zeit zu Ende ist, ist sie zu Ende. Beende deinen Vortrag. Aber bitte erspare dem Publikum die ständigen Kommentare, wie: „Hach, ich habe ja jetzt keine Zeit mehr." Wo ist da der Nutzen? Erinnere dich

... es geht nicht um dich, sondern um das Publikum. Warum bist du mit deiner Zeit nicht ausgekommen? Was ist da schiefgelaufen in deinem Vortrag? Normalerweise solltest du bei deinem Vortrag noch etwas Pufferzeit einkalkuliert haben. Alles andere ist (und bitte entschuldige den Ausdruck) VERLABERN. Auf jeder guten Veranstalterbühne steht ein Zeitmesser, so dass dir das gar nicht passieren kann. Behalte immer deine Zeit im Auge. Wenn du in so einer Situation bist, dann kürze den Part, in dem du dich gerade aufhältst. In der Regel ist es der Content-Teil. Egal wie weit du dort gekommen bist, wenn dir die Zeit wegrennt, verzichte niemals auf dein Präsent und noch wichtiger deine Botschaft. Das Publikum sollte auch niemals mitbekommen, dass du ein Zeitproblem hast. Bestenfalls merkt es das gar nicht. Es weiß nicht, was du noch alles sagen wolltest. Merke: Beende deinen Vortrag immer mit deiner Botschaft!

### Halte den Applaus souverän aus

Jetzt kommt noch etwas enorm Wichtiges: BITTE HALTE DEN APPLAUS AUS! Du glaubst gar nicht, was ich am Ende alles sehen muss, wie Redner und Rednerinnen von der Bühne gehen. Der Applaus ist ein ganz besonderer Moment, doch es gibt so einige Kolleg/innen, die das nicht würdigen und sofort von der Bühne rennen. Sie nicken vielleicht noch mal kurz in Richtung Publikum, aber dann: Schwupp, sind sie weg. Ich empfinde das als ganz besonders unhöflich dem Publikum gegenüber. Man nennt es auch „Bühnenflucht". In dem Moment zeigst du, dass du gar nicht gern auf der Bühne gestanden hast. Dass du vielleicht gar nicht gern zu den Menschen gesprochen hast. Dass dir der Applaus vielleicht gar nicht so wichtig ist, den dir die Menschen schenken. Bitte halte den Applaus aus. Schau dir dein Publikum noch mal in Gänze an. Nimm möglichst noch mal mit allen Blickkontakt auf und bedanke dich so bei ihnen.

Zwischen dir und dem Publikum ist eine große Verbindung entstanden und jetzt bekommst du sogar die Wertschätzung vom ihm direkt zurück, die du auch ihm während des ganzen Vortrags gezollt hast.

Jetzt vollendet sich eure im Vortrag entstandene Beziehung. Du hast sie tief in ihren Herzen berührt. Sie sind begeistert. Du hast ihr Leben ein Stückchen verändert. Da bedarf es doch der 10 Sekunden Achtsamkeit deinerseits, diesen Applaus entgegenzunehmen. Auch das üben wir bei uns in der Ausbildung auf der Probe-Bühne: Applaus aushalten.

Bitte mache keine „Kleine-Mädchen-Verlegenheitsgesten" auf der Bühne, indem du ganz plötzlich einen verschüchterten Knicks machst oder die Arme unverhältnismäßig hochreißt oder mit einer Geste und entsprechender Mimik den Applaus einfach wegwischst. Das sehe ich alles ständig. Fürchterlich. Nein, halte den Applaus aus. Stehe still da und EMPFANGE. Besonders wir Frauen sind es nicht gewohnt, einfach nur zu empfangen. Dabei sind wir genau das Geschlecht, das dafür geboren ist, zu empfangen. Übe das. Halte das aus. Stehe still. Lasse die Arme baumeln und genieße. Übe das zu Hause. Wer Wertschätzung gibt, bekommt auch welche. Wenn du sie nicht nehmen kannst, ist das geradezu unhöflich.

Ich habe immer einen kleinen Trick, wie ich den Applaus aushalte: Ich stelle mir am Ende immer vor, dass meine damals schwer gebeutelte Familie imaginär mit auf der Bühne steht. Auch sie haben den Applaus verdient. Das ist mein WARUM, warum ich das alles mache. Ich hätte von Herzen gern schon damals, als meine Mutter gestorben ist, als ich erst 5 Jahre alt war, die ganze Schwere von den Herzen meiner Familie genommen. Das konnte ich zu dem Zeitpunkt noch nicht. Aber heute. Ich spende den Applaus in großen Teilen auch ihnen. Meinen Teil nehme ich auch. Wir alle haben das toll geschafft und so haben wir alle das auch verdient. Ich widme also jeden meiner Auftritte zu 80 % meiner Familie und allen Menschen, die es im Leben schwer gehabt haben oder noch haben. Das ist mein für mich empfundener Auftrag im Leben. Das Leben leicht machen. Es ist meine Passion, das in die Welt zu bringen.

Erinnerst du dich noch an die 80/20-Regel, die ich am Anfang über das Ego erläutert habe? Auch hier: Die 20 %, die mir gehören, genieße ich in vollen Zügen. Ich freue mich wie ein kleines Kind über die Wertschätzung des Publikums mir gegenüber. Das macht mir eine Riesen-Freude. Aber nochmal: Nicht weil ich es brauche oder weil ich ansonsten keine Wertschätzung bekomme. Nein, weil ich sie verdient habe. Du weißt ja jetzt: Wir gehen nie auf eine Bühne, um selbst etwas zu bekommen. WIR GEHEN IMMER NUR AUF EINE BÜHNE, UM ZU GEBEN!

### Jetzt gehe stark von der Bühne

Gehe bitte anschließend zügig von der Bühne. Wir erleben auch als Veranstalterinnen unserer großen Success Days immer wieder das Phänomen, dass Rednerinnen sich überhaupt nicht lösen können und noch immer auf der Bühne stehen, obwohl kein Applaus mehr da ist. Hui ... diese Stille finde ich dann echt peinlich. Finde also den richtigen Moment und GEHE!

Auch, wenn du von der Bühne gehst, „stehst" du quasi noch den ganzen Weg bis zu deinem Platz auf der Bühne. Du wirst immer noch gesehen. Wenn du dann auf dem Rückweg irgendwelche erleichternden oder komischen Gesten machst, wird das alles noch vom Publikum wahrgenommen, weil sie dir hinterherschauen. Bleibe professionell, bis du die Tür deines Hotelzimmers hinter dir schließt, du an der Bar sitzt, an der Rezeption auscheckst oder du im Auto sitzt und schon ein paar Kilometer gefahren bist. Du glaubst gar nicht, wie verstörend es sein kann, wenn ich hinter mir im Rückspiegel genau den Speaker sehe, der gerade noch auf der Bühne gestanden hat und dieser jetzt genüsslich in seiner Nase popelt oder in sein Handy schreit. Auweia. Alles schon erlebt. Das ganze gut aufgebaute Bild und Image sind im Nu zerstört. So etwas wird auch gerne mal weitererzählt. Zu Hause kannst du es dir dann gemütlich machen und alles von dir abfallen lassen. Das hast du verdient.

## Schließe jetzt deine Seele wieder

Noch ein Extra-Tipp direkt nach dem Vortrag: Sprich mit den Menschen gern und viel nach deinem Vortrag, aber bitte immer über dein THEMA und nicht, wie dein Vortrag war. Du glaubst gar nicht, wie verletzend es sein kann, wenn du gerade auf der Bühne ALLES gegeben hast, deine Seele gegeben hast, dich verausgabst hast ohne Ende und am Ende, wenn deine Seele noch geöffnet ist knallt da jemand rein. Puh... das ist hart und tut sehr weh. Glaub mir, ich kenne das. Vor allen Dingen, weil die Menschen die Feedback-Regeln nicht beachten und gleich mit ihrer negativen Kritik kommen, statt erst mal 2 positive Sachen zu sagen. Überhaupt ist es unhöflich ungefragt Feedback zu geben. Es geht hier doch nicht um deine VortragsART, sondern um das Thema, welches du gerade in die Welt gegeben hast. Besonders Menschen, die du manchmal tief im Kern positiv getroffen hast, lenken gern über Feedback ab. Hier also mein Tipp: Nimm niemals direkt nach deinem Vortrag Feedback an. Wenn jemand damit kommt, frage ihn oder sie gleich: „Welchen Punkt werden Sie als erstes umsetzen wollen?" Oder so etwas ähnliches. Lenke wieder auf das, worum es hier eigentlich geht: Auf das Thema! Schütze dich selbst. Sag ihnen auch, sie können es dir gern schreiben, wenn sie es unbedingt loswerden möchten. Aber nimm niemals direktes Feedback an. Nur zum Thema.

## Finde ein „Runterkomm-Ritual"

Wichtig ist jetzt, dass du nach Vortrag, nach Traube um dich rum, nach Bar-Gesprächen wirklich wieder zur Ruhe kommst. Du schwebst adrenalinmäßig auf einer enorm hohen Welle. Das darf du selbst für dich nicht unterschätzen. Die darf und muss sich jetzt wieder abbauen. Alles andere wird ungesund. Was meinst du, warum so viele Rockstars so viele Probleme nach ihren Konzerten haben. Es ist eine extreme Fallhöhe, die irgendwie wieder aufgefangen werden muss. Jede/r macht es auf seine Art. Mit Hilfsmitteln oder ohne. Aber bitte benutze niemals negative Hilfsmittel wie Alkohol oder

Drogen dafür. Fange damals niemals an. Es gibt so viele anderen Wege, wie du wieder runterkommen kannst. Ruf eine gute Freundin an. Sprich mit einem lieben Menschen, dem du alles noch mal erzählen kannst, wie es für dich war. Tanze wild in deiner Wohnung rum. Schreib alles in dein Tagebuch oder in dein Erfolgsbuch. Mach Psycho-Hygiene und weine erstmal kräftig. Sei stolz auf dein inneres Kind und feiere es, was es da gerade geleistet hat. Denk dir dein eigenes Abschluss-Ritual aus. Unterschätze es bitte nicht und gehe nicht einfach so in den Alltag über. Schließe jetzt deine Seele und komm wieder runter. Du hast deine Seele auf der Bühne geöffnet. Jetzt ist es wichtig, dass du sie wieder schließt. Einen Vortrag zu halten ist ein großer emotionaler Ausschlag. Stabilisiere dich wieder und komm erst in deine innere Mitte, um alle Ebenen zu erholen. Beruhigung und Erholung sind an dieser Stelle sehr wichtig.

# 8. Die Evaluation

## Alles endet mit der Nachbereitung

Puh, geschafft ... Jetzt hast du die fünf bedeutendsten Schritte erfahren, mit denen du immer einen guten Vortrag halten kannst.

Aber die eigentliche Arbeit beginnt erst jetzt, wenn du dich wirklich weiterentwickeln, besser werden und eines Tages sogar eine echte Top-Speakerin werden möchtest. Möchtest du das? Ansonsten kannst du das Buch jetzt ruhig weglegen oder wieder in dein Bücherregel zurückstellen. Aber wenn du wirklich durchstarten willst, dann nutze das GOLD, welches du durch die gemachte Erfahrung bekommen hast und fange an, deinen Vortrag realistisch zu reflektieren.

## Das Ende ist der Neubeginn!

Bestenfalls hast du deine Speech auf Video aufgezeichnet, während du sie auf der Bühne oder vor einem imaginären Publikum im Wohnzimmer gehalten hast. So kannst du sie jetzt besser auswerten. Ich mache das tatsächlich heute noch jedes Mal in den Tagen „danach", wenn ich von einer Bühne komme. Wichtig ist, dass du emotional in einem guten Zustand bist. Unterschätze nicht den Moment, in dem du deinen Vortrag quasi noch mal durchlebst. Dann findest du plötzlich etwas, das wirklich nicht glorreich war und dann setzen die

Schamgefühle ein. Auch die sind nicht zu unterschätzen. Denke immer daran: Keiner hat dich mit Tomaten beworfen, keiner hat geblutet, keiner wurde verhaftet. Setze dich gemütlich hin, sei lieb zu dir selbst und reflektiere so neutral es geht:

- Was war insgesamt echt gut und was war nicht gut im Vortrag?
- Was hat richtig gut gezogen und was war eher lahm?
- Wann hast du selbst angefangen, dich zu langweilen und wann warst du richtig im Flow?
- Wann haben die Menschen interessiert Notizen gemacht und wann nicht?
- Wann haben die Menschen geschmunzelt oder sogar herzhaft gelacht?
- Wie begeistert waren die Zuschauer am Ende des Vortrags? Wie haben sie ausgesehen?

Sprich bitte auch im Nachhinein mit deinen Auftraggeber/-innen. Was hat ihnen besonders gut gefallen? Hast du ihre Erwartungen erfüllt?

Sprich bitte auch mit deinem Publikum. Was hat ihnen am besten gefallen? Was hätten sie sich noch gewünscht? Vielleicht kennst du die ein oder anderen Menschen, die dabei waren und es gut mit dir meinen. Dann beleuchte es neutral: Bist du auch der Meinung? Nur dann ändere was. Hänge dein Fähnchen aber nicht nach jedem Wind.

Man kann sich den ganzen Tag ärgern, verpflichtet ist man dazu aber nicht.

Immer wieder passe ich meinen Vortrag nach der Reflektion an und stelle ihn entsprechend um. Immer wieder schaue ich nach Verbesserungspotenzial. Immer wieder möchte ich von mir selbst lernen. Bitte vernachlässige das niemals. Mache eine professionelle Evaluation. Selbst wenn dein Vortrag wirklich MEGA war, schau bitte immer genau hin: Was hat ihn so gut gemacht? So kannst du dich immer weiter entwickeln und du gehörst irgendwann wirklich in die absolute Top-Liga. Genau da möchte dich sehen, wenn du das auch möchtest. Also ... Leg los!

# 9. Das Special: Virtual Speaking

Du hast bereits einen sehr guten Vortrag, der live bisher sehr gut funktioniert hat? Oder du wolltest gerade auf einer LIVE-Bühne starten? Wie auch immer: Die Online-Welt hat jetzt alle eingeholt und das ist auch gut so. Viele tun sich noch immer schwer mit der neuen Zeit. Ich kann dir nur sagen: Öffne dich dafür. Je früher du das machst, desto leichter wird es mit der Zeit für dich. Die digitale Evolution kannst du eh nicht stoppen. Im Gegenteil: Sie geht immer weiter und schneller mit sehr großen Schritten. Das was früher 20 Jahren Entwicklung benötigt hat, geht heute in 2 Jahren! Je stärker du in der Ablehnung bist, desto schwerer wird es dir fallen. Das spiegelt sich dann auch in deiner Karriere wider. Nutze die Online-Welt. Nutze die Technik. Nutze die Reichweite.

Ich sehe das ganze Thema der Digitalisierung viel spiritueller. Was ist seit dem Internet geschehen? Die Menschen können sich weltweit miteinander verbinden und in Kontakt kommen. Die Welt wächst zusammen. Die Seelen finden zusammen – mit allen Problemen, die das natürlich auslöst. Aber dennoch ist es eine sehr schöne und freudige Entwicklung. Es kommt natürlich immer darauf an, wohin du deinen Blickwinkel wirfst: auf die Probleme oder auf die Möglichkeiten? Natürlich ist alles anders. Natürlich funktioniert ganz viel Altes nicht mehr. Natürlich bricht vieles zusammen. Das ist genau das, was man ablehnt. Aber ganz ehrlich: Hätten wir damals zum

Beispiel die Industrialisierung abgelehnt, hättest du heute keine Pizza im Kühlschrank liegen, keine Spülmaschine in der Küche und keine Waschmaschine für die schmutzige Wäsche. Heute sind das alles für uns selbstverständliche Nutzgeräte und genauso selbstverständlich wird die neue Digitalisierung sein. Mit allen Vorteilen und mit allen Nachteilen.

Wir leben in einer dualen Welt. Der Mensch hat zwei Beine, zwei Arme, zwei Nasenlöcher und so weiter. Auch im Außen gibt es immer mindestens zwei Haltungen. Entweder gut oder nicht gut. Die Frage ist nur, für was entscheidest du dich? Das müssen wir an dieser Stelle auch nicht bewerten. Wichtig ist nur, dass du deine Meinung dem Gemeinwohl unterstellst, denn du möchtest schließlich das Gute in der Welt fördern, oder? Dann tu es! Mit deinen Angeboten. Mit deinem Wort. Mit deinem Herz. Und bitte auch ONLINE!

- Noch nie wurde es uns so leicht gemacht, ein Business aufzubauen.
- Noch nie wurde es uns so leicht gemacht, Reichweite zu erzeugen.
- Noch nie wurde es uns so leicht gemacht, unsere Meinung in der Welt zu verbreiten.

Erinnerst du dich noch an den Spruch, den ich auf den allerersten Seiten dieses Buches geschrieben habe? „Früher war es gefährlich als Frau eine Botschaft zu haben. Heute ist es gefährlich, keine zu haben." Warum habe ich das geschrieben? Weil es genau so ist. Menschen (nicht nur Frauen), die eine zu starke eigene und kontroverse Meinung hatten, wurde früher verhaftet, geköpft oder gefoltert. Das passiert zwar heute in einer westlichen, deutlich zivilisierteren Welt nicht mehr, dennoch ist es besser, eine eigene Meinung und eigene Werte zu haben als mitzuschwimmen und anderen dadurch viel Macht zu geben. Wir kennen unsere Geschichte. Du darfst heute deine Meinung sagen, wenn sie unsere wertvollen demokratischen Gesetze nicht verletzen und das Grundgesetz würdigen. Du darfst eine Botschaft haben. Du darfst sie in die große weite Welt tragen. Bewege die Menschen im Herzen und im Kopf. Danach sehnen sie sich. Jeder einzelne Mensch möchte für sich weiterkommen. In der westlichen Welt sind wir in der Maslowschen Bedürfnispyramide fast ganz oben angekommen. Die Bedürfnispyramide nach dem Verhaltensforscher Maslow ist eine einfache Darstellung der Hierarchie menschlicher Bedürfnisse – angefangen bei den physiologischen Grundbedürfnissen wie Essen, Trinken, Schlafen über die Sicherheitsbedürfnisse, sozialen Bedürfnisse und Individualbedürfnisse bis hin zur Selbstverwirklichung. Wir sind schon so weit entwickelt, dass wir uns tatsächlich nicht mehr primär um die Grundbedürfnisse kümmern müssen. Dafür haben wir überwiegend schon gesorgt. Wir leben in einer Zeit und in einem Land, in dem alles möglich ist. Wer viel reist oder schon gereist ist, weiß genau, dass wir in der westlichen Welt privilegiert sind. Wir dürfen uns jetzt sogar um unsere Selbstverwirklichung kümmern. Wir dürfen uns mit unserer Persönlichkeit weiterentwickeln. Wir sind im WACHSTUM angekommen und müssen uns um unsere Defizitbedürfnisse kaum noch kümmern.

Darum bist du als Speakerin gefragt, denn du hast vielleicht genau die Lösung, die dein Publikum um Längen in ihrem Entwicklungsschritt voranbringen wird. Also immer raus damit. Zeige dich. Gehe auf die zeitgemäßen ONLINE-Bühnen. Freue dich über die Möglichkeiten und vor allen Dingen: NUTZE SIE.

## DIE VORTEILE VIRTUELLER BÜHNEN

Grundsätzlich gilt: Du kannst die Menschen auch online sehr stark begeistern und berühren. Es ist die bequemste Art für dein Publikum, auf dem Sofa wertvolle Impulse zu bekommen. Dabei solltest möglichst du nicht auf einem Sofa sitzen, sondern deine Zuschauer/-

innen. Falls du auch eine gute Sofa-Performerin bist, geht das natürlich auch.

Klar, die LIVE-Bühne und die Live-Veranstaltungen sind und bleiben immer noch etwas Anderes. Aber ich bitte dich, die beiden Veranstaltungsarten nicht direkt miteinander zu vergleichen. Natürlich ist es live schöner und persönlicher. Wir spüren die Energie anders, wir fühlen und riechen und schmecken. Dort werden alle Sinne mehr angesprochen. Aber es hat auch so viele andere Vorteile, wenn Menschen deinen Vortrag online verfolgen können.

**Die Vorteile virtueller Vorträge**

> Zu Hause arbeiten ist klasse. Nur nicht für Feuerwehrleute.

- Deine Zuschauer/-innen sind unabhängig von Zeit und Raum und somit in ihrem Tun viel selbstbestimmter.
- Deine Zuschauer/-innen müssen nicht reisen und sparen viel Zeit und Geld.
- Für viele Menschen steht der Klimaschutz immer weiter oben und ist somit auch ein wichtiges Argument für Menschen, die immer weniger Geschäftsreisen bevorzugen.
- Du sparst selbst sehr viel Zeit und Geld, weil du ebenfalls nicht reisen musst und bei eigenen Veranstaltungen auch keine Location-Kosten, Hotel-Kosten, Supporter-Kosten usw. hast.
- Du kannst unendlich viele Menschen erreichen. Im Saal ist nur eine begrenzte Zahl möglich.
- Deine Zuschauer/-innen sind völlig frei, wann sie deinen Vortrag anschauen möchten. In der Badewanne, beim Abwaschen oder auf der Terrasse beim Chillen.
- Deine Teilnehmer/-innen können online noch viel aktiver mitwirken. Natürlich macht es Sinn, ein Team bereit zu haben, das sich um die Kommentare kümmert, während du deinen Vortrag hältst.

- Du kannst deine Aufzeichnungen für eine Vielzahl an Marketing-Aktivitäten weiterverarbeiten und nutzen.
- Du machst dir auch auf dieser Ebene einen Experten-Namen und verschaffst dir ein innovatives Image, welches bestenfalls sogar dein Experten-Thema stützt.
- Du kannst dein anschließendes Online-Marketing in Form von angenehmen (!) Verkaufsfunneln durch direkte Verlinkungen noch leichter starten.

Es ist also alles eine Betrachtungsweise. Live- oder Online-Vorträge haben beide ihren Charme. **Meine Empfehlung ist: MACHE BEIDES!**

## DIE 3 KATEGORIEN VIRTUELLER BÜHNEN

Wenn du einen Online-Vortrag vorbereitest, gelten zum Teil die gleichen, aber auch erweiterte Regeln, die ich dir gern zur Verfügung stelle. Grundsätzlich gilt jedoch: Alle Regeln der STAGE-Methode© bleiben bestehen. Doch hier kommt die Ergänzung: Je kürzer deine Speech ist, desto besser ist sie. Die Aufmerksamkeit vor dem eigenen Computer zu Hause auf dem Sofa ist deutlich geringer, als wenn die Zuschauer live an einem Veranstaltungsort dabei sind.

MERKE: Je unpersönlicher die Technik ist, desto wichtiger ist es, dich umso menschlicher zu zeigen. Das bedeutet: Je echter du bist, desto glaubwürdiger bist du. Echte Authentizität braucht jedoch Mut und innere Sicherheit. Aber wenn du es wirklich ernst mit deinem Thema meinst und aus deinem tiefsten WARUM handelst (siehe Kapitel 5), wirst du auch kein Problem damit haben, dich so zu zeigen, wie du wirklich bist.

Unterscheide bitte auch deine VortragsARTEN und bei wem oder für wen du sie hältst. Nicht jeder virtuelle Vortrag läuft nach den gleichen Regeln ab. Es gibt verschiedene Varianten und Kategorien, die sich mit der Zeit als sehr erfolgreich bewährt haben. Entsprechend gilt es deinen Vortrag vorzubereiten.

### 1. Dein Vortrag in ONLINE-MEETINGS

Die ganze Welt hat Online-Meetings entdeckt. Es kommt immer wieder vor, dass innerhalb dieser Meetings auch ein Vortrag angefragt wird. Das können Netzwerktreffen sein, unternehmensinterne Besprechungen, aber auch internationale Videokonferenzen. Für die Meetings wird in der Regel eine Software genutzt, die einer Meetingstruktur gleicht – jeder kann sich sehen. Beispiele gibt es viele. Durchgesetzt haben sich Anbieter wie Zoom, Teams von Microsoft und nach wie vor Skype. Es kommen aber auch immer noch spannendere und noch zeitgemäßere Lösungen auf den Markt, wie zum Beispiel „Wonder" oder „Spatial". Google einfach mal „Online-Events". Es kommen immer mehr gute Lösungen dazu. In der Regel sitzen alle am Schreibtisch oder auf dem Sofa, vielleicht auch draußen auf der Terrasse. Bei dem einen oder anderen sieht man, dass er im Urlaub ist und jeder fragt etwas „neidisch": „Oh, wo bist du denn?" Es herrscht in der Regel eine lockere Atmosphäre. Wenn du an der Reihe bist, würde es komisch anmuten, wenn du aufstehen und einen Vortrag zelebrieren würdest. Das kommt sicherlich nicht gut an. Vor allen Dingen wäre es für dich komisch und vielleicht etwas schal, weil du keine Auftrittsmusik und keinen hörbaren Applaus hast, weil alle Mikrofone auf stumm geschaltet sind. In so einem Setting ist es wichtig, dass du auf der gleichen Ebene wie alle anderen bleibst – nur dass du jetzt mehr Redezeit hast als die anderen. Natürlich wirst du auch hier anmoderiert, aber du begegnest den Menschen viel direkter. Viel unmittelbarer. Ohne den ganzen Bühnen-Schi-Schi. Hier geht es darum, sehr persönlich zu den Menschen zu sprechen, die in der Regel in einer überschaubaren Anzahl vor dir sitzen. Dein Vortrag funktioniert in diesem Rahmen eher auf der kleineren „verbündeten" Ebene als in einem großen unpersönlicheren

Saal. Erinnerst du dich, was ich über die STAGE-Methode© gesagt habe? Menschen wollen nicht belehrt werden. Sie möchten inspiriert werden. Das gilt auch hier.

Sprich sie immer wieder direkt an, aber lasse keine Diskussion entstehen. Immerhin hältst du einen Vortrag. Du hast jetzt deine 5 oder 10 Minuten, in denen du die Chefin des „Meetings" bist. Danach kannst du wieder abgeben, aber jetzt geht es um deine Inhalte. Die STAGE-Methode© kannst du auf jede Zeit anwenden – ob 5 Minuten, 10 Minuten, 20 Minuten oder 1,5 Stunden. In diesem Setting sollten 10 Minuten völlig ausreichen, ansonsten wird es für das Publikum sehr anstrengend „bei dir" zu bleiben. Schau immer in das kleine schwarze Loch, welches sich Kamera nennt, und nicht auf die „Bildchen" mit den Menschen, denn nur dann fühlen sich deine Teilnehmer/-innen direkt angesprochen.

Mittlerweile gibt es auch Software-Lösungen, die es schaffen, HUNDERTE Menschen sogar mit Bild zuzuschalten. Da wird die Situation wieder eine andere, wie du in der nächsten Kategorie erfährst.

## 2. Dein Vortrag auf ONLINE-KONGRESSEN und -EVENTS

Auch diese Kategorie hat sich sehr positiv im Markt durchgesetzt. Immer mehr Anbieter/-innen, Unternehmer/-innen und Veranstalter/-innen setzen auf diese Variante, die sehr gut funktioniert. Aber auch diese hat ein anderes Setting. Jetzt kommst du in den Bereich der Bühne zurück, denn in der Regel ist es so, dass du entsprechend ZUGESCHALTET wirst. Es macht Sinn, dass du dir ein gutes Setting schaffst, welches im nächsten Kapitel detailliert beschrieben wird. In der Regel siehst du das Publikum nicht. Wenn du niemanden siehst oder hörst, ist es nicht einfach, in einen sprühenden und energetischen Vortragsmodus zu kommen. Umso stärker ist jetzt dein Vorstellungsvermögen gefragt. Wenn du in das kleine schwarze Loch namens Kamera schaust, stellst du dir deine allerliebste Kundin vor, die dich schätzt und richtig klasse findet. Dann taust du noch mehr auf und wirst immer sicherer. Es ist einfacher, den Vortrag EINER Person zu halten, als sich Hunderte von Menschen vorzustellen. Außerdem fühlt sich jede/r einzelne/r viel mehr angesprochen. Aber dazu später mehr.

Nutze die Online-Kongresse, weil sie in der Regel eine gute Durchmischung und Gewinnung von Reichweiten-Kontakten sind. Du weißt ja: Reichweite ist heute die neue Währung, wobei wir bei Feminess mehr Wert auf Qualität statt auf Quantität setzen. Dennoch ist sie wichtig.

Wir von Feminess haben vor einiger Zeit ein „Business-Retreat" geschaffen, welches äußerst erfolgreich war. Wir haben ein gemütliches Studio im Büro von Feminess eingerichtet und bei prasselndem Kaminfeuer gute Inhalte mit vielen externen Speaker/-innen präsentiert, die wir natürlich vorher entsprechend gebrieft hatten. Auch hier gab es wie auf einem Live-Event entsprechende Regie-Pläne, die minutengenau alle Abläufe für jede/n einzelne/n dokumentiert hatten. Natürlich gab es eine Generalprobe. Natürlich lief dennoch nicht alles Plan. Aber das machte nichts, denn es war insgesamt eine wunderbar warme und herzliche Atmosphäre, die von allen Teilnehmerinnen auch so aufgenommen wurde. Stimmung und Emotionen sind also durchaus auch online transportierbar. Auch hier gibt es verschiedene Software-Lösungen. Wir haben für unser Business-Retreat das Programm „Ecamm" genutzt.

Heutzutage gibt es immer mehr unterschiedliche hochprofessionelle Software-Lösungen für Online-Kongresse und auch Online-Messen. Bis hin zu 3D-Animationen, die sicherlich schon bald aus dem gesamten Markt nicht mehr wegzudenken sind. Ja, es gibt eine neue Realität ... und zwar die im Netz. Verpasse nicht den Anschluss und recherchiere gute Online-Kongresse. Bewirb dich dort mit deiner Speech, die du online auf deinem YouTube-Kanal hinterlegt hast. Hier gelten die gleichen Bewerbungskriterien bei Veranstalter/-innen wie auf einer Live-Bühne. Schaffe Vertrauen beim Veranstalter oder bei der Veranstalterin, damit er oder sie dich guten Gewissens buchen kann. Oder du erschaffst selbst einen wirklich guten, professionellen Online-Kongress, um noch mehr gute Reichweite zu gewinnen. Auch das ist eine sehr gute Möglichkeit. Aber denke immer daran: Qualität setzt sich am Ende durch.

### 3. Dein Vortrag als ONLINE-AUFZEICHNUNG EINER LIVE-BÜHNE

Jetzt kommen wir zu der Königsklasse von Online-Vorträgen, die nämlich eine Art Hybrid-Lösung ist. Du gehst auf eine Live-Bühne mit oder ohne Publikum und veranstaltest deinen Vortrag als SHOW-Vortrag. Hier geht es nur um dich und deine Speech. Inszeniere sie entsprechend mit richtiger Licht- und Ton-Technik. Engagiere ein professionelles Film-Team und lasse deine Speech aus mehreren Perspektiven aufzeichnen und geschickt schneiden. Daraus kannst du entweder einen Image-Film erstellen oder auch die ganze Vortragslänge auf deine Website stellen, das Video als Online-Give-away verschenken oder als bezahlbares Produkt in deinen Shop setzen. Mit diesem Video hebst du dich im Markt zusätzlich ab, weil es natürlich auch einer finanziellen Investition bedarf. Aber das hast du dann für die Ewigkeit. Ein weiteres Stück deines Lebenswerks. Jede/r kann es sich jederzeit ansehen. Deine Botschaft bekommt eine Extra-Bedeutung und eine noch höhere Wertigkeit. Wenn du ein Beispiel sehen möchtest, kannst du dir dieses gerne hier ansehen:

## DEIN VIRTUAL SPEAKING SETTING

Egal, auf welchen Online-Kanälen du unterwegs bist: Bereite dich IMMER gut vor. Mache es professionell. Unterstreiche deine hohe Kompetenz durch ein adäquates Setting. Es gibt nichts Schlimmeres, als wenn du zum Beispiel einen Vortrag über WERTE hältst und im Hintergrund ist eine absolute Rumpelbude zu sehen. Scheinbar legst du nicht viel WERT auf den Hintergrund? So etwas wirkt unbewusst auf die Menschen. Selbst wenn sie es nicht direkt realisieren, werden sie instinktiv spüren: „Irgendwas stimmt nicht." Jeder Auftritt, jeder Termin, jedes Meeting ist eine Bühne. Schau mal, wie professionell LIVE-Bühnen ins Licht gestellt werden ... Bereite also auch deine „Bühne" zu Hause genauso wirkungsvoll vor. Zumindest, was den Hintergrund betrifft.

### Die Vorbereitung für zu Hause

Was braucht es also an Vorbereitung, um virtuelle Bühnen professionell zu nutzen? Alles startet mit der Technik.

### Das Virtual-Licht

Setze dich in ein gutes Licht. Hole dir für mittlerweile wenig Geld sogenannte „Ringlichter", die du bitte HINTER deinen Bildschirm stellst, damit dein Gesicht sehr gut ausgeleuchtet ist. Wenn du stehst (für Kategorie 2), sorge ebenfalls für entsprechendes Licht. Auch hier gibt es entsprechend große Ringlichter, die dich sehr gut ausleuchten. Grundsätzlich gibt es unterschiedliche Einstellungen, die zwischen warmem und kaltem Licht mit den entsprechenden Abstufungen unterscheiden. Prüfe bitte vorher, welches Licht dich besser in Szene setzt. Mache Fotos von dir, um zu sehen, wie das jeweilige Licht in deinem gesamten Setting wirkt. Kleiner Tipp: Merke dir die Einstellungen in einem Regie- und Technikplan, damit du nicht immer wieder von vorne anfangen musst.

### Der Virtual-Ton

Der Ton macht die Musik – auch in diesem Fall. Wobei hier nicht der Umgangston (der am Ende natürlich auch), sondern der Technik-Ton gemeint ist. Ein Ansteckmikrofon hört sich für die Teilnehmer/-innen direkter und persönlicher an und unterbindet den Hall, den die eingebauten Mikros oft haben. Natürlich gibt es auch hier unterschiedliche Modelle zu unterschiedlichen Preisen. Mit einem Kabel bist du nicht ganz so bewegungsfrei, es ist aber wesentlich günstiger. Verstecke das Kabel einfach geschickt unter der Kleidung. Setze jedoch von Anfang an auf gute Qualität, wenn du zum Beispiel doch lieber ein Funk-Mikrofon nutzen möchtest. Du weißt, wie das ist: am falschen Ende gespart ... bringt nichts. Immerhin wirst du es noch oft brauchen.

### Dein Virtual-Outfit

Kleider machen Leute. Ziehe dich genauso an, wie du sonst auch auf die Bühne gehst, selbst wenn du nur „halb" zu sehen sein wirst. Dennoch hilft dir das für ein gutes Standing vor der Kamera. Sicherlich fühlst du dich in deinen Hausschuhen und Jogginghose superentspannt – nur eben nicht unbedingt professionell. Es sei denn, du trägst das auch auf der Bühne. Kann ja sein. Du stehst jedoch anders, wenn du andere Schuhe als deine „Puschen" trägst. Schaue dir hierzu noch mal das Kapitel 6 an. Es gelten dieselben Regeln. Denke daher auch dran: Schminke dich stärker als gewohnt, denn das Licht schluckt ungemein viel. Wenn du dich ansonsten niemals schminkst, wirkt es vor der Kamera angenehmer, wenn du dich zumindest abpuderst.

### Dein Virtual Standing

Sitzen oder stehen? Das hängt natürlich von deiner Online-Bühnen-Kategorie ab, für die du gebucht bist bzw. die du veranstaltest. Wenn du deinen Vortrag in einer Meeting-Struktur hältst, kannst du natürlich ebenfalls sitzen. Auch hier ist es wichtig, dass du in einer starken Energie aufrecht vor der Kamera sitzt. Nur nicht gekünstelt und stockseif bitte. Sieht man mehr von dir als deinen Oberkörper, achte darauf, dass deine Beine gut gestellt sind. Der Gesamteindruck zählt immer. Wenn du aber für einen Online-Kongress gebucht bist und zugeschaltet wirst, wirkt es deutlich agiler, aktiver und energetischer, wenn du stehst. Dann fällt es dir leichter, eine selbstbewusste und aufrechte Haltung einzunehmen.

Teste bitte auch die Perspektive. Auf Augenhöhe wirkst du besser. Das bedeutet: Richte die Kamera so aus, dass sie auf gleicher Höhe mit deinem Gesicht ist. Es wirkt leicht „von oben herab", wenn du nach unten in die Kamera schaust. Baue dir deine Kamera oder deinen Rechner so auf, dass du wie mit einem realen Gesprächspartner auf Augenhöhe bist.

Natürlich kannst du mit deinen Händen gestikulieren und damit deine Worte sinnvoll und authentisch unterstreichen. Wenn du stehst, sieht es gut und angenehm aus, wenn du deine Hände am besten auf Hüfthöhe locker hältst, da durch den kleineren Bildausschnitt vor der Kamera sonst schnell eine ungünstige Haltung entsteht.

**Dein Virtual-Vortrag**

Inhaltlich kannst du ebenfalls die STAGE-Methode© mit den 5 Steps für einen immer guten Vortrag nutzen. Wenn du eine richtig starke Speech hast, die die emotionalen, körperlichen und kognitiven Ebenen der Menschen anspricht, bist du schon mal ganz weit vorne – auch virtuell. Wie das geht, ist ausführlich in Kapitel 7 erklärt.

Wichtig ist, dass du deinen Vortrag im Vorfeld auch vor laufender Kamera übst. Gewöhne dich an dieses Setting. Gewöhne dich an die Kamera. Erkläre sie zu deinem besten Freund oder zu deiner besten Freundin. Übung macht den Meister. Übe deine Speech also am besten täglich vor laufender Kamera, damit du sicher weißt, wohin du schauen musst, damit sich dein Publikum auch gesehen fühlt.

Stelle dir wieder vor, dass das kleine Lämpchen deiner Kamera deine Lieblingskundin ist, oder sogar deine allerbeste Freundin. Sprich genau diese Person an. Nur diese eine Person. Sehr herzlich, sehr warm, sehr nah. Baue so großes Vertrauen auf.

Lächle bitte schon, bevor die Kamera live ist. Das versetzt auch dein Gehirn in eine gute Stimmung. Mache dich komplett locker. Es gibt nichts Schlimmeres, als wenn jemand völlig steif vor der Kamera steht. Nicht vergessen, du hältst einen Impulsvortrag und liest nicht die Nachrichten vor.

Sei authentisch. Wir redest du mit deinen Kund/-innen oder mit deiner besten Freundin? Sicherlich nicht gestelzt. Sei sympathisch, humorvoll (wenn das deine Art ist) und vertrauenserweckend.

Spannung, Spannung, Spannung. Komme jetzt mit deinem Körper in eine richtig gute Energie. Denke an dein Zustandsmanagement aus Kapitel 6. Das überträgt sich auch virtuell auf dein Publikum.

# 10. Deine Standing Ovations

Wenn ein Speaker oder eine Speakerin wirklich gut ist, so wirklich gut ... so richtig gut ..., dann stehen am Ende des Vortrags die Menschen emotional berührt von alleine auf. Im Fernsehen gibt es durchaus Animateure hinter den Kamera-Kulissen, die für die Zuschauer/-innen zu Hause ungesehen Schilder hochhalten, auf denen „Standing Ovations" steht. Das kannst du beim Speaking natürlich auch probieren, aber das wird in der Regel nicht funktionieren.

**Wie erzeugst du Standing Ovations?**

Standing Ovations ist die höchste Wertschätzung, die dir dein Publikum geben kann. Insofern ist es schwierig, sie aktiv zu erzeugen. Du kannst zwar einiges dafür tun, aber jedes Publikum ist anders. Hast du gestern Abend noch Standing Ovations erhalten, muss es am nächsten Abend nicht unbedingt auch so sein. Das hängt von sehr vielen Faktoren ab. Wie kannst du es dennoch erzeugen?

Ich persönlich mache es mir leicht und meine Botschaft endet immer im Anschluss an eine sehr körperliche Übung, wenn die Menschen ohnehin schon stehen. Ich habe sie mit meiner Botschaft „für sich oder für andere zum inneren Aufstehen zu bringen" (so wie ich selbst für mich eines Tages wieder aufgestanden bin) eng verknüpft und sie während meines Vortrags geschickt und unauffällig über das

Tanzen zum Aufstehen gebracht, welches auch eng mit meinem WARUM und meiner Lebensaufgabe verbunden ist. Manchmal gelingt die Umsetzung des Publikums also schon gleich während des Vortrags, ohne dass sie es merken. Dann sage ich: „Hast du gemerkt? Du stehst gerade. Du bist jetzt bereits für dich aufgestanden. Herzlichen Glückwunsch. Mache genau so weiter, weil wenn du für dich aufstehst, dann kannst auch du deinen Traum erfüllen. Gehe jetzt raus in die Welt und ERFÜLLE DEINEN TRAUM!" (Wenn das die Abschluss-Botschaft meines Vortrags ist.)

Letztlich geben sie sich dann immer selbst Applaus. Sie geben sich selbst Standing Ovations. Und nicht mir. Das ist gut so! Genau das wollte ich erreichen: Menschen innerlich zum Aufstehen zu bringen! Denn es geht nicht darum, dass ICH als Rednerin Standing Ovations erhalte (du erinnerst dich an Thema EGO im Kapitel 6?), sondern dass die Menschen für sich selbst innerlich gezündet werden. Du bist als Speakerin nur ein Spiegel. Du gibst das zurück, was sie dir geben. Wenn sie dir applaudieren, applaudieren sie sich selbst. Wenn ihnen das bewusst wird, sind sie noch energetisierter.

Je authentischer du das Publikum auf allen Ebenen zum Beispiel über die STAGE-Methode© im Herzen, im Kopf und über den Körper bewegst, desto begeisterter werden sie sein. Gönne dir aber Erfahrung und Entwicklung. Je öfter und genauer du deinen eigenen Evaluierungsprozess vollziehst, desto besser wirst du mit der Zeit werden. Wichtig ist nur: Du hältst deinen Vortrag nicht, um Standing Ovations zu erhalten, sondern um sie deinem Publikum während deines Vortrags zu geben.

Das geht übrigens auch mit jedem Thema und mit jeder Zielgruppe. Auch Führungskräfte, Entscheider/-innen, Vorstände, Ärzt/-innen und Professor/-innen sind Menschen. Auch sie kannst du im Herzen positiv treffen. Auch und gerade, wenn es vermeintlich langweilige Fachthemen sind. Jedes Thema kann spannend auf den nun bekannten 3 Ebenen aufbereitet werden.

Ein kleiner Hinweis noch: Je länger die Pause zwischen deiner Abschluss-Botschaft und dem Beginn des Klatschens besteht, umso besser ist es. Einfach aus dem Grund, weil die Menschen emotional berührt sind. Deswegen braucht es natürlich ein paar Sekunden, bis eine Reaktion vom Herzen in die Hände entstehen kann.

Aber jetzt: Genieße deine 20 % Ego und freue dich über die 80 % Selbstbegeisterung deines Publikums, denn sie klatschen im allerbesten Fall nur für sich selbst, was genau so sein soll.

# Zugabe
# Zugabe
# Zugabe

Sicherlich kennst du es, wenn auf Konzerten am Ende die Rufe erschallen: Zugabe – Zugabe! Erst noch zaghaft und dann immer lauter werdend. Dann wandert ein positiver und fröhlicher Beifall durch die Menge, wenn der Künstler oder die Künstlerin wieder auf der Bühne erscheint und noch „einen drauf" gibt.

Das kann dir als Speakerin auch passieren. Es passiert in diesem Berufszweig nicht so häufig, dass das Publikum nach einem Vortrag „Zugabe" ruft, es kann aber durchaus passieren. Was machst du dann?

Bestenfalls findest du noch sehr persönliche Worte an das Publikum und hast eine kleine Story parat, die dein soeben gebrachtes Thema noch mal anders ergänzt oder unterstreicht. Wenn wirklich noch mehr gefordert wird, dann kannst du jetzt auf dein Präsent verweisen, welches du in Step Nummer 5 verschenkt hast. Bleibe auf jeden Fall nicht zu lange im Zugabe-Modus. Mache es kurz und knapp.

Mehr braucht es nicht und es könnte schnell schal oder peinlich werden.

Bitte sei aber auch nicht enttäuscht, wenn keiner nach einer Zugabe ruft. Sei auch nicht enttäuscht, wenn keiner aufsteht oder nur ein dünner Applaus erschallt. Darum geht es am Ende nicht. Du kannst es eh nicht „bestimmen". Das entscheidet das Publikum ganz allein. Das passiert ausschließlich über die Energie im Raum, die wie von Zauberhand entsteht, wenn viele Faktoren stimmen. Das ist ein ganz besonderes Geschenk.

Auch ich möchte dir noch meine Geschenke an dich in Form einer Zugabe dieses Buches vorstellen. An der einen oder anderen Stelle hast du sie im Buch vielleicht schon entdeckt. Hier findest du sie noch mal zusammengefasst aufgeführt.

**Hole dir jetzt deine Zugaben!**

- Lade dir hier die umfangreiche Checkliste deiner Vortragsvorbereitung für Veranstalter/-innen herunter, mit der du als absoluter Profi angesehen wirst.
- Lade dir hier die einfache STAGE-Methode© mit den 5 Steps zum immer gelingenden und überzeugenden Vortrag herunter. So hast du sie immer im Überblick.
- Lade dir hier deinen STAGE-Guide als MindMap herunter, der dir die weiteren einfachen Schritte in der Übersicht zeigt, wie du als professionelle Rednerin überzeugst.
- Mache hier direkt dein kostenfreies Online-Training mit, wie du mit deinem Vortrag eine starke Bühnenperformance erzeugst.
- Komme gerne zu unserem jährlich stattfindenden Feminess® Speaker Day. Dort erlebst du LIVE und in Farbe, wie die STAGE-Methode© funktioniert. Du kannst dich sogar beim Speaker-Karaoke plötzlich auf der Bühne wiederfinden, wenn du schnell bist. Informiere dich gerne hier, wann der nächste

Speaker Day in welcher Stadt stattfindet. Der Feminess® Speaker Day zeigt dir die Geheimnisse, die du kennen solltest, um deine eigene Bühne zu erobern. Als Leserin dieses Buches bekommst du ein kostenfreies Ticket.

- Entdecke hier noch mal die 7 Phasen, deines Speaker-Comingouts, der dein Breakthrough versprechen wird, denn es ist ein Reifeprozess, der nicht von heute auf morgen passiert.
- Schau dir auch hier noch mal das Video mit Bruce Springsteen an.
- Falls du verbindlich einen richtig großen Schritt weitergehen möchtest, kannst du hier einen persönlichen Termin über ein einstündiges kostenfreies Coaching mit einer unserer Beraterinnen vereinbaren. Speakerin zu sein ist vielleicht die logische nächste Konsequenz in deiner Karriere.
- Beispiel-Speaker-Profil als pdf
- STERN-Methode© für ein strahlendes Business
- Wenn du mehr über die SUCCESS-Methode© erfahren möchtest, kannst du auch HIER ein äußerst nützliches Online-Training dazu machen. Nutze die Chance.

Viel Freude bei deiner Entwicklung!

# Epilog

Am Ende dieses Buches möchte ich DIR jetzt meine aufrichtigen Standing Ovations geben. Ich möchte jetzt dir applaudieren, dass du dieses Buch so intensiv durchgelesen hast und selbst eine sehr gute Speakerin werden oder dein Talent noch weiter ausbauen möchtest. Ich habe höchsten Respekt vor jedem Menschen und besonders vor Frauen, die ihre Botschaft in die Welt bringen. Ja, ich stehe für dich auf. Während ich hier so sitze, mache ich es wirklich aktiv. Ich stehe jetzt auf und verbeuge mich vor dir! (So ... habe ich wirklich gemacht!)

Du hast den Mut, du hast die Power, du hast die Erfahrung und du hast das Potenzial. Nutze es immer weiter. Verbessere dich immer.

Meine Mutter ist gestorben, als ich 5 Jahre alt war. Sie war erst 42 Jahre alt. Sie selbst konnte ihren Traum nicht zu Ende leben. Immerhin hat sie 4 Kinder in die Welt gesetzt und mit meinem Vater zusammen eine schöne Familien-Grundlage mit einem tollen Haus und Garten geschaffen. Ich bin superstolz auf meine Familie, dass wir immer wieder für uns aufgestanden sind und trotz des Schicksalsschlags ein schönes Leben für alle hinbekommen haben. Besonders durch meine zweite Mama, die die beste Freundin meiner ersten Mama war und die nach gemeinsamer Absprache mit allen uns ein wunderbares Happy End als Family beschert hat. Sie ist bis zum Schluss bei uns geblieben und noch im hohen Alter händchenhaltend mit meinem Papa durch den Garten gegangen. Ja, sie haben sich lieben gelernt. Genau diese Botschaft möchte ich in die Welt bringen. Immer wieder aufzustehen und das Allerbeste daraus zu machen.

Stehe jetzt auch du für dich auf und mache das Allerbeste aus deinem Leben und aus deiner Karriere. Erfülle auch du dir jetzt deinen Traum, gehe auf die Bühne und bringe deine Botschaft gekonnt in die Welt. Bitte schreibe mir eine E-Mail an book@feminess.de: Was ist deine Story? Was ist deine Botschaft? Was ist dein Traum?

Professionalisiere dich und lebe deinen Traum.
Zögere nicht und gehe auf deine Bühne.
Don’t worry – SPEAK happy.

Sei realistisch und erwarte ein Wunder.

Deine

Monica

# Ach ja … und danke!

Die Dankesseite ist eine meiner Lieblingsseiten in einem Buch. Nachdem mein ganzes Herzblut in dieses Buch geflossen ist, erinnere ich mich gern daran, wer mich hierbei unterstützt hat, so zu werden, wie ich bin und auch den Prozess aktiv mit begleitet hat.

Ich habe dieses Buch während der großen Corona-Pandemie im Jahr 2021 geschrieben, in der die ganze Welt ganz außergewöhnlichen Herausforderungen ausgesetzt war. Deswegen möchte ich ganz besonders meinen Dank in dieser Zeit betonen, in der alle fest zusammengehalten haben. Das ist nicht selbstverständlich und es bedarf eines besonderen Danks.

An erster Stelle möchte ich Marina Friess-Henze danken, mit der ich jetzt schon seit Jahren eng und intensiv zusammenarbeite. Marina ist die Gründerin von Feminess® und eine echte Vollblut-Unternehmerin. Ohne sie wäre das alles nicht möglich. Marina und ich haben gemeinsam die Feminess® Online Schools gegründet, darunter auch die äußerst erfolgreiche Feminess® Speaker School. Ihr ist es genauso wie mir ein echtes Herzensanliegen, Frauen mit dem Potenzial, welches sie haben, in den unbegrenzten Erfolg zu führen, damit auch sie ihre Träume erfüllen können. Mit ihr habe ich in unzähligen Meetings, strategischen Gesprächen und leckerem Essen die tollsten Ideen entwickelt und auch umgesetzt. Danke, Marina, du bist klasse. Wie schön, dass wir diesen Weg zusammen gehen.

Ein dickes Dankeschön auch an ihren lieben Mann Robert, der komplett im Hintergrund mitzieht und so vieles möglich macht. Wir sind mittlerweile Nachbarn geworden, was in vielen Situationen auch anderweitig richtig Spaß bringt.

Ohne unser gesamtes Feminess®-Team könnten wir ebenfalls nichts so umsetzen, wie wir es gerade tun können. Wir sind mittlerweile richtig viele geworden und zu einer echten Family zusammengewachsen. Und das in diesen Zeiten. Besonders möchte ich hier Nicole Thieme erwähnen, die als Managing Director von Feminess® einen unverzichtbaren Job übernommen hat, den sie spitzenmäßig macht. Aber auch allen anderen tollen Feminess® Directors, Managerinnen und Beraterinnen im gesamten Feminess®-Team. Danke für euren unglaublich herzlichen und engagierten Einsatz. Was wären wir ohne euch!

Ich danke auch all unseren externen Berater/-innen, die uns über die Jahre und auch über das Buch begleitet haben. Danke auch an Katharina Schäfer für die wichtigen Rechtsinformationen im Buch. Auch allen Unterstützer/-innen hinter den Kulissen. Wir alle sind in ein WIR-Zeitalter eingetreten und wir leben es aktiv.

Ich danke auch Tanja Giese, die einen super Job im Lektorat gemacht hat. Sie ist wirklich schnell, verlässlich und äußerst genau und findet komischerweise immer Wörter in meinem Manuskript, die es gar nicht gibt. Wir freuen uns sehr, sie gefunden zu haben.

Immer wieder und von Herzen danke ich der GSA – der German Speaker Association, meinem Rednerverband, von dem ich so viel lernen durfte. Ohne euch als liebe Kollegen und Kolleginnen wäre ich nicht da, wo ich bin.

Auf gar keinen Fall möchte ich vergessen, unseren vielen Teilnehmerinnen unserer Speaker School, aber auch unseren anderen Blended Learning Schools zu danken. Eure Ansprüche sind unsere Qualität. Das ist wirklich wichtig für uns. Ihr seid klasse und wir lieben euren Bedarf.

Ich danke auch von Herzen meiner Familie, die über alle (weltweiten) Krisen hinaus immer fest zusammenhalten. Das ist nicht selbstverständlich heutzutage und macht mich happy.

Ein dickes Dankeschön auch an Heike Paschke, die uns als echte Digital-Nomadin und Amazon-Expertin eine neue freie Welt des Schreibens vermittelt hat.

Jetzt kommt etwas Komisches: Ich danke auch meinem Hund Rocko, der mich immer wieder dazu nötigt, alle 4 Stunden von meinem Arbeitssofa aufzustehen, da ich ansonsten dort festwachsen und nur noch arbeiten würde. Es hilft mir wirklich sehr, das Leben immer wieder im Außen wahrzunehmen. Besonders liebe ich die Nachtspaziergänge mit dir, wenn wirklich kein Mensch mehr unterwegs ist. Dann gehört die Nacht und die Welt uns. In diesen Momenten fühle ich mich besonders frei.

Liebe Dörte und lieber Rüdiger, ich vermisse eure herzliche Gesellschaft sehr und natürlich besonders euer leckeres Essen, zu dem ihr mich unzählige Male eingeladen habt. Wir könnten das wieder aufleben lassen, wenn ihr doch nur auch endlich ins Rheinland ziehen würdet und wir wieder Nachbarn wären.

Ich liebe nicht nur meinen Job, sondern auch mein Leben. Danke liebes Universum oder wem man dafür danken kann, für alles und dass ich meinen Traum jetzt endlich leben darf.

In tiefer Liebe und Dankbarkeit
Deine
Monica

Und vergiss nicht, einfach nur wunderbar zu sein!

DEIN
KOSTENFREIES
ONLINE-TRAINING!
Wie du mit deiner Botschaft die Welt veränderst und deinen Umsatz steigerst.
www.feminess.de/stage
Du erfährst:
• die 5 wichtigsten Punkte, mit denen du eine starke Bühnenperformance entwickelst
• wie du das Publikum vom ersten Moment an von dir überzeugst und begeisterst
• was 99 % der Frauen bei ihrem Vortrag falsch machen und wie du es richtig machst
FEMINESS

THE STAGE IS
YOURS!
Feminess® ist einer der größten Weiterbildungs-
veranstalter der neuen Zeit für
Frauen in Europa.
Feminess unterstützt Gründerinnen, Selbstständige
und Unternehmerinnen auf ihrem Weg in die
persönliche und finanzielle Freiheit, damit sie
entspannt erfolgreich werden können.
Marina Friess-Henze und Monica Deters sind zwei
äußerst engagierte Power-Frauen und Visionärinnen,
die mit dem Unternehmen Feminess®
Geschichte schreiben!
Bringe deine Botschaft in die Welt und werde
"Certified Female Speaker" in Deutschlands
erster und erfolgreichster Female Speaker School.
FEMINESS
www.feminess.de

Printed in Poland
by Amazon Fulfillment
Poland Sp. z o.o., Wrocław

73740887R00155